信息文明的哲学研究丛书

王战 成素梅 | 主编

人工智能的哲学问题

成素梅 张帆 等◎著

上海人民出版社

总　序

当前,新型冠状病毒疯狂肆虐,世界人民处于艰难的全力应对之中,许多国家的临床医生和科学家们超越政治、经济、社会、文化、制度等差异,默默地联合攻关,共享成果,加深着我们大家对这种新型病毒的科学认知。与此同时,很多实验室和技术公司也争先恐后地推出基于互联网和人工智能技术的检测措施与防控方案,体现了当代技术的时代价值,促进了我们与传统体制分道扬镳的步伐,深化了信息文明的进程,更新了智能社会到来的时间节点。

然而,问题在于,当我们的生活环境由于技术的发展而变化太快时,原有的概念框架就远远不足以解决现实变化所带来的各类观念挑战。这本身不只是一个问题,而是一种风险。因为当代信息与通信技术已经不再只是工具,而是具有了环境力量,不仅彻底地影响了人类的生存境况,重塑了人类的生存环境、生活方式以及生产方式等,而且带来了信息过剩、认知超载、注意力分散、信息的选择性传播、真相难觅、隐私泄露等一系列在原有概念框架内无法解决的棘手问题,体现出伦理、法律和政治意义。这些问题迫切需要我们上升到哲学高度对信息文明的本质与内涵及其相关问题进行综合研究。

首先,信息文明是人类社会向着信息化、网络化、数字化、智能化发展的新型文明形态,对这种新型文明的哲学思考有助于把哲学研究的视域从现实空间拓展到虚拟空间,丰富人类的认知模式和实践内涵,拓展当代哲学研究的广度。其次,随着人类在线生活方式的日益普及,个人的言行举止具有了政治、经济、文化等价值,成为可挖掘的知识资源,并要求我们对传统哲学框架进行格式塔式的改造。这些改造将有助于推动心灵哲学、语言哲学、认知科学哲学以及技术哲学等学科的发展,深化当代哲学研究的深度。再次,从不同侧面揭示信息文明的本质与内涵,有助于确定共享性和相互性的思维方式,强化人类

"命运共同体"的全球意识,印证马克思主义哲学的时代性,为哲学学科建设提供新的发展思路,为重塑现代社会生活方式提供新的概念框架。最后,明确澄清人与自然、人与社会、人与自己、人与他人、人与机器人之间的本质差异,有助于塑造人类生存的人文环境,使人更像人,机器更像机器,确保人类文明和未来技术向着有利于人类安全的方向发展。

有鉴于此,我们组织出版了《信息文明的哲学研究丛书》。本丛书是上海市哲学社会科学规划重大项目"信息文明的哲学研究"(项目编号:2013ZDX001)的最终成果,上海社会科学院原院长、上海市社会科学界联合会主席王战教授担任项目主持人,上海社会科学院哲学研究所成素梅研究员为项目执行负责人,上海社会科学院哲学研究所计海庆副研究员、张帆副研究员、戴潘博士,中国社会科学院哲学研究所段伟文研究员,以及东华大学张怡教授,为项目组成员。本项目的研究成果对于我们消除由于概念匮乏而带来的对人类未来的消极设想、丰富我们的概念工具箱、澄清信息文明的内在本质和形成新的哲学框架,具有理论意义,对于为信息文明的发展奠定系统性和前瞻性的哲学基础,使信息文明得以成为一种具有内在价值均衡性的"技术—社会—伦理—文明"实践,具有现实价值。丛书的重要观点分别在每部著作的具体论述中体现出来。

第一部著作《虚拟现象的哲学探索》主要为信息文明的基本内涵提供基础理论上的支撑,共由4章内容构成。其一,基于对德勒兹、鲍德里亚和列维的哲学思想的阐述,追述了关于虚拟现象的哲学思想演变过程,基于对苏泽兰的终极显示与头盔三维显示、克鲁格的人工实在以及拉尼尔的虚拟实在等技术思想的阐述,追述了关于虚拟现象的技术思想演变过程。其二,从本体论和技术思想结合的角度阐述了虚拟的内在本质,认为虚拟实在是一种感觉性的存在,受到信息存在方式的支撑,开创了人类生存的新空间,虚拟实在的网络空间是信息量分布的反映,编码是实现这个空间的内在机制。其三,从认识论的角度探讨了网络空间中的认知模式,认为在网络空间中,认知主体和认知客体的虚拟化表征,使得传统的主客体关系发生了变化,主体的虚拟化导致了认知的主体性可以缺场,因而它不仅仅是一个表征问题,更主要是它导致主体性在一定程度上可以和身体分离,可以在不同的载体上得到实现,而客体的虚拟化导致了客体既是认知的对象,也是认知的环境,主客体两者之间通过信息的互动发生认知与被认知的关系,网络空间的分布式架构又进一步导致了集体智慧现象的出现,带来了从个体思维走向集体智能的认知变革。其四,从价值观上探讨网络空间中所产生的文化运动,认为以虚拟性为代表的文化表征系统,是以互联与移动为手段的社会交往方式,是以代码为机制的社会行为规范,是以非线性和相关性为特色的思维方式。

第二部著作《大数据时代的认知哲学革命》揭示了技术的信息化、网络化、数字化和智能化发展对人的认知方式带来的重大影响,剖析了延展式认知、生成式认知、嵌入式认知以及分布式认知的内涵与本质,共由 6 章内容构成。其一,基于当前大数据的发展,探讨了大数据的基本理论以及对大数据观点的反思。其二,从麦克卢汉以及媒介生态学角度来阐释媒介与人的关系问题,认为技术是人体的延伸,而媒介本身也是人类为了生存,而以延伸身体的方式所外化的人的力量。其三,基于"网络延展认知"假说的剖析,将延展认知的探讨扩展到信息技术领域,认为记忆的延展研究将成为延展认知的新的突破口,并论证网络将成为认知延展的物理基底的观点。其四,从分布式认知的视角探讨了集体智能的产生和运作机制,认为分布式认知是人、技术与环境之间的分布式系统。其五,讨论了与全球脑相关的问题,认为未来的认知将会以"人机共生"的形式存在。其六,从意向性、语言理解、大数据等层面剖析了当前人工智能的可能性,从而揭示了对人类认知的分析单元从个体逐渐延展到集体、从内部逐渐延展到外部、从分离逐步走向融合的发展趋势,认为信息技术已经从根本上改变了我们对于认知的理解,甚至进一步改变了我们对于人的理解。

第三部著作《人的信息化与人类未来发展》主要从技术实践和哲学理论出发,分析和解读对信息文明发展进程中人类自身的信息化进程以及对人类未来发展的影响,共由导言和 6 章内容构成。其一,通过对维纳的信息论生命观和计算主义的信息世界观的探讨,绘制了"人的信息化"的基本蓝图,认为人的信息化将是 21 世纪人类面对的最重大的问题,是人类迈向未来的重要途径,更是推动社会在更深层次上进行信息化变革的动力。其二,基于实现"人的信息化"的三条技术路径即机器人技术、人工智能技术以及人类增强技术的考察,探讨了信息文明发展进程中人类自身的信息化进程以及对人类未来发展的影响,认为这些信息化技术体现了计算主义的世界观,这种世界观把计算和信息看成是一对不可分割的概念。其三,基于对展望人类未来发展的乐观派和悲观派的剖析,提出了以自反性伦理治理为原则的治理方案,认为人的信息化技术的伦理治理是一个漫长的过程,需要在不同的阶段制定不同的治理目标,治理本身要充分考虑到社会的公俗良序,要把技术造福人类的一面发挥到最大,建议成立相关的伦理委员会对人的信息化技术进行评估。

第四部著作《信息文明的伦理基础》主要为信息文明的伦理反思与实践提供理论基础,并对当代信息技术所引发的伦理问题形成了一系列基调性认识。引论部分聚焦信息技术伦理构建的基本层面、内涵与策略,首先从科技伦理、工程伦理、专业伦理、责任伦理、权利伦理、规范伦理等多维度分析信息技术伦理的属性,然后对隐私、安全、责任、权利、赋权、包容等信息技术伦理的核心问题做出必要的廓清,进而对相关信息伦理规范中涉及的伦理原则及其基本内涵进行简要的阐述和必要的辨析,最后介绍价值敏感设计、争胜性设计、计算机说服与智能化助推等信息技术的实践策略。第一章到第三章探讨信息网络空间的本质、网络交往的社会心理分析、信息网络空间的治理与自治、虚拟生活的自我伦理、网络新媒体生活的伦理调节。第四章到第七章讨论虚拟现实的社会伦理问题及其应对、大数据的伦理问题与规范、数据智能的算法权力的边界与校勘、数据智能的价值偏向与争胜性设计、人工智能的价值审度与伦理调适、机器人伦理的基本进路与伦理规范。主要思路是将信息技术伦理视为一种开放的和未完成的伦理,透过行动者网络分析等方法揭示信息技术新发展中的价值内涵并加以反思与审度。结论部分走向智能化的实践智慧,在总结全文的基础上进一步探寻信息技术所带来的智能化时代的实践智慧问题。

第五部著作《人工智能的哲学问题》主要对信息文明演进的高级阶段即智能化社会进行前瞻性的哲学研究由序言、12章内容和一个附录构成。首先,在导言部分,一般地概述了智能化社会所面临的十大哲学挑战,认为智能化社会是信息文明发展的最高阶段和智能文明诞生的初级阶段;其次,从第一章到第六章,基于人工智能的研究范式转变的考察,揭示了人工智能的哲学基础和隐喻性,基于对人工智能的工具型威胁、适应型威胁、观点性威胁、生存性威胁以及可能风险的剖析,提出了人工智能发展的合理依据,认为发展人工智能的标准应以人为尺度,体现人的目的性,并融入到人类文化之中,关于人工群体智能已经是一种通用智能的断言为时尚早,在未来的信息圈生活中,实现人机融合,共同奏响智能文明的交响曲;第三,从第七章到第十二章,从多个视域剖析了人工智能的伦理建构规范、算法偏向以及维基百科的知识评价等问题,认为责任分配问题在智能社会中依然非常重要,应该放弃人工智能系统及算法的黑箱式运作,对算法权力进行反思并制定与完善相应的互联网法律法规,是当前迫切需要解决的重要问题。最后的附录部分,基于对上海市的智能化哲学研究现状和研究重点与热点问题的概念性考察,揭示了人工智能哲学研究的未来走向。

本丛书的五部著作自成体系,综合起来从不同侧面揭示和阐述了信息技术的快速发展本身所存在的哲学问题和所带来的哲学问题,并在研究过程中形成了一些基调性的共识,敬请专家学者给予批评指正。最后,在本丛书即将付梓之际,我们对上海市哲学社会科学基金的大力资助、对上海社会科学院哲学研究所营造的和谐氛围、对团队成员五年来高效而默契的合作精神、对每位作者的倾心研究,以及对上海人民出版社编辑负责任的辛勤劳动,表示真诚的感谢!

成素梅

2020 年 5 月 20 日

写于美国加州

目　录

序 言
智能化社会的十大哲学挑战

成素梅

自 AlphaGo 赢得围棋比赛以来,人工智能已成为全世界关注的焦点。无论是主动拥抱,还是被动接受,智能化趋势已经势不可挡。2016 年 10 月和 12 月美国白宫相继发布《为人工智能的未来做准备》和《人工智能、自动化和经济》两份研究报告,试图有针对性地采取措施,来确保美国在人工智能领域的领先地位。2017 年 4 月英国工程与物理科学研究理事会(EPSRC)发布《类人计算战略路线图》明确了类人计算(Human-Like Computing)的概念、研究动机、研究需求、研究目标与范围等。2017 年 7 月我国国务院发布《新一代人工智能发展规划》,提出大力助推人工智能发展的指导思想与战略目标等。这些顶层设计的战略性推动,加上资本力量的聚集、科技公司的布局、各类媒体的纷纷宣传,以及有识之士的全方位评论,既加快了智能化社会到来的步伐,也深化了关于发表人工智能技术的乐观派与悲观派之间的争论。

毋庸置疑,人工智能正在改变世界,而关键是人类应该如何塑造人工智能。我们在"热"推进的同时,必须进行"冷"思考,应该充分认识到:各界人士在信心饱满地全力创造机会,抢抓新一轮智能科技发展机遇之时,还需要未雨绸缪地深入探讨智能化社会可能带来的严峻挑战。事实上,人工智能对政治、经济、社会、法律、文化甚至军事等方面都带来了多重影响,而我们现在还没有足够的知识储备和恰当的概念框架来理解、应对甚至引导这些影响,这才是迎接智能化社会真正的危险之处。从哲学的视域来看,随着人、机、物、网的深度融合和新的群智系统的出现,未来智能化社会有可能带来的哲学挑战可大致归纳为以下十个方面。

挑战之一:人工智能的快速发展使我们生活的世界处于快速变化之中,这

使我们在概念上深感措手不及,如何重构概念框架或丰富现有的概念工具箱,是我们面临的概念挑战。

概念是人类认识世界和理解世界的界面之一。概念工具箱的匮乏,不只是一个问题,更是一种风险,因为这会使我们恐惧和拒绝不能被赋予意义和自认为没有安全感的东西。丰富现有的概念工具箱或者进行概念重构,有助于我们积极地表达对人工智能的未来展望。

历史地看,自1946年第一台电子计算机的诞生拉开了人类文明从工业文明向信息文明转型的帷幕以来,具有重构一切能力的互联网的普及与发展,已经在许多方面颠覆了工业文明时代形成的方方面面:商业模式向着碎片化、个性化、专业化等方向发展;知识生产向着人机互动的方向发展;网络教学弥补了教育资源的稀缺;基于搜索引擎的信息查找在很大程度上替代了传统的人工查阅;网上购物和外卖服务让生活变得更加便利;支付宝、微信支付正在替代银行,成为新的支付手段;在人们日常生活中,智能手机如同吃、住、行一样不可缺少,如此等等。这些新生事物足以表明,我们已经生活在将资源、信息、物品和人互联的世界里,万物互联不仅正在创造着无限的可能性,而且以难以置信的力量重塑着过去形成的一切。

然而,问题在于,虽然我们的商业模式、资本流向、生产方式、社会交往、生活方式、支付方式等方面已经进入信息文明时代,并且正在向着智能文明时代挺进。但是,我们在概念框架、制度安排、教育设置、社会结构等领域,依然处于工业文明时代,生产方式的超前与思维方式和概念框架的落后之间的矛盾,是当前哲学社会科学面临的最大挑战。因此,全方位地丰富和重构哲学社会科学的概念框架,是我们迎接智能化社会的一个具体的建设目标,而不是一个抽象的理论问题。

挑战之二:人工智能是由大数据来驱动的,如何理解数据之间的相关性所体现出的测量或决策作用,是我们面临的思维方式的挑战。

人类智能最大的特征之一就是在变化万千的世界中,能够随机应变地应对局势。这种应对技能是在反复实践的过程中练就的。在实践活动中,人类是"寓居于世"(being in the world)的体知型主体。人与世界的互动不是在于寻找原因,而是在于应对挑战,而这种挑战是由整个域境诱发的。人类的这种应对技能是建立在整个模式或风格的基础上的,是对经验的协调。人与世界的关系是一种诱发—应对关系。同样,人工智能的世界是由人的数字化行为构成的数据世界。一方面,人类行为的多样性,使得数据世界变化万千,莫衷一是;另一方面,数据量的剧增带来了从量变到质变的飞跃,不仅夯实了机器深度学习的基石,而且使受过长期训练的机器,也能表现出类似于人类智能的胜任能力,成为"寓居于数据世界"的体知型能动者。这样,智能机器与数据世界的互动同样也不是在寻找原因,而是在应对挑战,这就使人类进入了利用大数据进行预测或决策的新时代。

大数据具有体量大、类型多、结构杂、变化快等基本特征。在这种庞杂的数据库中,我们必须放弃把数据看作标志实物特征的方法,而应运用统计学的概念来处理信息,或者说,凭借算法来进行数据挖掘。这样做不是教机器人如何像人一样思考,而是让机器人学会如何在海量数据中挖掘出有价值的隐藏信息,形成决策资源,预测相关事件发生的可能性。然而,当数据成为我们认识世界的界面时,我们已经无意识地把获取信息的方式,交给了搜索引擎。在搜索算法的引导下,我们的思维方式也就相应地从重视寻找数据背景的原因,转向了如何运用数据本身。这就颠覆了传统的因果性思维方式,接纳了相关性思维方式。因果性思维方式追求的是"如果 A,那么 B";而相关性思维方式追求的是"如果 A,那么很有可能是 B"。这时,A 并不是造成 B 的原因,而只是推出 B 的相关因素。就起源而言,因果性思维方式是与牛顿力学相联系的一种决定论的确定性思维方式,而相关性思维方式则是与量子力学相联系的一种统计决定论的不确定性思维方式。

相关性思维与因果性思维,属于两个不同层次的思维方式,不存在替代关系。前者是面对复杂系统的一种横向思维,后者则是面对简单系统的一种纵向思维。比如,谷歌根据搜索查询内容和查询的"地理定位"之间的相关性分析,在地图上标识出流感发生地,与随后美国疾病控制中心提供的发生地并无二致。这挑战了传统的数据收集方法,比如:住院人数、实验报告等。同样,在城市管理中,智能手机的位置定位功能有助于掌握人口密度与人员流动信息;

共享单车的使用轨迹有助于优化城市道路建设,等等。这些在过去都是无法想象的。另一方面,随着数据实时功能的不断增强和推荐引擎技术的不断发展,人与数据环境之间的适应关系也发生了倒转:不是人来适应数字环境,而是数字环境来适应人。这种新的适应关系也由相关关系引领的。

挑战之三:在一个全景式的智能化社会里,如何重新界定隐私和保护隐私,如何进行全球网络治理,是我们面临的新的伦理、法律和社会挑战。

人的数据化生存,不是创生了一个与现实世界平行的虚拟世界,而是削弱了虚拟与真实之间的划分界限,创生了一个超记忆(hyper-memorisability)、超复制(hyper-reproducibility)和超扩散(hyper-diffusibility)的世界。①在工业社会,个人隐私是非常重要的,蓄意打听他人的私人信息被认为是不礼貌的,甚至是不道德的。家庭是典型的私人空间,公共场所是典型的公共空间。私人空间通常被认为私密的、自由的或随意的、自主的领域,而公共空间被看成公开的、不自由的或受约束的、能问责的领域。然而,当人类生存的物质世界成为智能化的世界时,常态化的在线生活(Onlife)使人具有了另外一种身份:数字身份或电子身份。

一方面,无处不在的网络,即使是私人空间或私人活动,也成为对公共空间或公开活动的一种重要延伸。过去属于私人的信息或国家机密,现在会在不被知情的情况下,被复制和传播,甚至被盗用。比如:你的手机在前几个月内的通信内容,即使在你关机的状态下,也能够被他人检测出来,以及发生在美国的斯诺登事件等;另一方面,编码逻辑的活动越来越标准化和碎片化,自动算法系统作为新的认知层面,建构了个人的电子档案,能够实时地解读和编辑个人行为、筛查个人的心情、追踪个人的喜好,甚至能够抓取个人的信息的感知趋向,进行有针对性的信息推送。而这种推送服务,不仅会加固社会分层,而且具有利用价值。比如:保险公司有可能在掌握了个人病史的情况下,提高保费;大学招生部门有可能把个人网络档案作为决定是否录用学生的参考依据,等等。与传统的社会化和社会控制机制相反,在智能化时代,人的社会化过程成为

---

① Jean-Gabriel Ganascia, "Views and Examples on Hyper-Connectivity", in Luciano Floridi, *The Onlife Manifesto: Being Human in a Hyperconnected Era*, Springer Open, 2015, p.65.

无形的和不可解释的。这就增加了社会现象的不透明性和人的透明性。

特别是,对于个人而言,网络数据和信息的不可删除性,个人注意力的货币化,人的行为随时被置于网络监视之中,以及无法保证技术的匿名性,都会导致人的隐私权的丧失,还会强化信息的不对称和权力的不对称,因而对传统的隐私观提出了巨大的挑战。传统的隐私观包括两个方面:一是个人对希望呈现的信息有控制权,二是个人对属于或关于自己的信息有删除权。当人的数字化生存使得人们失去了对自己信息的控制权的同时,也就失去了对自己信息的删除权。在欧盟关于数据保护条例的讨论中,从互联网中消除信息的决定权,是一个最有争议的话题,其中,技术性的问题比我们想象的更加复杂。

网络数据的被转移、被复制以及被控制,还有网络智能机器人的被使用,不论是在个人层面,还是在国家层面,都打开了有关隐私和匿名议题的潘多拉魔盒。因此,随着物联网的发展,在全球互联的世界中,如果我们希望通过法律条文和人类智慧,来应对隐私问题,就需要跟上技术发展的步伐,[1]需要各级部门为掌握了大量个人数据并重新规划人类社会发展的各类科技公司建立负责任的行动纲领,使如何理解隐私和如何保护隐私的问题,成为一个迫切需要重新概念化的伦理问题、法律问题和社会问题,加以重视。

挑战之四:随着人的网络痕迹的不断留存,应该如何对待很有可能出现的数字人,是我们面临的对现有生命观的挑战。

物联网创造了把人、物和世界或自然界联系起来的网络,智能化技术的发展又进一步使数据、信息和知识,还有思想和行为痕迹,成为永存。这已经为数字人的出现创造了条件。数字人不仅能永生,而且更重要的是,它能够模仿出之前只有生命才具有的许多特性。这就对传统的生命观提出了挑战,并带来了许多需要重新思考的问题。在亚里士多德看来,心灵(灵魂)不能存在于身体之外,并且,与身体一起死亡,而笛卡儿则维持了心灵和身体的二分。今天,人工智能科学家能够把人类的心灵上传到一台机器(或网络)中,这将意味

---

① Yiannis Laouris, "Reengineering and Reinventing both Democracy and the Concept of Life in the Digital Era", in Luciano Floridi, *The Onlife Manifesto: Being Human in a Hyperconnected Era*, Springer Open, 2015, pp.38—139.

着,人的心灵可以与人的身体分离开来,被附着在一个网络化的具有自主学习能力的虚拟身体之上。

如果未来有一天,数字人能够借助自然语言处理技术和深度学习技术,来模仿真人的发音;通过计算机视觉、图像识别等技术,来模仿真人的行为。那么,是否允许未来会出现专门定制数字人的公司呢? 应该制定什么样的道德法律来规范数字生命呢? 进一步设想,如果未来有一天技术允许一个人的心灵在他的身体死亡后,在一个不同的主人(比如,限于一块硅电路或一个分布式网络)的体内继续运行,将会发生怎么样的情况呢? 这样的实体依然满足用来描述人还活着的标准吗? 两者将会拥有相同的心灵吗? 而且,就所有的实践考虑而言,它将永远有能力学习、反应、发育和适应吗? 这将会违背活的有机体是由细胞组成的这一必要条件。但是,如果我们选择坚持这个必要条件,我们将如何拓展我们的生命观? 这还会涉及法律、医疗、伦理、经济、政治乃至军事等方面的问题。

挑战之五:增强现实技术、生物工程技术以及量子计算的发展,应该如何对待有可能出现的生化电子人,是我们面临的关于身体观的挑战。

我们通常认为,如果人的身体的某个功能器官失能之后,有可能用人造器官或器件来替换或补救,比如,心脏起搏器、人造关节、隐形眼镜、助听器等等,这些器具只被看成是恢复人体失能器官的功能,不会对人体构成威胁。然而,在智能化的社会里,当芯片技术、生物工程技术和量子算法等整合起来时,将会出现名目繁多,乃至现在无法想象到的增强型技术。这些技术的人造物,比如生物芯片,不只是具有医疗的作用,更重要的是具有强化人体功能的作用。那么,我们应该如何规范这些器件的使用范围呢? 不论是为了医疗的效果,还是为了增强的效果,当人体的主要功能性器官有可能被全部替换时,这个人还是原来的那个人吗?

这就遭遇了古老的特修斯悖论。这个悖论的意思是说,一艘在海上航行几百年的船,只要一块船板腐烂了,就会被替换掉,以此类推,直到所有的船板都被替换掉之后,那么,这艘船还是原来的那艘船吗? 哲学家霍布斯后来延伸说,如果用特修斯之船上替换下来的船板,重新建造一艘船,那么,这两艘船中哪艘船才是真正的特修斯之船呢？这个悖论揭示了如何理解事物的同一性问题。它同样适用于智能化社会中如何理解人体的同一性问题。我们一直认为，人的身体是指有生以来的器官、骨骼、神经、血液等功能器官构成的血肉之躯，虽然这些器官会不断老化，人每天都在进行新陈代谢，但是，具有时间连续性的身体变化，不会影响我们对身体同一性的认同。

但是，当技术发展到人的主要器官可以被替换时，就可能出现生化电子人，那么，生化电子人仍然是人吗？我们如何划定人类和非人类之间的界线？更令人担忧的是，随着医疗技术的发展，也许有一天内置于我们体内的纳米机器人能修复任何需要修复的器官或组织，而不会影响人的生命或身份，但是，如果这些机器人是受外部控制的，就必然带来许多问题，比如，如何看待自由意志；从动物伦理的视域来看，当人类有可能在生物上成为永生时，对环境和可持续性来说是否将是毁灭性的；人类是否有权比其他生物活得更长久；人类是否应该建立规则和条件来终止生命或同意安乐死，以及如何决定谁或什么应该活着和死去。①

挑战之六：人的数字化生存，有可能使得理性—自主的、与身体无关的自我意识，被第三空间中的社会—关系的、与身体相关的自我意识取而代之，这是我们面临的重构自我概念的挑战。

在智能化的社会中，人的在线生活使得在线交流成为人类交往的一种习惯方式，人们把这种交流的网络空间称之为"第三空间"。这是由共享的群体意识所塑造的一个空间。现在流行的微信朋友圈就是典型一例。这种空间是位于严格意义上的个人隐私和大规模公开化之间的一个共享的交流空间。在这个空间，近代西方思想中传统的个人主义的理性—自主的自我意识，被第三空间中集体主义的社会—关系的自我意识取而代之。个人主义的理性—自主的自我概念是与身体无关的、原子式的个体自我，这种自我强调实体性，也能被作为科学研究的对象，由他者进行分析和预测，成为一个他治的概念。

---

① Yiannis Laouris, "*Reengineering and Reinventing both Democracy and the Concept of Life in the Digital Era*," in Luciano Floridi, *The Onlife Manifesto: Being Human in a Hyperconnected Era*, 2015, pp.134—136.

与此不同,汉娜·阿伦特(Hannah Arendt)编撰了"诞生性"这个概念,使自由与多元性结盟,使多元性不再被看成是对自由的约束,这样就把强调"自由"的自我看成是立足于多元性的存在者,而不是独立自主的存在者。独立自主是一种理想。把自由理解为是独立自主,要以牺牲现实为代价。因为不是一个人,而是人类栖居在地球上,没有人能够做到完全独立自主,人的"自由"也不是在真空中产生的,而是在受约束的可供性的域境中产生的。所以,个体自我的自由,并不是绝对的,而是相对于他者而言的。

第三空间中的自我概念强调的正是这种与他者的"关系性"或"社会性"。人类自由的这种语境依赖性,把自我定义为是通过多重关系来构成的。在多重关系的交织中,人们往往从坚固的个人隐私观念,转向了各类新媒体(比如脸书,微信等)上的信息共享:既包括私下公开个人信息,也包括共享受版权保护的学术资料、小道消息、甚至不加证实的各类谣言等。因此,人的网络化生活一方面使人类从信息匮乏的时代,转变为信息过剩的时代;另一方面,又把人类带到一个信息混杂、难辨真伪的时代。

在这种情况下,人的身份的完整性,是由两把"钥匙"开启的,一把"钥匙"由自己拿着;另一把"钥匙"由他人拿着。这就是为什么在公共空间向他人显现,是人类境况的核心特征;为什么身份与互动如此密切地联系在一起;为什么注意力成为人类体验多元性的关键能力的原因所在。关系自我之所以强调在与他者的交流互动中来彰显自己,是因为人不仅是目标的追求者,也是意义的塑造者,人与人之间的彼此互动也会产生新的意义和新的可供性。①因此,如何重塑社会—关系自我,成为我们面临的关于自我概念的挑战。

挑战之七:人工智能向各行各业的全面渗透,使人类有可能摆脱就业压力,获得时间上的自由。然而,如何利用充足的自由支配时间,却成为人类面临的比为生存而斗争还要严峻和尖锐的挑战。

随着计算机的运算能力与储存能力的不断提升,特别是,有朝一日随着量

---

① Nicole Dewandre, "Rethinking the Human Condition in a Hyperconnected Era: Why Freedon is Not About Sovereignty But About Beginning", in Luciano Floridi, *The Onlife Manifesto: Being Human in a Hyperconnected Era*, Springer Open, 2015, p.206.

子计算机的出台,人工智能不只是局限于模拟人的行为,而且还拓展到能够解决复杂问题。人工智能的这些应用前景,越来越受人重视。为此,许多人认为,人工智能的普遍应用有可能使许多工人、医生、律师、司机、记者、翻译员、服务员甚至教师等人群失业;但也有人认为,人工智能并不会造成整个职业的消失,只是替代工作内容,使人机协同成为未来的主流工作模式。就像工业革命时代,大规模地开办工厂,使得大量农民不得不离开农田,进入城市,变成工人,并诞生了银行、商场、各类中介等机构一样,智能革命时代也会不断地创造出新的就业岗位,使大量职业人员改变工作范式,并诞生前所未有的新职业。因此,我们面临的问题,不应该是因恐惧失业,而阻止人工智能的发展,而是反过来,应该前瞻性地为人工智能的发展有可能带来的各种改变,做好思想准备和政策准备。事实上,问题的关键并不是人工智能的发展会导致大量人员失业那么简单,而涉及更加根本的问题,即如何改变人类长期以来形成的就业观和社会财富的分配观的问题。

如果我们追溯历史,就不难发现,我们的地球发展已经经历了两次大的转折:第一次大转折是从非生命物质中演化出生命,这是生命体的基因突变和自然选择的结果;地球发展的第二次大转折是从类人猿演化出人类,而人类的出现使自然选择的进化方式首次发生了逆转,人类不再是改变基因来适应生存环境,而是通过改变环境来适应自己的基因。①这就开启了人类凭借智慧越来越远离天然自然继而迎接人造自然的航程。从农业文明到工业文明,再到当前的信息文明,人类始终在这条航线上勇往直前。在这种生存哲学的引导下,为生存而斗争和摆脱自然界的束缚,直到今天依然是人类最迫切解决的问题,甚至也是整个生物界面临的问题。一方面,科学技术的发展,工具的制造,制度的设计,都是为有助于实现这一目标而展开的;另一方面,人类的进化,包括欲望和本性的变化,其目的都是希望付出最少的劳动获得最大的报酬,特别是,我们熟悉的教育体制也是为培育出拥有一技之长的劳动者而设计的。在全球范围,这些设计目标的类同性,竟然与民族、肤色、语言等无关。这无疑揭

---

① [美]斯塔夫里阿斯诺:《全球通史:从史前史到 21 世纪》(第 7 版,上),董书慧等译,北京大学出版社 2005 年版,第 5 页。

示了人类有史以来的生存本性。

然而,随着人工智能的发展,当程序化和标准化的工业生产、基于大样本基数的疾病诊断、法律案件咨询,甚至作曲、绘画等工作都由机器人所替代时,当人类的科学技术有可能发展到编辑基因时,地球的发展将会面临着第三次大转折:那就是迎来人机协同,乃至改变人体基因结构的时代。到那时,有望从繁重的体力劳动与脑力劳动的束缚中完全解放出来的人类,应该如何重新调整乃至放弃世世代代传承下来的以劳取酬的习惯和本能,以及如何面对这样一种能够改造自己基因的能力,就成为至关重要的问题。也就是说,当人类的休闲时间显著地增加,而我们所设计的制度与持有的观念,还没有为如何利用休闲时间做好充分的思想准备时;当科学技术的发展使我们能够设计自己的身体时,我们将会因此而面临着一种"精神崩溃"吗? 对诸如此类问题的思考,使我们不得不面对更加现实的永久性问题:我们在摆脱了就业压力而完全获得自由时,如何利用充足的自由支配时间,如何塑造人类文明,将成为人类文明演进到智能化社会时,必然面临的比为生存而斗争还要严峻而尖锐的挑战。

挑战之八:当人类社会从由传统上求力的技术所驱动的工业社会,转向由求智的技术所驱动的智能化社会时,如何在智能技术的研发中把人类的核心价值置入设计过程,使人工智能有助于塑造成为人的意义,是我们面临的关于技术观的挑战。

长期以来,工具作为人造物通常被看成是中性的,技术是把双刃剑的说法,是针对技术的应用者而言的。在这种情况下,衡量技术善恶的天平将会偏向哪个方向,取决于应用者的伦理道德,与制造者无关。即使新石器时代磨制的石器,也能用来伤人,更不说原子能技术的发现。许多技术哲学家对这种工具主义的技术观提出了批评,认为技术并不是中性的,而是承载着内在价值的。这种内在价值既是由技术设计者镶嵌在技术物之中的,也指技术使用者沉迷于技术物之后,会受其价值的影响。比如:小孩子沉迷于网络游戏,而不能自拔的一个主要原因,是智能游戏能够根据玩者的历史记录,给予兴趣的引导和刺激。从总体上讲,人类创造技术人造物,在主观上,虽然不是为了改变人,而是为了满足人的需求,但在客观上,却反过来又在无形中重塑了人,也就是说,人在使用技术的同时,也被技术所改变。

特别是,当我们生活在"智能环境"中时,一方面,物质环境本身具有了社会能力,成为一种环境力量,能够起到规范人的行为和重塑公共空间的作用,甚至还能起到社会治理的作用。比如:城市交通要道上架设摄像头,能够约束司机的驾驶行为,使他们不得不把遵守交通规则内化为一种良好的驾驶习惯;在智能手机中下载高德地图,不仅能实时掌握道路拥堵情况,方便出行,而且有助于缓解主干道上的交通压力;许多重要场合在安装上人脸识别系统之后,不相关的人员将无法入内,从而变成一项加强安保与监管的自动措施;用人单位在记录职工考勤时,如果用人脸识别系统取代传统的电子打卡方式,就能够避免替人打卡现象,如此等等。

但另一方面,智能手机携带的地理定位功能,让人的行踪成为透明的;网络活动留下的各种数据,让人的兴趣、爱好、生活习惯以及社会交往等信息也成为透明的。人脸不仅是名字的标签,还承载了许多可以机读的网络信息,这些信息既能造福于人类(例如用于病理诊断),也会损坏人的利益(例如隐私泄露)。因此,在智能化的社会中,技术善恶的天平将会偏向哪个方向,不再只是取决于使用者,更加重要的还取决于设计者。在当前流行的人工智能范式中,算法模型是基于过去数据的学习训练,来决定未来的结果。算法模型的设计者选择的数据不同,训练出来的智能系统的偏好就会不同。这样,人工智能事实上并不是在预测未来,而是在设计未来。算法在表面上只是一个数学模型,但事实上,这样的数学模型并不客观,甚至还可能暗藏歧视。在这种情况下,我们讨论问题的重点,就不是探讨是否允许发展人工智能或准许人工智能技术进入社会的问题,因为排斥人工智能已经没有多大意义,当代人已经生活在人造物的世界中,无法离开技术而生存,而是应该讨论如何在智能技术的研发中把人类的核心价值置入设计过程的问题,如何使人工智能有助于塑造成为人的意义的问题,如何发展与人工智能的良性互动的问题,如何树立一种嵌入伦理责任的技术观的问题。

挑战之九:在知识生产领域,软件机器人的普遍使用,将为科学家提供科

学认知的新视域,如何对待有软件机器人参与的分布式认知,是我们面临的对传统科学认识论的挑战。

在智能化社会,互联网就像今天的水、电、气一样,不仅成为日常生活中的基础设施,而且成为社会数字化程度的标志和智能化发展的前提。有所不同的是,网络化、数字化与智能化的结合,既是平台,也是资源。它们不仅创设了无限的发展空间,具备了很多可供开发的功能,而且为我们提供了观察世界的界面。特别是,对于那些希望从互联网的知识库里"挖掘"有用信息的人来说,搜索引擎或软件机器人成为唾手可得的天赐法器,既便捷,又快速。问题在于,当搜索结果引导了人类的认知趋向并成为人类认知的一个组成部分时,人类的认知就取决于整个过程中的协同互动:即既不是完全由人类认知者决定的,也不是完全由非人类的软件机器人或搜索引擎决定的,而是由相互纠缠的社会—技术等因素共同决定的。卢西亚诺·弗洛里迪(Luciano Flondi)称之为"分布式认知"。

一种"分布式认知"的形式体现在维基百科中。我们知道,维基百科实施的开放式匿名编辑模式,在极大地降低了知识传播和编撰的门槛时,首先必须面对词条内容的可靠性问题。编者们采取了两条途径来确保其可靠性:一是通过集体的动态修改来加以保证;二是让软件机器人自动地承担起监管和维护的任务,随时监测和自动阻断编辑的不正确操作。比如,在加州理工学院学习的弗吉尔·格里菲思(Virgil Griffith)开发的 Wikiscanner 软件,就可以用来查看编辑的 IP 地址,然后,根据具有 IP 地址定位功能的数据库(IP 地理定位技术)来核实这个地址,揭示匿名编辑,曝光出于私心而修改词条的编辑,从而自动维护了维基百科词条内容质量。[1]软件机器人的警觉性远远高于人的警觉性,因而极大地提高了维护效率,成为维护知识可靠性的一位智能体(agent)。

另一种分布式认知的形式体现在新型的科学研究中。2017 年 7 月 7 日出版的《科学》杂志集中刊载的一组文章中简要介绍了软件机器人直接参与人类

---

[1]　R.Rogers, *Digital Methods*, MA: The MIT Press, 2013, p.37.

认知的许多事例。这些事例表明,软件机器人不仅具有监管、搜索、推送等作用,而且开始参与到科学研究的过程之中,并且正在改变科学家的科研方式。比如,宾夕法尼亚大学积极心理学中心的心理学家可以运用算法,根据推特、脸书等社交媒体上的话语,来分析大众的情绪、预测人性、收入和意识形态,从而有可能在语言分析及其与心理学联系方面带来一场革命;普林斯顿大学的计算生物学家可以运用人工智能工具来梳理自闭症根源的基因组,等等。这些机器人被尊称为"网络科学家(cyberscientist)"。

因此,当科学研究的结果也依赖于机器人的工作时,我们的认识论就必须由只关注科学家之间的互动,进一步拓展到关注软件机器人提供的认知部分,形成"分布式认识论"。这是对传统认识论的挑战。

挑战之十:当整个人类成为彼此相连的信息有机体,并且,与人造物共享一个数字化的信息空间时,认识的责任就必须由人类的能动者和非人类的能动者来共同承担。如何理解这种分布式的认识责任,是我们面临的对传统责任观的挑战。

智能化的网络世界永远是一个包罗万象的地方,既让人着迷,又令人忧虑。着迷之处在于,它有可能让我们极大程度地从体力与脑力劳动中解放出来,有时间从事成就人的工作;忧虑之处在于,它同时也会带来了无尽的问题:身份盗用、垃圾邮件、网络欺诈、病毒攻击、网络恐怖主义、网络低俗文化等。这说明,我们的认识系统已经是一个与社会—技术高度纠缠的系统。在这个系统中,不仅我们的认识是分布式的,而且认识的责任也是分布式的。正如朱迪思·西蒙(Judith Simon)所言,认识的责任是一个把认识论、伦理学和本体论联系起来的话题,认识的能动作用和相关的问责,既不属于人类,也不属于人造物,而是属于人类在系统中的内在—行动。[①]

这种观念类似于我们对量子测量结果的理解。在量子测量中,被测量对象的属性、测量设置和测量结果是相互纠缠和共同决定的。属性既不是事先

---

① Judith Simon, "*Distributed Epostemic Responsibility in a Hyperconnected Era*", in Luciano Floridi, *The Onlife Manifesto: Being Human in a Hyperconnected Era*, Springer Open, 2015, pp.145—160.

存在的，也不是无中生有的，而是在测量过程中，由测量设置和对象共同形成的，是实体—关系—属性一体化的结果。我们依据传统的认识论观念，对这种量子测量整体性的理解，曾带来了许多认识论的困惑，导致两位物理学大家玻尔和爱因斯坦的世纪之争。同样，在智能环境中，智能化程度的提高，造成我们对承担责任的恐惧。比如，在个人数据处理、无人驾驶、算法交易等事件中，如果发生问题，应该由谁来负责呢？

这种恐惧把认识关系变成了一种权力关系。也就是说，在认识过程中，不同的认识能动者(不论是人类的，还是非人类的)，具有不同的权力。当非人类的算法或软件机器人过滤和引导了我们的认识视域时，就提出了我们如何成为负责任的认识者的问题。比如，我们已经习惯于通过百度来查找所需要的一切信息，习惯于通过参考他人的评分或评论，来决定订哪家宾馆、在哪个餐厅吃饭、购买哪件衣服，等等。问题在于，我们为什么要相信这些评论或评分？如果我们被欺骗，比如曾经发生的莆田系问题。我们应该如何问责呢？对这个问题的思考，涉及关于搜索引擎这样的智能人造物的伦理和道德责任的问题。

弗洛里迪等人认为，如果人造物显示出互动性、自主性和适应性，那么，它就有资格成为一位道德能动者；如果人造物有资格成为一位道德能动者，那么，它就能被问责。在这种情况下，如果我们依然沿着传统的问责思路，把携带有智能的人造物，看成是不能承担责任的，那么对于这类非人类的能动者而言，道德的能动作用就与道德责任分离开来。如果我们认同这种观点，那么谈论智能人造物的责任就没有意义。事实上，这种观点混淆了孤立的技术人造物和社会—技术—认识系统中能体现出智能的人造物之间存在的本质差异。

比如，汽车发生碰撞事故，交警通常会判定要么由司机来负责，要么由厂商来负责。在这种思路中，汽车是被当作孤立的技术人造物来看待的。可是，如果是一辆无人驾驶的汽车发生了碰撞事故，那么，我们就需要追究这辆车的责任，因为无人驾驶车应该被当作是属于社会—技术—认识三者高度纠缠的人造物来看待。然而，如何问责这样一个把伦理学、本体论和认识论高度纠缠在一起的问题，在现有的规章制度中和交通法规中依然无章可循。因此，从如何重塑社会—技术—认识系统中的问责机制来看,如何确立分布式责任观是我们面临的对传统问责机制的挑战。

综上所述,智能化社会是由人工智能驱动的社会,是信息文明的高级阶段。这个社会将会再一次全方位地打破我们习以为常的生活方式、生产方式、思维方式、概念框架乃至当前在现代性基础上形成的方方面面。在我们势不可挡地迈向智能化的社会道路上,面临着有必要重构一切的情况下,哲学社会科学的出场,很可能比技术与资本的出场,更迫切,更重要。因为只有这样,才能有助于前瞻性地重构一系列战略方针,做到防微杜渐,才能有助于扩大人工智能带来的恩惠,规避人工智能可能带来的危害,缓解发展人工智能付出的代价。

正是出于这种考虑,本书作者有针对性地围绕人工智能的哲学基础及其发展前景、人工智能威胁论的类型、人工智能的风险、人机关系的嬗变、人工智能建模方式的局限性、群体心智和群体人工智能、人工智能的价值审度与伦理建构、算法偏见、人工智能体的道德问题,以及作为人工智能基础条件的大数据带来的哲学问题,例如对数据挖掘技术与伦理调节、个性化知识的特征及其价值,以及维基百科的知识评价基础等问题展开了系统的剖析,最后的附录部分是上海智能化哲学发展报告。这些主题都独立成篇,并且是作者的最新研究成果,希望专家学者批评指正。

第一章
人工智能的哲学基础及其发展前景

近年来，人工智能(简称 AI)领域突飞猛进的理论进展及其广泛应用，极大地推动了新兴产业的深度融合，深化了信息文明的发展进程。与此同时，世界各国政府纷纷密集出台政策，大力助推人工智能的发展。然而，基于"互联网＋人工智能"的技术创新正在颠覆长期以来形成的人与工具之间的控制与被控制、利用与被利用的关系：人工智能把技术创新的目标从解放体力转向解放智力，从"征服"自然转向有可能"征服"人类自身，从而把人类文明演化的方向实质性地推向重塑社会和重建价值内化的过程。大转变必然带来大机遇，但也会带来大问题：机器能否成为认知主体？机器能思维吗？机器思维与人的思维在本质上相同吗？机器能有意向性吗？如果承认机器能拥有智能，那么，这种智能会超过人类吗？人工智能有界限吗？或者，如霍金所言，智能机器人可能会成为人类历史上的最大灾难或人类文明的终结者吗？对这些问题的回答已经不是单纯的人工智能领域的问题，而是需要哲学社会科学的介入，需要展开跨学科的对话，来共同探讨的深层次问题。本章试图立足于哲学视域，通过剖析人工智能研究的范式转变，来探讨人工智能的发展前景。

一、人工智能的学科性质

"什么是人工智能"的问题，既是人工智能领域的一个最基本的概念性问题，也是一个有代表性的哲学问题。纵观人工智能的书籍，不难看出，人工智能学家对这个问题至今依然没有提供明确的回答，只是从目标和任务的层面给出笼统的界定。他们一般认为，人工智能意指由人类制造出来的机器所呈现出的智能,与自然进化而来的人类智能相对应。目前的人工智能研究主要是探索如何设计出或制造出能够感知环境并作出最优决策或采取最优行动的"智能体"(agents)①,比如著名的 AlphaGo、谷歌的无人驾驶车等,甚至让机器能够像人类一样,具有说话、感知、推理、行动及认知等能力。但从人工智能的发展史来看,人工智能的发展范式是在边探索和边争论的过程中逐步形成的,其中,每一种范式的形成都依赖于如何理解和判定"智能"。

历史地看,1950 年图灵在《心灵》杂志上发表的《计算机器与智能》一文,被公认为是探讨如何判断"机器能够思维"的第一篇文章。在这篇文章中,图灵指出,他这里所说的机器是指"电子计算机"或"数字计算机"。因此,"机器是否能够思维"的问题,就转化为"计算机是否能够思维"的问题。图灵认为,对这个问题的回答不能从定义"机器"和"思维"的涵义来进行讨论,而是建议用一个模仿游戏来替代,替代之后的问题是,"存在着可以想象得到的能够在模仿游戏中干得出色的数字计算机吗?"或更一般性的问题,即"存在着能够干得出色的离散状态的机器吗?"

为了回答这个问题,图灵设计了一个由一位提问者和两位竞赛者组成的模仿游戏。在这个游戏中,提问者是人,在两位竞赛者中,一位是人,另一位是计算机。游戏问题的设计形式,要求在不能让提问者看到或接触竞赛者或听到竞赛者的声音的条件下进行。图灵认为,如果我们能够制造出一台机器,让它在模仿游戏中做出令人满意的表演,使得提问者不能在机器提供的答案和人提供的答案之间作出区分,那么,就认为这台机器是有智能的。②这种人与机器在行为方式上具有的"不可辨分性"(indistinguishability)的测试,被称为"图灵测试"。这是到目前为止,机器是否存在智能的唯一可操作的检验标准。这个模仿游戏的逻辑推论是:既然计算机的行为方式,比如应答反应,无法与有智慧的人的行为方式区别开来,那么,计算机将会思考或具有

---

① Agent 这个词在人工智能领域一般译为"智能体",在哲学领域内一般译为"能动者",另外,还有"能动体""作者者"和"施动者"等译法,主要强调行动的自主性和能动性。本书统一译为"智能体"。

② [英]A·M·图灵:《计算机器与智能》,载玛格丽特·博登主编:《人工智能哲学》,刘西瑞、王汉琦译,上海译文出版社 2001 年版,第 56—91 页。

智能。

这篇文章引起了人们对制造机器智能的极大兴趣。1956年夏天,麦卡锡(John McCarthy)在美国达特茅斯学院组织了一个学术研讨会,共同探讨有关机器模拟智能的一系列问题,并首次提出"人工智能"这一术语,标志着人工智能研究正式诞生。在参会者中间,麦卡锡、纽厄尔(Allen Newell)、西蒙(Herbert Simon)和明斯基(Marvin Minsky)后来被誉为是人工智能的奠基者。那时,纽厄尔和西蒙认为,符号是智能行动的根基,智能在构造上的必备条件就是计算机存储和处理符号的能力。因此,衡量一个系统的智能水平,就是看这个系统在现实的复杂情景中达到规定目标的能力。[①]

这样,从学科起源上来讲,人工智能是作为计算机科学的一个分支领域发展起来的。与20世纪相比,目前,人工智能已经成为一般的技术母体,不仅研究范围越来越广泛,主要包括自动程序设计(机器人)、逻辑推理、语言识别、图像识别、自然语言理解、自动驾驶汽车、医学诊断、游戏、搜索引擎、在线助手、垃圾邮件过滤器、预测司法判决以及目标在线广告等,而且渗透到其他技术领域,对传统的各行各业进行着大规模的智能化改造。

从学科性质上来看,人工智能不同于研究"自在"世界的自然科学,因为自然科学通常是基于实验事实来获得理论,然后运用理论来说明被研究的那部分自然界的事实,而人工智能显然不是研究自然界的某个部分,也没有明确的说明性理论,而是研究如何开发自动程序和如何制造出具有类似于自然智能的机器。自然科学的研究对象往往是明确的和现存的,比如:牛顿力学研究受力物体的运动变化情况,天文学研究天体的运动变化情况,生物学研究生物的演化过程,如此等等。而我们对作为人工智能模拟对象的人类智能的理解却是模糊的或不明确的,因为自然智能的形成机制至今依然是个谜。就人类智能而言,智能的产生究竟是一个理论问题,能够通过实验来揭示?还是一个实践问题,只有在实践过程中展现出来?科学家对这个问题至今没有达成共识。这也决定了研究人类智能路径的多元性。另一方面,揭示人类智能的本质,并

---

① [美]A·C·纽厄尔和 H·A·西蒙:《作为经验探索的计算机科学:符号和搜索》,载玛格丽特·博登主编:《人工智能哲学》,刘西瑞、王汉琦译,上海译文出版社2001年版,第143—145页。

不是人工智能研究的主要问题，而是脑科学、认知科学和神经科学等学科研究的内容，尽管关于人工智能的研究，或许反过来对于揭示人类智能的本质有一定的启发或促进作用。这就决定了人工智能研究本身从一开始就具有跨学科的性质。

人工智能也不是像逻辑学或数学那样的非经验科学，更不是一门社会科学，尽管人工智能研究者必须关注其成果对社会所产生的影响，但这并不是人工智能研究的主要内容。虽然算法和编程等研究本质上是数学的，但这也不是人工智能的全部，因为这些算法与程序的实现，还需要设计有效的信息存储硬件或中央处理器等。而这些设计多半是依据微电子技术和其他制造工艺，并不需要纯数学。纽厄尔和西蒙把计算机科学称为是一门经验学科，也叫做实验科学。在他们看来，每制造出一台新的机器都是一次实验，每编制一个新的程序也都是一次实验。因为建造机器和编程都是向自然界提出一个问题，而它们的行为为获得答案提供了某种线索。机器和程序都是人造物，是发现新现象和分析现有现象的方法，抑或是实现某种功能的自动机器。人工智能研究是通过经验探索来形成新的理解，然后，根据在实验和理解中积累起来的认知，创造出有助于实现某种认知目标的工具。①从这个意义上看，人工智能在模拟人类认知能力方面取得的成果，反过来有助于促进心理学、认知科学和哲学的发展。

人工智能发展的这些交叉性与跨学科性表明，人工智能在现有的学科分类中难以找到其归属的门类。一方面，人工智能，如同量子技术、基因工程技术、纳米技术等一样，既不是纯粹的科学，也不是纯粹的技术，而是两者相互促进和共同发展的结果。因此，从这个意义上看，人工智能属于技性科学(technoscience)的范围。技性科学意指科学化的技术和技术化的科学的混合，是科学与技术相互交叉的一个领域，主要突出科学与技术之间的相互促进关系，是当前科学技术哲学研究中的一个新方向。另一方面，量子技术、纳米技术、基因工程技术等，首先是在学科发展成熟的基础上和明确了科学原理的前提下，

---

① [美]A·C·纽厄尔和H·A·西蒙:《作为经验探索的计算机科学:符号和搜索》，载玛格丽特·博登主编:《人工智能哲学》，刘西瑞、王汉琦译，上海译文出版社2001年版，第143—144页。

才进行的技术探索,尽管这些探索的结果,反过来也会深化和促进相关基础学科的发展。但相比之下,人工智能对人类智能的模拟,却既没有可参照的概念框架,也没有可遵循的方法论准则,而是一个需要探索的目标,或者说,是模拟一个其内在机制还没有被完全理解清楚的东西。那么,机器或计算机如何来模拟这个至今机制尚未明朗并专属于人类的智能呢? 这是以前的科学研究从未出现过的新情况。

二、强人工智能的框架问题

当人工智能研究者在探索人工智能的实现问题或"如何做"的问题时,首先遇到的就是事关人工智能的框架问题。然而,框架问题不能被简单地归属于一个令人烦恼的技术障碍,或者,看成是让人工智能研究者一筹莫展的一道奇特的难题,而应该看成是一个新的深层次的认识论问题。这个问题是由人工智能的一些新方法揭示出来的,但却还远远没有得到解决的问题,也是一代又一代的哲学家原则上能够理解,但却未加注意的问题。①人工智能研究者根据不同的学科背景和对智能形成方式的不同理解,提出了三种有代表性的人工智能研究范式:符号主义、联结主义和行为主义。但是,在20世纪80年代中期之前,却是符号主义独占鳌头。

以纽厄尔和西蒙为代表的人工智能的符号主义者把人类认知看成是一个信息加工过程,把物理符号系统看成是体现出智能的充分必要条件,包括两个方面:第一,任何表现出一般智能的系统都可以经分析证明是一个物理符号系统(必要条件);第二,任何足够大的物理符号系统都可以通过进一步的组织而表现出一般智能(充分条件)。由于物理符号系统是通用机的事例,因此,物理符号系统假设意味着智能是由一台通用计算机来实现的,或者说,智能机器就是一个符号系统。于是,他们总结出关于人工智能的两个定性结构定律:第一定律是,"智能存在于物理符号之中";第二定律是,符号系统是通过生成潜在

---

① [美]D·C·丹尼特:《认知之轮:人工智能的框架问题》,载玛格丽特·博登主编:《人工智能哲学》,刘西瑞、王汉琦译,上海译文出版社2001年版,第200页。

可能的解,并对其进行检验,也就是通过串行搜索的方式来解题。①这条通用人工智能的进路,通常被称为强人工智能。

美国哲学家约翰·塞尔(John Searle)在"心灵、大脑与程序"一文中,以"中文屋"的思想实验,对这种强人工智能的形式化观念,进行了反驳,认为形式化的系统不可能生成智能行为。塞尔在这篇文章中,首先把上述人工智能的理念归纳为两个论断:第一,编程的计算机确实具有认知状态;第二,这个程序在某种意义上是解释了人类的理解。然后,塞尔详述了一个"中文屋"的思想实验。这个实验假定,他自己被关在一间屋子里,然后,回答屋子外面的人向他提出的英文问题和中文问题。并声明,他自己的母语是英语,根本不懂中文,既不会写,也不会说。因此,他只能直接回答英语问题,而他对中文问题的回答,则是在他能理解的规则和指令的帮助下进行的。塞尔把这些规则和指令叫作"程序"。塞尔说,如果经过一段时间的学习后,他有能力善于根据规则和指令来处理中文字符,同时程序员有能力善于编写程序,那么,在提问者看来,他对问题的回答与讲中文母语的人的回答,在形式上毫无区别,也就是说,凡是看过他的答案的人,都不会知道他连一个中文字符都不认识。同样,他对英文问题的回答,与其他讲英语母语的人的回答也没有区别,或者,在外面的人看来,他对中文问题的回答和英语问题的回答同样好。

塞尔指出,他对英语问题的回答,是在理解了问题内容之后作出的;而他对中文问题的回答,则完全是根据规则和指令,找出对应关系之后作出的。对中国人来说,他的行为就类似于一台计算机。他是根据形式上规定好的规则和指令来操作的。因此,塞尔认为,在他完全不理解中文故事的情况下,虽然他的输入和输出,与讲中文母语的人没有区别,但事实上他却根本没有理解具体内容。如果他就是一台计算机,那么,计算机同样对内容也是无知的,不可能处于认知状态。这是他对第一个断言的反驳。塞尔接着说,第二个论断貌似有理,但完全是出于这样的假定:"我们能够构造出一个程序,它的输入和输

①　[美]A·C·纽厄尔和 H·A·西蒙:《作为经验探索的计算机科学:符号和搜索》,载玛格丽特·博登主编:《人工智能哲学》,刘西瑞、王汉琦译,上海译文出版社 2001 年版,第 142—178 页。

出同讲母语的人完全一样；此外还由于假定讲话者具有某个描述层次，在这一层次上他们也是一个程序的例示。"①

但塞尔认为，计算机程序与他对故事的理解完全是两码事。只要程序是执行形式化的操作指令，那么，这些操作本身同理解没有任何有意义的联系，或者说，计算机的认知类型完全不同于人类的认知类型。在这里，"理解"不是一个简单的二元谓词，而是有许多不同的类型和层次。X是否理解Y，是一个需要判断的问题，而不是一个简单的事实。把"理解"和其他认知属性赋予汽车、计算机等人造物，与把我们自己的意向性推广到人造物中这一事实有关，这是用比喻的方式将人的意向性赋予人造物。而人造物的"理解"却是它作为一部分的整个系统的"理解"，是把输入、输出与程序正确结合起来的结果。这种"理解"完全不同于他理解英语意义上的那种"理解"。同样的实验也适用于机器人的情况和大脑模拟者的情况。

塞尔的"中文屋"事例，也提出了对图灵测试的恰当性的质疑。塞尔认为，计算机程序的形式符号处理没有任何意向性。用语言学的术语来说，形式化的符号只有句法，没有语义。因为意向性是一个生物学现象，具有内在表征能力，或者说，意向性是神经蛋白具有的能力，而金属或硅片没有这种能力。塞尔关于意向性的这种强实在论观点与丹尼特的工具主义观点形成鲜明的对比。丹尼特认为，"计算机是传说中的**白板**，它需要的每一条目都必须以某种方式印上去，或者在开始时由编程员来做，或者通过系统的后续'学习'来做。"②也就是说，程序员直接给计算机装备了解决问题时应该"知道"的内容。装备问题是一个以某种方式给执行者装备应对世界变化时所需的全部信息的问题。这种信息的装备至少涉及两个层面的问题，一是装备什么信息，纽厄尔称之为"知识层次"的问题，这属于语义问题；二是以何种系统、形式、结构或机制进行装备，这属于句法问题。因此，赋予计算机的形式化程序，既有句法，也

① ［美］J・R・塞尔：《心灵、大脑与程序》，载玛格丽特・博登主编，刘西瑞、王汉琦译，《人工智能哲学》，上海译文出版社2001年版，第96页。

② ［美］D・C・丹尼特：《认知之轮：人工智能的框架问题》，玛格丽特・博登主编：《人工智能哲学》，刘西瑞、王汉琦译，上海译文出版社2001年版，第207页。

有语义。在丹尼特看来,只要赋予一个系统信念、目标和推理能力,我们就能解释、预见和控制这个系统的行为,那么,这个系统就是意向性的。根据这种判断,形式化的计算机程序也是一个意向性的系统,也能体现出智能。

博登(M.A.Boden)在《逃出中文屋》一文中把塞尔的上述论证归纳为两个主要论断:第一,计算理论因其本质上是纯形式的,所以,根本不可能有助于我们理解心理过程,也就是说,意义或意向性是不能用计算术语来解释的;第二,计算机硬件不同于神经蛋白,显然缺乏生成心理过程所需要的恰当的因果能力。博登认为这两个论断都是错误的。在他看来,位于屋子里的塞尔,所运用的规则和指令等价于"如果—那么"规则。塞尔在运用规则和指令找出中文问题所对应的答案时,虽然不是真的在回答用中文提出的问题——因为他根本无法理解用中文提出的问题,即使他从屋子里逃出来,也与被锁进去一样,对中文依然一无所知,当然无法作出回答;但是,他所理解的规则和指令,相当于是计算机所理解的编程语言。计算机会在窗口生成同样的"问题回答"的输入输出行为。

博登论证说,计算机程序是为计算机设置的程序,当程序在适当的硬件上运行时,机器总是要完成某些任务,所以,计算机科学中要使用"指令"和"执行"这两个术语。在机器编码的层次上,程序对计算机的作用是直接的,因为机器的设计使得一个给定的指令只产生唯一的操作。这说明程序指令就不只是形式化的,它也是对当前步骤得以执行的过程说明。编程语言是一个媒介,它不仅用来表达一些表述,而且也用来使特定的机器产生表述性活动。因此,把计算机程序表征为完全句法的而非语义的做法,是错误的。在博登看来,任何计算机程序固有的过程结果,都给了程序一个语义的立足点。这种语义不是指称性的,而是因果性的。这是与屋子里的塞尔理解英文的类比,而不是与他理解中文的类比,①从而捍卫了形式化的计算机系统,也会有智能的观点。

塞尔和博登的分歧在于对理解对象的看法不同。塞尔认为计算机不理解文本内容,而博登认为计算机可以理解程序内容,由程序来理解文本内容。因

---

① [英]M·A·博登:《逃出中文屋》,载玛格丽特·博登主编:《人工智能哲学》,刘西瑞、王汉琦译,上海译文出版社 2001 年版,第 121—144 页。

此,塞尔讲的理解是指直接理解,即一阶理解,而博登所讲的理解是间接理解,即二阶理解,也就是说,计算机是在理解了程序语言的情况下找出答案。塞尔认为,计算机只是执行程序语言,程序是形式化的,没有语义内容。博登则认为,计算机对程序语言的理解也是一种理解,因此,程序语言是承载有语义的。哲学家与心理学家围绕强人工智能的可行性展开的上述争论,只揭示了如何理解人工智能的一个侧面。至于如何实现人工智能的更深入的理解,则与范式背后隐藏的哲学思想或哲学假设相关。

三、符号主义范式的哲学基础

在 20 世纪 80 年代之前,人工智能的符号主义范式成功击败了与其平行发展的另外两种范式,而被尊称为传统范式。纽厄尔和西蒙曾得意地说,在 1976 年之前的 20 年中,"搜索根据符号系统对人类智能行为作出解释的做法,已在很大程度上取得成功,达到信息加工理论成为认知心理学中当前的主导观点的地步。尤其是在问题求解、概念获取和长时记忆领域中,符号处理模型目前居于支配地位。"①另一方面,他们认为,关于智能活动,不论是人类智能活动,还是机器智能活动,究竟是如何完成的,在当时,还没有与物理符号系统假设相抗衡的其他假设。在心理学中,从行为主义到格式塔理论的观点,都没有证明这些假定的解释机制对于说明完成复杂任务的智能行为是充分的,而且这些理论太笼统,很容易把信息加工后的解释赋予它们,使它们与符号系统假设相似。

纽厄尔甚至认为,重要的是把一切都通过编码来变成符号,包括数字在内,而不是使一切都数字化,包括指令在内。②也就是说,符号主义者认为,形式化就是建立某种算法,然后,由计算机来执行算法。根据这种理解,我们可以

---

① [美]A·C·纽厄尔和 H·A·西蒙:《作为经验探索的计算机科学:符号和搜索》,载玛格丽特·博登主编:《人工智能哲学》,刘西瑞、王汉琦译,上海译文出版社 2001 年版,第 159 页。

② A.Newell, "Intellectual Issues in the History of Artificial Intelligence", in F.Machlup and U.Mansfield eds., *The Study of Information: Interdisciplinary Messages*, New York: Wiley, 1983, p.196.

说,形式化的界限,也就成为人工智能的界限。人工智能的符号主义范式的发展经历了三个阶段,第一阶段以表征与搜索为主,第二个阶段以"微世界"分析程序、场景分析程序等为主,第三个阶段以专家系统与知识工程为主。这条发展线索逐步地把人工智能研究的目标,从最初通过建造智能系统来理解人类智能,逐步地引导到具体的应用领域。

在人工智能发展初期,符号主义范式之所以能够得到大家的公认,除了离不开资金来源、学位授予、杂志和专题讨论会等方面的大力支持之外,还有值得重视的更深层次的原因是,它与西方哲学传统和近代自然科学的研究方法相一致。符号主义范式采取的是自上而下的分析方法,追求从特殊任务域的必备条件中分离出对一般问题的求解机制,来进行程序设计。纽厄尔和西蒙把物理符号系统假设的来源追溯到弗雷格、罗素和怀特海。而弗雷格及其追随者们又继承了一个悠久的、原子论的理性主义传统。在这个传统中,笛卡儿假定,所有的理解都是由形成和操作恰当表述方式组成的,这些表述方式可以经分析成为基本元素,一切现象都可以理解为这些简单元素的复杂结合形式。霍布斯把推理看成是计算。莱布尼兹甚至还设想出一种"人类思想的字母表"。①近代自然科学中的发展进一步证实了这种哲学的有效性。因此,可以说,符号主义范式既是整个西方传统哲学思想的延续,也是对以牛顿力学为核心的近代自然科学思维方式的继承。

然而,这种追求如何用谓词逻辑来进行知识表征、知识推理和知识运用为核心问题的符号主义范式,到20世纪80年代,遇到了无法克服的框架问题。一方面,还原论的理性主义方法只关注世界中的"事实",而不关注变化不定的"世界"本身的做法,无法处理非线性和非结构的复杂系统的问题,因为对复杂系统的简单的线性分解,会破坏系统的复杂性;另一方面,形式化的处理避开了常识问题,但到20世纪70年代之后,这个问题已经无法回避。然而,当他们试图把常识形式化时,却发现远比他们设想的困难许多。这样,常识问题不仅

---

① [美]H·L·德雷福斯和S·E·德雷福斯:《造就心灵还是建立大脑模型:人工智能的分歧点》,载玛格丽特·博登主编:《人工智能哲学》,刘西瑞、王汉琦译,上海译文出版社2001年版,第419—420页。

"报复"了传统哲学,也"报复"了人工智能的传统范式,成为符号主义发展的一大障碍。到 20 世纪 80 年代之后,符号主义范式越来越像科学哲学家伊姆雷·拉卡托斯(Imre Lakatos)所讲那种退化的研究纲领,被人遗弃。相比之下,有着同样发展历史进程的另外两种范式:联结主义范式和行为主义范式,开始成为进步的研究纲领,从幕后走向前台,开始受人关注,并在当前网络化和数字化发展的大好前景下得到了极大的发展。

四、弱人工智能范式的哲学基础

联结主义范式是受神经科学的启示,试图进行神经网络建模来模拟大脑;行为主义范式是受生物进化论和群体遗传学原理的启示,把目标转向研发移动机器人,试图通过模拟生物进化机制来提升机器人的智能。这两种范式不再是努力建造通用的智能机器,而是立足于解决具体问题,从而形成了人工智能的弱版本。弱版本的人工智能范式,与强版本的人工智能不同,它们并不是受到哲学的启发而形成的,而是在实践过程中,克服强人工智能遇到的困难而成长起来的。它们所采用的自下而上的范式,把人工智能的研究从追求普遍的知识表征转向追求解决具体场景问题的技能提升,从理论范式转向实践范式,目标在于,通过建立能动者或智能体与世界互动的模型来体现智能。技能提升的过程是在学习中进行的,因为技能并不能被等同于规则或理论,而是指在某种域境中知道该怎么做。这些范式的发展思路恰好与来自胡塞尔、海德格尔、梅洛-庞蒂和德雷福斯(H.Dreyfus)的现象学一脉相承。这也是为什么威诺格拉德(T.Winograd)在 20 世纪 80 年代曾在斯坦福大学的计算机科学课程中讲授海德格尔哲学的原因所在。[1]

事实上,早在 1964 年,当时在美国麻省理工学院从事哲学工作的德雷福斯应兰德公司的邀请,来评价艾伦·纽厄尔和赫伯特·西蒙的工作时,就曾从

---

① [美]H·L·德雷福斯和 S·E·德雷福斯:《造就心灵还是建立大脑模型:人工智能的分歧点》,载玛格丽特·博登主编:《人工智能哲学》刘西瑞、王汉琦译,上海译文出版社 2001 年版,第448 页。

海德格尔和梅洛-庞蒂的现象学出发认为,纽厄尔和西蒙重视知识表征的符号主义范式,由于接受了笛卡儿看问题的分离方式,把一切都看成是理性的、遵守规则的,因而是不能获得智能的,并把他们的工作比喻为是"炼金术"。后来,他的主要观点反映在《计算机不能干什么》一书中。但在当时,德雷福斯的批评激怒了麻省理工学院的相关人员,认为他借麻省理工学院之名提出了疯狂的观点,所以,把他"赶出"了校门,这也是德雷福斯自 1968 年以来一直在加州大学伯克利分校任职的原因所在。然而,十几年之后,人工智能研究范式的转变,恰好证实了德雷福斯的看法。在这种情况下,德雷福斯的观点重新引起麻省理工学院新一代人工智能研究者和斯坦福大学的人工智能研究者的关注。德雷福斯本人也在 2005 年获美国哲学学会的哲学与计算机委员会颁发的巴威斯奖(Barwise Prize)。[1]

德雷福斯曾担任美国哲学学会会长,被誉为是对海德格尔工作的最精准和最完整的解释者。他从 20 世纪 60 年代开始,与从事计算机研究工作的弟弟斯图亚特·德雷福斯合作,在从现象学的观点来批判符号主义范式的人工智能研究之基础上,进一步把研究视域扩展到对人类获得技能的一般模型的思考。2000 年麻省理工学院出版社同时出版了纪念德雷福斯的哲学研究的两本论文集:《海德格尔、真实性与现代性:纪念德雷福斯论文集 1》和《海德格尔、应对与认知科学:纪念德雷福斯论文集 2》。德雷福斯推进和升华海德格尔和梅洛-庞蒂现象学的一个核心概念是"熟练(或灵活、娴熟、技能性)应对"(skillful coping),意指当技能学习者从新手提升为专家和大师时,所具备的娴熟地应对局势的一种直觉能力。这个概念的提出,不仅升华了海德格尔的哲学主张,更明确地提供了对人类智能的一种新的理解,生动地证明了,哲学家也能在人工智能领域内发挥作用,而且也强化了对人类智能特有的直觉应对能力的思考,从而为我们重新理解认识论、心灵哲学、行动哲学、社会科学、认知科学以及伦理学中有关人类行动的问题,提供了一个新的视域和新的概念框架,为我们重新理解人类智能的本性提供了另一种可选择的理解方式。

---

① 成素梅、姚艳勤:《哲学与人工智能的交汇:与休伯特·德雷福斯和斯图亚特·特雷福斯的访谈》,《哲学动态》2013 年第 11 期。

"熟练应对"这一概念所隐含的哲学假设是：其一，假设行动者在进行熟练应对时，完全处于与世界融合的状态，不能分离开来。因此，我们无法在世界与行动者之间划出分界线，身心不再可分。其二，假设说明行动的基础既不是单纯地内在于行动者，在因果关系的意义上，也不是完全来自外部对象，而是所有这些互动要素所构成的整个世界或域境的诱发或激发，应对者的行动是对其所在世界或域境进行的一种直觉回应。这种回应是无反思的，即，不需要心理状态的调节，也就是说，心理状态或意向不再是引发行动的中介物，而是世界或域境本身成为诱发行动的直接"理由"。或者说，行动者的熟练应对不再是依靠对相互竞争的愿望或动机的评价与权衡，而是行动者所在的那个世界诱使其以沉着冷静的态度进入到一个明确的行动过程；其三，完美的或最理想的行动不是在经过谨慎思考与认真权衡之后做出选择的结果，而是在长期的训练与实践中塑造的最理想的身体姿势。专家级的行动者只有在行动受阻时，才考虑对行动的其他可能性作出评估与选择。因此，达到熟练应对的过程，反而是逐渐摒弃慎思行动的过程。

人工智能的符号主义范式强调用概念和语言来表达我们对世界的理解。这种由概念判断与逻辑推理提供的对世界的理解，称之为理论理解。理论这一概念至少蕴含了三层含义：理论是抽象性的、普遍的和非经验的。理论理解提供的是对世界的表征。这种观点把理解看成是认识论的问题，即关于知识的问题。但是，德雷福斯认为，对于画家、作家、历史学家、语言学家、浪漫主义的哲学家以及存在主义的现象学家来说，还存在着另外的一种可理解性，那就是，我们与实在或世界的接触和互动。这种可理解性称之为实践理解。实践这一概念也蕴含了三层含义：实践是具体的、特殊的和经验的。实践理解提供的是对世界的非表征的直觉理解。

尽管实践理解也像理论理解那样依赖于信念和假设，但有所不同的是，实践理解中的这些信念和假设只有在特殊的域境中并依赖于共享的实践背景才会有意义。共享的实践背景不是指在信念上达成共识，而是指在行为举止方面达成共识。这种共识是在学习技能的活动中和人生阅历中逐渐养成的。德雷福斯举例说，人与人之间在进行谈话时，相距多远比较恰当，并没有统一的规定。通常而言,要么取决于场合,比如是在拥挤的地铁上,还是在人员稀少的马路旁;要么取决于人与人之间的关系,是熟人之间,还是陌生人之间;要么取决于对话者的个人情况,是男的还是女的,是老人还是孩子;要么取决于谈话内容的性质,比如是否有私密性等。更一般地说,谈话距离的把握体现了人们对整个人类文化的解读。海德格尔称这种无所定论并依情境而定的情形所反映出来的对文化的自我解读为"原始的真理"(primordial truth)。德雷福斯论证说,这种"成功的不断应对本身是一种知识"。然而,这种知识是一种不同类型的知识——技能性知识。①

更明确地讲,实践背景不是由信念、规则或形式化的程序构成的,而是由习惯或习俗构成的。这些习惯或习俗是特定社会演化的历史沉淀,并通过我们为人处事的方式体现出来。这也是为什么维特根斯坦把人的行动看成是语言游戏之基础的原因所在。在德雷福斯看来,如果把实践背景看成是特殊的信念,比如,我们在与他人谈话时,应该相距多远的信念,那么,我们就难以学会行为恰当的随机应变的应对方式。这是因为,实践背景包含有技能,是学习者长期体知的结果,而不只是知晓信念、规则或形式化程序的结果。行动者与实践背景的关系,就像鱼与水的关系一样。行动者只有在失去应对自如的灵活性时,才会停下来,去剖析他们所遇到的问题,因此而从熟练应对状态切换到慎思状态。因此,把技能等同为是命题性知识、一组规则或形式化的程序,是对技能本性的一种误解。德雷福斯指出,实践背景之所以不依附于表征,也不能在理论中得到阐述的原因在于,第一,它太普遍,不能作为一个分析的对象;第二,它包含有技能,只能在实践中得以体现。

这种观点是海德格尔在《存在与时间》一书中的重要洞见之一。海德格尔把这种普遍存在的实践背景称为原始的理解(primordial understanding),并认为,这种理解恰好是日常的可理解性和科学理论的基础,海德格尔称为"前有"。科学哲学家库恩把科学家在科学活动中的实践背景称为"学科基质"(disciplinary matrix),即,学生在被培养成为科学家的道路上,所获得的、能够

① 成素梅、赵峰芳:《"熟练应对"的哲学意义》,《自然辩证法研究》2017 年第 6 期。

用来确定相关科学事实的那些技能。这些"前有"或"学科基质"使得行动者有能力直觉地感知到进一步行动的可见性(affordance)①。比如说，椅子的形态提供了"坐"的可见性，交通灯提供了前行还是停止的可见性。"前有"或"学科基质"的存在表明，行动者在过去的学习经验，能够在当前的经验中体现出来，并成为未来行动的向导。因此，实践背景不是认识论的，而是现象学意义上的本体论的。

实践理解是用做事的主体(doing subject)或应对的主体(coping subject)取代了理论理解的知道的主体(knowing subject)，因而相应地弱化了知识优于实践的符号主义传统。就理解的内涵而言，实践理解和理论理解都强调互动，但互动的要素有所不同。理论理解强调的互动，要么是认知主体之间的话语互动，目的是在互动的基础上达成共识，要么是主体与客体之间的表征互动，目的是基于互动来揭示客体的规律；实践理解强调的互动是行动者与域境或世界之间的应对互动，目的是在互动基础的上来迎接挑战。实践理解与理论理解都存在着不确定性，但不确定性的类型有所不同。理论理解的不确定性，要么表现为翻译的不确定性，要么表现为证据对理论的非充分决定性；实践理解的不确定性表现为应对方式的不可预见性。实践理解与理论理解都存在概括的问题，但概括的方式有所不同。理论理解的概括体现为基于理性的逻辑推理能力，实践理解的概括体现为基于身体的应对能力。

实践理解是在人的知觉—行动循环(perception-action loop)中体现出来的。行动者在知觉—行动的过程中，对相关变化的追踪方式与身体的存在密切相关。基于身体的经验不需要涉及心灵与世界的二分，行动者的熟练应对方式本身是由行动者所在的世界或域境诱发出来的。这种被感知到的诱发，不是来自一个具体的实体，而是来自整个情境，并且，行动者对诱发的感知与应对行为的完成，是同时发生的，而不是前后相继的。所以，域境的诱发不能被看成是原因，而应被看成是挑战。熟练的应对者在应对挑战的瞬间，时间与空间是折叠的，行动系统中的诸要素将会在应对挑战的过程中得到动

---

① 可见性概念是心理学家吉布森于1977年提出的，意指环境中隐藏的所有"行动的可能性"。

态的重组。而重组是诸要素互动的结果。互动本身并不是在寻找原因，而是在专注地应对挑战，并且，应对者迎接挑战的应对方式既是无法预料的，也不是千篇一律的，而是多种多样和变化莫测的。在这里，诱发相当于是整个系统产生的一次涨落，这种涨落会导致系统创造出新的形式，形成新的活动焦点。

实践理解过程中的诱发行动不同于理论理解过程中的慎思行动。前者体现的是应对者对局势的回应，是主客体融合的行动，在融合的情况下，应对者与环境之间的关系是动态的，动态的进路意味着，基于实践理解的认知已经超越了表征，是敏于事的过程；后者体现的是应对者对局势的权衡，是主客体分离的行动，在分离情况下，应对者与环境之间的关系是静态的，静态的进路意味着，基于慎思行动的认知是可表征的或可以概念化的，是慎于言的过程。从德雷福斯的技能获得模型来看，专家和大师在熟练应对过程中的行动是被诱发出来的，非专家的行动和专家在受阻时的行动是慎思的，只是慎思的程度或深度不同。非专家的慎思通常是思考如何遵照现成的程序与规范来完成任务，专家的慎思则是在面临新的情况时，对情境本身的剖析与反思，其结果有可能对现成的应对方式提出改进，形成新的规范等。在熟练应对的过程中，由局势所诱发的行动与主体慎思的行动，既是相互排斥的，又是相互补充的，并在总体上，内在而动态地交织在一起，处于不断切换的状态。

专家级的行动者具有的实践理解是在实践过程中养成的。这是因为，学习者在学习过程中处理或遇到的情况越多，在成长为专家之后，能够直觉应对的情况类型就越多，需要慎思的情况就越少。比如，棋手在培养成为象棋大师的过程中，由于经历过成千上万的特殊棋局，所以，当面对新的棋局时，通常会自发地应对局势，不再需要依赖初学时被告知的规则来确定棋子的走法，而是能够根据具体情境作出直觉回应。专家在不需要经过慎思就能直接采取行动时，已经融合在世界之中，成为整个域境的一个组成部分。在这种情况下，专家行动，并不像非专家那样是由规则支配的，而是以直觉为基础的。德雷福斯强调说，为了明白这一点，我们需要区分两类规则：一类是游戏规则；另一类是实战规则(tactical rule)。

游戏规则是指为使某个游戏或某项技能成为可能所约定的玩法或步骤，以及需要遵循的行为规范等。比如，下棋的规则包括每个棋子的走法、输赢的评判标准和应当诚实等一般的社会规范。这类规则不是被存储在脑海里，而是被内化在实践背景中，成为约束行为的自觉准则。这类规则并不是由初学者制定的，而是初学者在学习时必须遵守的。实战规则是指引导人们如何更好地回应各种局势的启发性规则，这些规则是学习者在教练的言传身教下，通过个人的苦练与顿悟来获得好的实践、好的判断、好的猜测艺术，它们完全是经验性的，而不是预想的计划。行动者只有在经历过各种情境之后，才能对实战规则有所体会与把握。正因为如此，专家对他们的熟练应对方式的合理化叙述，一定是回溯性的，而不是预先计划好的。这种回溯反思的结果虽然有可能带来可供选择的新的实战规则，但是，与熟练应对的具体方式相比，对应对技能的回溯性陈述，必定是有损失的。

正是在这种意义上，自海德格尔以来的现象学家认为，实践理解比理论理解更重要、更基本。因为实践理解不是表征，而是对具体情境的自发应对。正如约瑟夫·劳斯指出的那样，实践应对的这种情境化特征，既不是事件蕴含的客观特征，也不是行动者的反思推断，而是代表了世界或域境中不确定的可能事态的某种预兆，事态的内在性把行动者直接带向事情本身。①因此，情境中的诱发是对整个域境状况的透露，而行动者对这种诱发的感知是一种嵌入式的体知。这种嵌入式体知不是把心灵延伸到世界，而是对世界的直接感悟。这也说明，"我们对世界的实践理解的最佳'表征'证明是世界本身"。②

德雷福斯正是基于这种熟练应对现象学的哲学见识，得出了追求形式化为目标的强人工智能的符号主义范式是一定不会成功的结论，而且，他对哲学家能够充当科学技术的批判者这一角色很感兴趣。

---

① Joseph Rouse, "Coping and Its Contrasts", in Mark A.Wrathall and Jeff Malpas, *Heidegger*, *Coping*, *and Cognitive Science*: *Essays in Honor of Hubert L.Dreyfus*, Volume 2, Cambridge, MA: The MIT Press, 2000, p.9.

② Hubert L.Dreyfus, "Merleau-Ponty and Recent Cognitive Science", in Hubert L.Dreyfus and Mark A.Wrathall, *Skillful Coping*: *Essays on the Phenomenology of Everyday Perception and Action*, Oxford Scholarship Online, 2014, pp.4—18.

五、人工智能的发展前景

从这个意义上来看,人工智能的研究要想体现出人类智能,就必须转换研究范式,建造能生成自己能力的自动机器,从而使得理论不再成为解释智能行为的必需品。而建造与类似于人脑神经网络的人工网络范式,以及模拟人类进化的自适应机制的移动机器人范式,恰好由于它们都不受形式化要求的束缚,都突出能动者与世界的互动,而赢得了发展空间。近年来,深度学习方法的开发、基于互联网的数据量的激增,以及数据挖掘技术的出现,极大地促进了这两种范式的发展,并在众多领域取得令人瞩目的成就,在全球范围迎来了发展人工智能的又一次新高潮。

目前,人工智能不仅在日常生活中大显身手,而且在工业领域和商业领域捷报频传。2017 年 7 月 7 日出版的《科学》杂志刊登的一组文章表明,机器人或自动程序已经能够直接参与人类的认知过程。比如,宾夕法尼亚大学积极心理学中心的心理学家可以运用算法,根据推特、脸书等社交媒体上的话语,来分析大众的情绪、预测人性、收入和意识形态,从而有可能在语言分析及其与心理学联系方面带来一场革命;普林斯顿大学的计算生物学家可以运用人工智能工具来梳理自闭症根源的基因组,等等。这些机器人或自动程度被尊称为"网络科学家"(cyberscientist)。这些发展表明,人工智能研究者一旦扬弃追求强人工智能的通用范式,转向追求在具体领域的拓展应用,人工智能就会走出瓶颈,迎来新的发展高峰。

在人工智能发展的符号主义范式、联结主义范式和行为主义范式中,符号主义又称为逻辑主义、心理学派或计算机学派,在哲学上表现为理性主义和还原主义,在观念上把计算机看作是物理符号系统,在方法上偏重基于知识的推理,利用数学逻辑把世界形式化,把求解问题作为体现智能的工作范式,在思维方式上强调遵守规则;联结主义又称仿生学派或生理学派,在哲学上表现为整体论,在观念上把计算机看成是类人脑,在方法上偏重基于技能的建模,利用统计学,来模拟神经网络及其联结机制,把学习作为体现智能的工作范式;

行为主义又称为进化论派或控制论派,在哲学上表现为经验主义,在观点上把计算机看成是自主执行任务的物理系统,在方法上偏重基于感知的行动,利用仿生学,制造有行动能力的智能能动体,简称智能体,也就是机器人。把执行能力作为体现工作智能的范式,即机器人不是处理抽象的形式化描述,而是直接对世界作出反映,认为智能不是来自计算,而是从感应器的信息转换以及智能体与世界的互动时涌现出来的。

人工智能在60多年的发展历程中,虽然经历了与不同哲学基础相关的范式转换,但事实上,三种范式各有优劣。就知识表征而言,日常世界是难以形式化的;就模拟神经网络而言,人类生命的整体性远远大于神经网络,而且人脑的神经网络也还没有搞清楚;就自适应机制而言,从低级的动物智能到人类智能的进化经历了极其漫长的过程。因此,不论是通过建模来模拟人的大脑,还是通过建模来进化出人的大脑,都还有很长的路要走。未来人工智能的发展,有可能是在思路上把试图再现大脑的符号主义、试图构造大脑的联结主义和试图进化出大脑的行为主义有机整合起来,才能构成一个立体的和完整的大脑,而人工智能研究者对这一天的到来至今还看不到任何曙光,更没有预期。

从这种技术意义上说,人工智能科幻品所呈现的情境和霍金等悲观主义者对人工智能有可能取代人类的担忧,确实为时过早。退一步讲,即使未来有这么一天的到来,人类也已经在这个进程中,充分享用了人工智能为其带来的便捷,也真切地面对了有关人性、社会、文明等的问题深刻反思。不过,就当下而言,人工智能的未来发展应该关注它在特殊领域的具体应用,并在建造机器的过程中,同时重视把价值内化到技术创新的各个环节,来规避可能带来的风险。另一方面,在各国政府希望借人工智能技术革命之机,更改世界强国座次表的发展战略中,应该把加强哲学社会科学和人文科学的发展置于其中,鼓励打破学科壁垒,展开专题性的跨学科对话,让人文关怀成为人工智能研究者的自觉意识,使他们在研发人工智能产品的过程中,共同作出有利于发展人类文明的明智抉择。

六、人工智能威胁论的认知误区①

事实上,就现状而言,不管人工智能威胁论的呼声有多大,以美国、英国、日本、中国等国家为代表,一方面在主动布局人工智能的发展,广泛挖掘人工智能的应用场景,全力推动人工智能及其前沿技术的研究;另一方面,也在积极应对人工智能有可能带来的风险与挑战。这表明,以人工智能为核心的技性科学已经前所未有地成为全人类关注的核心焦点。

然而,随着人工智能应用场景的不断呈现,许多人从 AlphaGo 击败围棋高手的胜利中,看到了机器智能的超人之处;从无人驾驶汽车、无人快递、无人零售超市、无桩共享单车乃至无人工厂等新生事物中,预感到人类即将面临爆发式失业的压力;从量子技术、纳米技术、微观电子技术、基因工程以及合成生物等技术与智能技术的融合发展中,激发出"硅心"智能体将有可能统治人类的丰富想象,由此产生了对以人工智能为核心的当代技术融合发展的担忧和恐惧,似乎这一切即将带来一场充斥着无穷不确定性的大海啸。这种人工智能威胁论与当前许多国家争先恐后地出台发展人工智能的助推政策,以及商业界前赴后继地注入发展人工智能的投资资本,形成了极其鲜明的对比。

特斯拉和 SpaceX 首席执行官埃隆·马斯克预言,人工智能是人类文明最大的威胁;史蒂芬·霍金警告说,人工智能可能致使人类文明的终结;历史学家也是《未来简史》的作者尤瓦尔·赫拉利论证道,智能机器的普及必然会导致产生一个"无用"阶级……诸如此类的言论,使得以人工智能威胁论的观点当之无愧地抢占了许多媒体的头条,也成为对此感兴趣的哲学人文社会科学家们热捧的话题。然而,美国《连线》杂志创始主编凯文·凯利认为,人工智能威胁论蕴含着五个假设:(1)人工智能已经开始超越人类,而且正在以指数级速度发展;(2)我们可以开发出像自己一样的通用人工智能;(3)我们可以把人类的智能集成在硅片上;(4)智能可以无限强化;(5)一旦开发出超级智能,它

---

① 成素梅:《信息文明时代的到来与挑战》,载《中国社会科学报》2018 年 1 月 3 日。

就能够为我们解决多数问题。凯文·凯利从如何理解人类智能出发，论证了这五个假设是似是而非的，都没有受到证据的支持，无异于宗教信仰。本节试图在这里换一个视角，立足于人类文明的起源与本质，来揭示人工智能威胁论存在的认知误区。

历史地看，人类在把自己与所处环境区别开来之前，通常把自己无法理解的自然现象赋予人性化的特征，出现了图腾崇拜，发明了祈祷仪式，形成了宗教信仰等。因此，第一次"人之成为人"的过程，首先是从自然界中"删除人"的过程。结果，自然界成为"被删除的人"的场所，人的范畴则以被删除的形式应用于自然界，从而形成与人无关的事物，以及与人无关的过程之类的范畴。从哲学上来说，就是人懂得了把自己与自然界区别开来。因此，使人与自然界分离开来的最原初的方式，不是改变信念，而是改变范畴。这种改变也使人与自然界的关系，成为一种对象性关系。

然而，达尔文的进化论却告诉我们，包括人类在内的一切动物在自然界中的生存之道都遵守"物竞天择，适者生存"的规律。因此，人类为了生存，为保护生命财产，就需要联合起来，通过劳动分工，进行相互协作，以形成强大的合力，来抗击觅食过程中和日常生活中遇到的困难与危险。人类联合的力量是非常伟大的，不仅在联合的过程中具备了种植农作物和圈养家畜的技术，而且发明了管理群体生活的规章制度、风俗习惯、人情礼仪、社会文化等，从而无情地摧毁了"自然选择"规律，并由此开启了人类文明向着去自然化方向演进的大门。

因此，文明的出现是人类世界与动物世界最本质的区别，是人类卓越智慧的产物，是人类联合起来战胜"自然选择"规律的结果。联合的形式不同，文明的形态就不同。联合程度越高，人类文明的形态就越高。然而，文明形态的更替，并不是替代与被替代的关系，而是改造与被改造的关系，并且，这种改造也不是细枝末节的调整，而是全方位的或格式塔式的重塑。这种重塑的力量主要起源于近代科学的发展与技术的变革。由于技术变革通常先在生产领域内发挥效用，因而成为社会变革的导火索。但是，从技术变革到大规模发挥效用的社会变革之间，往往存在着一个时间差，并且，人们在面对通用的技术变革时,越恪守传统,这个时间差就越大,社会变革就艰难。这就解释了人性所固有的一个悖论:科学技术越发达,人们的选择越多样,反而却会越感到危机。这是对不确定性的恐惧和对掌握控制权的向往。

从这个意义上来说,人工智能威胁论正是技术变革远远超前于社会变革和思维变革的结果。其认知误区在于,一方面,他们完全没有看到技术变革与社会变革之间固有的时间差;另一方面,又把人工智能带来的一系列挑战,看成是无法避免的灾难,而不看成是由于概念工具箱的匮乏、思维方式的固化和制度安排的落后的产物,因而出现了拒斥运用旧范畴体系无法理解和赋予意义的新生事物,并对不确定的未来充满恐惧,作出消极评估。

事实上,从农业文明到工业文明的转型,诞生了农业时代所不曾有过的许多新型行业,比如,航海业、铁路运输业、电信业、金融业、银行、证券、学校、法院等。工业文明抛弃的不是土地生产,而是以机械化与自动化的形式改变了土地耕耘方式,并以新的联合方式变革了农业文明时代的制度安排,形成了新的概念框架和新的经济、文化、法律等制度体系。同样,从工业文明再到信息文明的转型,也诞生了工业文明时代所没有的一系列新型行业,比如,数据分析、网络平台、电商、物流、网店、移动互联网、智能手机等。信息文明也没有摒弃土地和工厂,而是以自动化、网络化、数字化和智能化的方式变革工业生产方式,并再次变革农业生产方式。但是社会变革至今依然处于阵痛之中,远远没有完成。

因此,威胁论者对智能文明的崛起会使人类变成所谓"无用"阶级的担忧,只不过是延续了陈旧的思维方式,或者说,是用传统的范畴体系,解读全新的技术变革之缘故。这种恐惧的认知根源在于,依然根据工业文明时代形成的以物质利益最大化的标准来理解和衡量"有用"这个概念。实际上,人的用处是多方面的,比如,能够带来经济效益、物质效益、社会效益等的人,是有用之人;而能够提升自我修养、开发个人兴趣、懂得在活动中享受快乐、塑造幸福感的人,也是有用之人。在智能化的社会里,"有用"不再是指获得利益,而是指获得意义。因此,智能革命有望为人类创造"人之成为人"的第二次机会。然而,与第一次"人之成为人"是人类学会了从自然界中分离出来正好相反,这一次"人之成为人"的机会则是需要人类学习重新回归自然,做到尊重自然,再次改变在工业文明时代形成的索取自然和掠夺自然的生产与消费方式,以及以追求物质和经济为核心的范畴体系,从而使人与自然的对象性关系重新转变为人与自然和谐共处的共生关系。

值得关注的是,我们当前虽然生活在信息文明时代,但在概念框架、制度安排、教育设置、社会结构等领域,依然处于工业文明时代。因此,在智能化社会,人类受到的威胁并不是来自智能机器,反而是来自人类自身。技术发展越快,对人类的道德要求就越高。我们现有的一切联合方式,都是围绕解决经济问题而设置的,一旦经济问题有望解决,一旦以劳动为核心的社会体系被摧毁,人类将会变得无所适从,反而变成自己的敌人。所以,如果说,解决经济的压力是我们人类面对的第一次大挑战,那么,塑造以休闲为核心的社会并具备休闲能力,则是人类面临的比解决经济问题更大的又一次大挑战。

人们对人工智能有可能导致人类文明终结的担心,也陷入了同样的认知误区。退一步讲,即使通用人工智能真的能够研制成功,那么,在那一天到来之前,人类也一定已经在自觉地反思"人之成为人"的过程中,发明出了更加自治的和更有利于人类文明的有效体系。因此,我们与其再三呼吁应警惕和拒斥人工智能的发展,不如应对挑战,献计献策。

七、结　语

综上所述,人工智能正在改变世界,而问题在于,我们应该塑造人工智能的发展与研究。我们在信心百倍地迎接智能文明到来的过程,事实上,也是我们自觉思考如何塑造第二次"人之成为人"的过程。因此,我们在力图通过人工智能的研发,来大力促进经济发展的同时,更需要全面振兴和繁荣哲学社会科学。如果说,人类拥有生存的能力是对人类文明的首次考验,那么,人类利用休闲的能力则可能是对人类文明的更严峻和更深层的一次考验。因为我们当前是在还没有完成从工业文明到信息文明的范畴转变的前提下,又不得不面对正在涌现的智能文明可能带来的关乎地球命运和人类命运的挑战。这里有必要指出的是,我们承认智能文明必将对在工业文明前提下形成的一切政治、经济、文化、伦理、哲学、思维方式、概念范畴以及生活方式等带来严峻的挑战,对人类而言,也会带来各种各样的发展性风险,但是,这些还不足以构成阻止发展人工智能的理由,而是应该成为我们通过繁荣哲学社会科学来谨慎思考如何塑造和发展人工智能的警示。

（成素梅,上海社会科学院哲学所研究员）

第二章
人工智能威胁论与心智考古学

一、引 言

2006 年,杰弗里·辛顿(Geoffrey Hinton)提出的"深度学习"(Deep Learn-ing)算法开启了人工智能研究的一个全新阶段。2016 年 4 月,Google 旗下的 DeepMind 公司基于"深度学习"算法开发出了围棋人工智能程序 AlphaGo,该程序以 4∶1 的绝对优势战胜当时的围棋世界冠军、韩国职业九段李世石。这场人机大战可谓是人工智能发展中的一个"爆点"——它彻底改变了自 20 世纪 90 年代以来人工智能发展波澜不惊的局面,在政府、产业界、学术界和公众中都造成极大震动。

这一强烈震动可以分为两个层面。第一,作为塑造正在成形的智能社会的一项综合性极强的战略性科技,人工智能蕴含了巨大的社会、经济、科技和产业效益,这促使世界上的一些主要发达经济体像制定脑计划一样开始迅速着手各自人工智能的战略规划。从 2013 年公布推进创新神经技术脑研究计划开始,美国政府就将人工智能研究提升到国家创新战略层面。2016 年末,白宫相继发布三份关于人工智能的报告——《为人工智能的未来做好准备》《国家人工智能研究和发展战略计划》和《人工智能、自动化与经济报告》①,提出人工智能的发展战略方向,并从政策制定、技术监管、财政支持等方面为人工智能发展提供保障和支持。此外,欧盟、英国、加拿大、日本、韩国等国家和地区也各自提出本国的人工智能战略。2017 年 7 月,中国政府印发《新一代人工智

① [德]施瓦布:《第四次工业革命:转型的力量》,李菁译,中信出版集团 2016 年版。

能发展规划》,提出包括构建开放协同的人工智能科技创新体系、培育高端高效的智能经济等在内的六项人工智能发展的重点任务,并制定了人工智能三步走的战略目标,力求到 2030 年,使中国在人工智能理论、技术与应用上总体达到世界领先水平①。11 月,科技部公布首批国家新一代人工智能开放创新平台,依托国内人工智能先进企业打造自动驾驶、城市大脑、医疗影像、智能语音等四类国家人工智能开放创新平台,标志着中国的人工智能发展规划进入实践阶段。

在人工智能研究进入国家战略层面之前,全球各大科技巨头就已经在人工智能领域展开布局,通过加大自身研发投入、投资人工智能初创公司等方式,力求争夺这一科技产业高地。2014 年,谷歌斥资 4 亿美元收购由德米斯·哈萨比斯(Demis Hassabis)等人联合创立的 DeepMind 公司,它与开发了谷歌眼镜、谷歌无人车等项目的 Google X 以及设计了第二代人工智能系统 Tensor-Flow 的谷歌人工智能实验室共同构成谷歌三大实验室。微软、国际商业机器公司(IBM)、脸书(Facebook)等著名跨国企业也分别在全球各地设立人工智能研究院,内容覆盖深度学习、语义识别等多个研究领域。国内的百度、阿里巴巴、腾讯等也各自分别成立深度学习研究院、数据科学技术研究院、智能计算与搜索实验室等人工智能研究机构,力求在该领域的全球竞争中夺得先机。根据麦肯锡 2017 年 6 月发布的研究报告《人工智能,下一个数字前沿》统计显示,2016 年,全球科技巨头在人工智能上的花费在 200 亿至 300 亿美元之间,其中 90% 用于研发和部署,10% 用于人工智能企业收购。与产业领域百花齐放的盛况相似,人工智能在学术界也呈现百家争鸣的态势。科研院校、机构竞相成立人工智能研究中心和智库,以探索人工智能的未来发展趋势,并对其中可能存在的风险提出防控意见。其中具有代表性的组织包括剑桥大学的利弗休姆未来智能研究中心(Leverhulme Centre for the Future of Intelligence)、牛津大学的人类未来研究所(Future of Humanity Institute)、马克斯·特格马克(Max Tegmark)等人成立的生命未来研究所(Future of Life Institute)等。

---

① 《国务院关于印发新一代人工智能发展规划的通知》,载中国政府网 http://www.gov.cn/zhengce/content/2017-07/20/content_5211996.htm, 2017 年 7 月 20 日。

第二，已有的人工智能"装置"（无论是虚拟的人工智能程序，还是物质的人工智能造物），或合理想象的未来人工智能"黑科技"正在挑战人类对自身的生命本性以及人类与人工智能体（artificial intelligent agents）之间关系的认识。这尤其表现在公众甚至学界对人工智能潜在威胁的种种担忧和恐惧，以及由此产生的各种人工智能威胁论。例如，早在人工智能发展的第一个黄金时期，就已经有研究者表达了人工智能可能超越人类的忧虑。1965年，古德（I.J. Good）提出了"智能爆炸"（intelligence explosion）的假设："假定一台超智能机器能够超越任何人类智力活动。由于设计机器本身就是智力活动之一，那么这台超智能机器可以制造更好的机器；毫无疑问，这将会是一次'智能爆炸'，人类的智能将远远落后于机器。"①1993年，美国科幻作家弗诺·文奇（Vernor Vinge）将这种人工智能超越人类智能的时刻称作"奇点"（singularity）。他认为，"奇点"的到来标志着人类时代的结束，超级智能将不断升级迭代，并且技术将会以人类无法理解的速度进步。②2005年，雷·库兹韦尔（Ray Kurzweil）在《奇点临近》一书中进一步将"技术奇点"阐发为"奇点理论"，预测人类文明将会走向终结，人类与机器融合的新物种将会取代现在的生物人。除了对人工智能的终极威胁的忧虑——人工智能超越人类智能并接管世界，即人工智能启示录（AI apocalypse）——之外，也有许多对人工智能在实际应用时可能产生的伦理方面问题的思考。在全球范围，许多国家和地区纷纷提出针对人工智能的法律法案，预防人工智能在快速发展中产生意料之外的问题和困难。例如，2017年2月，欧盟议会通过全球首个"关于制定机器人民事法律规则的决议"，以探索机器人和人工智能民事立法；2017年9月，美国国会两院先后提出并通过自动驾驶法案，旨在促进自动驾驶技术和汽车产业发展。与此同时，人工智能的相关研究机构和协会也积极发布各项原则准则，确保人工智能在有益于人类的轨道上前行。2017年1月，生命未来研究所

---

① I.J. Good, "Speculations Concerning the First Ultraintelligent Machine", in F.Alt & M.Ruminoff(Eds.), *Advances in Computers*, Volume 6, New York, Academic Press, 1965, p.33.

② V.Vinge, "The Coming Technological Singularity: How to Survive in the Post-human Era", in V.Callaghan, et al.(Eds), *The Technological Singularity: Managing the Journey*, Berlin: Springer, 1993, pp.245—255.

(Future of Life Institute)在"beneficial AI"会议讨论基础上形成"阿西洛马人工智能原则(Asilomar AI Principles)",该原则包含研究问题(Research Issues)、道德标准和价值观念(Ethics and Values)、长期问题(Longer-term Issues)等三大类共计 23 项内容,旨在确保人类在新技术出现时顺利规避其潜在风险①;2017 年 12 月,电气电子工程师学会(IEEE)发布《人工智能设计的伦理准则》(第二版),全面阐述人工智能 13 个方面的伦理事项,为后续标准制定等工作提供了重要参考。

需要强调的是,虽然对人工智能相关规划,即第一层面"震动"的探讨十分重要,但本章的关注点在于第二层面的相关问题,尤其针对:(1)根据目前人们所谈及的人工智能威胁论的语义,对人工智能威胁论进行系统性分类,澄清究竟是哪一种类型的威胁让人们真正感到忧虑和恐惧;(2)基于潘克塞普(J.Panksepp)的心智考古学(archaeology of mind)、乔纳斯(H.Jonas)的新陈代谢的现象学分析以及马图拉纳(H.Maturana)和瓦雷拉(F.Varela)的生物自创生(autopoiesis)理论所提供的关于生命发生(genesis)和演化的一般框架,我们将论证阐明,前者所描述的那些让人们真正感到忧虑和恐惧的人工智能威胁事实上缺乏坚实、有效的理论依据,确切来说,这种忧虑和恐惧是由于人们错误地对人工智能进行拟人论的外推所造成的。

二、人工智能威胁论之种种

虽然关于人工智能威胁的言论可谓是林林总总、纷繁芜杂,根据这些言论蕴含的实际语义,人工智能的威胁论从根本上看可以分为四种类型,我们将它们称为,Ⅰ型:工具性威胁;Ⅱ型:适应性威胁;Ⅲ型:观念性威胁;Ⅳ型:生存性威胁。

(一) Ⅰ型:工具性威胁

技术的工具性威胁,指作为人类使用的工具,技术因其本身的缺陷或由于人类不恰当使用所导致的危害或威胁。也即是说,当人工智能技术存在缺陷

---

① https://futureoflife.org/ai-principles/.

或者被以不正当目的进行利用时，它会对人类的个体和社会的不同方面造成危害或威胁，例如，通常的弱人工智能系统可能因程序故障（bugs）或人的恶意操控而造成导航错误、电网瘫痪、金融市场崩盘等等。这种危害或威胁意味着人工智能本身在与人类的关系中处于被动从属地位，它并不具有自主"威胁"人类的意图。

"自主武器"（autonomous weapon）可以称得上是人工智能工具性威胁的一种显著表现形式。自主武器并非指传统科幻电影中所出现的拥有自我意识的"杀手机器人"，但它也不仅仅是现在军事上使用的由人类远程操控的"无人战斗机"等设备。2013年，红十字国际委员会武器处负责人凯瑟琳·拉万德（Kathleen Lawand）在"完全自主武器系统"研讨会上将其定义为"可以根据自身所部署的环境中不断变化的情况，随时学习或调整运转的武器"。"真正的自主武器能够在无人干预或操控的情况下搜索、识别并使用致命武力攻击包括人类在内的目标（敌军战斗员）……'自主武器'应区别于'自动武器'——有时被称为'半自主'武器系统——一般而言其使用在时间和空间上都有限制。'自主武器'也必须区别于'无人机'——又名无人驾驶飞机或遥控驾驶飞机（RPA）——属于遥控武器……应该强调的是此类'完全'自主武器仍处于研究阶段，尚未得到开发，更没有在武装冲突中部署。然而这一领域的技术能力正在高速发展。"[①]

虽然自主武器与人工智能在自动化行业的运用并没有实质区别，但由于人工智能将武器的潜在杀伤和破坏能力提升到了全新的级别，这使得人们对自主武器产生了深深的隐忧。首先，自主武器极大地降低了战争的门槛。随着自主武器的出现，战争需要的人力资源急剧降低。在人工智能控制系统的支持下，原本依赖大量军事人员操作的武器装备、战车舰船等，只需要少量技术人员就可以实现运转。从短期来看，自主武器将会为技术强国提供更为先进和强大的军事实力，但随着人工智能技术的不断普及，自主武器将大幅增强技术落后国家和地区的军事力量，甚至为恐怖分子或极端势力发动"无人"战

① K.Lawand, *Fully autonomous weapon systems*. https://www.icrc.org/eng/resources/documents/statement/2013/09-03-autonomous-weapons.htm.

争提供了极大的便利。

其次,正是由于自主武器对于技术本身的依赖要远远大于对原材料的依赖,因此一旦掌握了相关技术,大规模的批量生产很容易实现。这极易引起各个国家之间的军备竞赛,并导致灾难性的后果。针对这一可能,在第二十四届人工智能国际联合会议(IJCAI-15)上,斯蒂芬·霍金(Stephen Hawking)、埃隆·马斯克(Elon Musk)、史蒂夫·沃兹尼亚克(Steve Wozniak)、诺姆·乔姆斯基(Noam Chomsky)等共同签署《自主武器:一封来自人工智能与机器人技术研究者的公开信》,信中指明军事人工智能研发所导致的军备竞赛可能会带来类似核武器的威胁,并要求全面禁止自主武器。①2016 年 12 月,中国在联合国第五届特定常规武器大会上提交立场文件,呼吁将自主武器纳入国际法的管制之下。但至今为止,国际社会尚未就此形成合力。

第三,自主武器的使用将给国际人道法带来相当的挑战。在斯图尔特·拉塞尔(Stuart Russell)看来,使用自主武器系统是不道德且非人道的,如果赋予人工智能自行选择攻击、杀害人类的能力,将会是对安全和自由的毁灭性打击。1949 年签署的《日内瓦公约》及后续的第一附加议定书②约定,在国际性武装冲突中,进行任何形式的攻击必须满足以下三个标准:军事必要性、战斗与非战斗人员的区分、军事目标的价值与潜在附带损失之间的比例。基于此,红十字国际委员会对于自主武器系统遵守国际人道法的能力进行评估并提出了若干担忧:首先,自主武器是否能够根据区分原则来将平民和战斗员区分开来? 第二,自主武器系统是否能够适用国际人道法的比例性原则,即平民生命与财产的损失或对平民造成的伤害与预期的具体和直接军事利益相比不得是过分的? 第三,自主武器如何能够评估、选择和适用攻击中所需的预防原则以尽量减少平民伤亡?③ 就目前的技术水平来看,自主武器对目标的区分能力仍处于相对有限的程度,加之瞬息万变的战争环境,使得对人工智能系统而言作

---

① Future of Life Institute, *Autonomous Weapons*: *An Open Letter from AI & Robotics Researchers*. https://futureoflife.org/open-letter-autonomous-weapons#signatories, 2015.

② http://www.icrc.org/chi/resources/documents/misc/additional_protocol_1.htm.

③ K.Lawand, *Fully autonomous weapon systems*. https://www.icrc.org/eng/resources/documents/statement/2013/09-03-autonomous-weapons.htm.

出这些主观的价值判断是非常困难甚至是不可能的。[①]

（二） Ⅱ型：适应性威胁

近代以来,每一次工业革命甚至单一的技术革命都会对原有生产生活方式造成极大冲击,这种冲击往往令身处原有生产生活方式中的个人、群体乃至整个社会感到"不适应"。我们把这种技术变革造成的不适应称为Ⅱ型威胁。与蒸汽、电力等其他新技术的诞生一样,人工智能给当下人类社会带来了重大变革,也令许多人感到不适应。Ⅱ型威胁的一个典型表现就是新技术革命带来的失业问题。

由于自动化导致的失业问题自从第一次工业革命以来就一直伴随着人类历史的进程。在过往的工业化过程中,机器自动化取代的人类工作往往是体力劳动类型,很少有脑力劳动的工作被取代。而随着人工智能的跃迁式发展,越来越多的脑力劳动工作正面临着威胁。在金融领域,德勤、普华永道、安永、毕马威等公司相继推出财务机器人解决方案,将人工智能引入会计、税务、审计等工作当中,使原先由人工执行的耗时高、强度大的重复性任务和流程性工作实现了全面自动化;在翻译领域,相较于早先的 PBMT(Phrase-based Machine Translation)系统,谷歌的新一代 GNMT(Google Neural Machines Translation)系统在英语、法语、西班牙语、中文等主要语言的互译上,将误差率降低了 60%以上[②],并且在规范性文本的语言转换上已经可以达到人类翻译水平;在医疗领域,2017 年《自然》(Nature)杂志刊出的斯坦福大学的一篇研究论文显示,通过近 13 万例临床病例图像数据的学习,基于深度卷积神经网络(Deep convolutional neural networks)的皮肤癌诊断系统在初步临床筛查上已经表现出与参与测试的人类专家相当的准确率。[③]除了这些专家系统对脑力劳动者的取代之外,在传统的体力劳动行业,例如流水线工人、服务员、司机等,

---

① http://www.nature.com/news/robotics-ethics-of-artificial-intelligence-1.17611#russell.

② Y.Wu, M.Schuster, Z.Chen et al., "Google's Neural Machine Translation System: Bridging the Gap between Human and Machine Translation", *arXiv：1609.08144v2*, 2016.

③ A.Esteva, B.Kuprel, R.A.Novoa et al., "Dermatologist-level classification of skin cancer with deep neural networks", *Nature*, 542, 2017, pp.115—118.

人工智能凭借在流程化和程序性的操作上稳定高效的优势,大部分此类行业的从业人员都正在面临或即将面临被取代的风险。

2016 年,世界经济论坛发布《职业的未来》报告预测,由于人工智能、机器人等科技的发展,2015—2020 年,将导致 15 个主要发达和新兴经济体净损失超过 510 万个工作岗位。[①]2017 年,麦肯锡全球研究院的报告则称,到 2030 年,全球预计将有 4 亿—8 亿人被自动化取代,相当于今天全球劳动力的五分之一。[②]其中最容易受到自动化影响的是涉及在可预测环境中进行物理活动的工作类型,而受自动化影响较小的岗位通常涉及管理、应用专业技术和社会互动。虽然报告特别指出,被机器人取代并不意味着大量失业,因为新的就业岗位将被创造出来,但按照麦肯锡的预计,在自动化发展迅速的情况下,约有 3.75 亿人口需要转换职业并学习新的技能,即便是在自动化发展相对缓和的情景下,也有约 7 500 万人口需要改变职业。如何实现如此大规模的知识技能转型将成为横亘在人们面前的一大难题。

在令许多行业的从业者感到不适应的同时,人工智能的发展还有可能导致许多国家或地区"无所适从"——加剧不同国家、地区间的不平衡发展。以往的工业革命,国家的发展主要依赖于对煤炭、石油等自然资源的开发利用,而在人工智能时代,数据资源成为了超越其他传统自然资源的最宝贵资源。数据的生成依赖于人口,而数据的收集和开发利用则依赖于先进技术,特别是互联网技术的水平。这样一来,技术水平高、互联网普及程度高的人口大国将在新一轮的人工智能革命中占据绝对的主导地位,而技术水平低、网络滞后的人口小国则处于极为不利的位置。这种数据资源的巨大差距最终将演变成为经济实力乃至综合国力的鸿沟,从而将国家、地区间业已不平衡的现状推向彻底失衡的深渊。

(三) Ⅲ型:观念性威胁

随着人机融合技术的发展,通过各种增强技术——物理增强、生物增强、

---

① World Economic Forum, "The Future of Jobs: Employment", *Skills and Workforce Strategy for the Fourth Industrial Revolution*, 2016. http://reports.weforum.org/future-of-jobs-2016/.

② MKG Institute, *Jobs lost, jobs gained: workforce transitions in a time of automation*, 2017. http://www.offnews.info/downloads/Jobs-Lost-Jobs-Gained-Full-report.pdf.

神经增强和智能增强——人类可以将人工智能嫁接乃至无缝地融合到自身的自然智能中，实现人机融合的智能，这样一来，人类不再是纯粹自然演化意义上的生物人，而是成为一种人机混合物。这种人机混合物势必将会对当下人类所持有的人性观念产生极大的冲击，并会对人类围绕自然演化在历史上形成的一整套观念——尤其是伦理的、法律的、教育的观念——构成威胁。我们将这种人机混合的生物所造成的对人性的观念性的冲击和威胁称为Ⅲ型威胁，即观念性威胁。

尤瓦尔·赫拉利(Yuval Harari)在《未来简史》一书中较为完整地描述了这一场景。赫拉利认为，随着数据主义的盛行和各类算法的不断优化，人工智能必将超越人类智能。当人类认识到这一点时，势必进行第二次认知革命。与距今约7万年前第一次认知革命成就了"智人"(Homo Sapiens)在地球的绝对地位相似，在人工智能开启的第二次认知革命中，社会上的精英和富人将率先利用生物技术、纳米技术等让自己成为与人工智能相融合的"神人"(Homo Deus)。"神人"将会在认知模式、认知能力上全面超越"智人"，人类历史上将会第一次出现生物意义上的不平等。普通大众，也即现在绝大多数的"智人"将会被放弃，从而成为无用阶级，并丧失自身在演化上的物种优势。①

在产生淘汰"智人"的"神人"的同时，人工智能也将会通过数据主义消解人文主义和自由意志。数据主义认为，世界上的一切，无论是科学、经济还是艺术，其背后的根本都是数据模型，我们可以将一个人、一个公司甚至一个国家都看作是一个数据处理系统，而无论是个人的行为还是国家的运转，都是数据处理之后的结果。②虽然人文主义曾让人类相信，"我们自身的感觉和欲望是意义的终极来源，因此人的自由意志是一切的至高权威"③。但当人工智能通过庞大的数据和优化的算法变得比人类更加了解人类本身，并能够帮助人们做出更好的决策时，这种"权威"就会从人类转移到人工智能之上。即使是在

---

①　[以]尤瓦尔·赫拉利：《未来简史：从智人到神人》，林俊宏译，中信出版社2017年版，第38—42页。

②　同上书，第335—340页。

③　Y.H. Harari, *Yuval Noah Harari on big data*, *Google and the end of free will*, 2016. https://www.ft.com/content/50bb4830-6a4c-11e6-ae5b-a7cc5dd5a28c.

通用人工智能没有实现的今天,这种转移已经在医学领域屡见不鲜。其中一个著名的例子来自影星安吉丽娜·朱莉。2013年,朱莉在一次基因检测中发现自己有87%的概率罹患乳腺癌。尽管当时她并没有患上这种病症或表现出任何前期症状,但是她还是听从了数据的建议,进行了乳腺切除手术。数据主义的兴起会导致垄断从传统意义上的资源能源垄断、经济军事垄断朝向算法数据垄断转变。基于大数据的算法能够准确地知晓人们的喜爱与偏好,不仅能够投其所好,还可以进行针对性的引导。通过定向个性化推荐、反复推送等手段,人工智能可以诱导人们的行为行动甚至思想观念。这样一来,人们的"自主选择"实际上是由垄断了算法和数据的人工智能所决定,自由意志将不复存在。

(四) Ⅳ型:生存性威胁

相较于颠覆人类既有观念的Ⅲ型威胁,人们想象人工智能还会发展出这样一种更为极端的威胁:随着通用人工智能的完全实现,届时人工智能体将会成为一种源自人类创造,但却异于且优于人类的独立自主的生命形态。在人们的构想中,这种人工智能的生命形态具有与自然人一样的人性构建,即具有与人类相同的完整心智(mind),也就是说,它们不仅有与人类一样的智能系统、情感系统和意志系统,而且在这三个方面都有比人类更强的能力;并且人类往往设想这种人工智能的动机和意图是邪恶的,它们会凭借自己的超级能力从而控制、奴役甚至灭绝人类。我们把这种人工智能的威胁称为Ⅳ型威胁,即一种最令人忧虑和恐惧的对人类生存的根本威胁——生存性威胁。正如尼克·博斯特罗姆(Nick Bostrom)在《超级智能:路径,危险,策略》一书中所言,如果机器的脑超越了人类脑,那么这个新的超级智能将会代替人类成为地球上占主导地位的生命形式。对于人类而言,这将是存在主义的灾难(existential catastrophe)①。Ⅳ型威胁通常表现为人工智能接管和灭绝两种形式。

人工智能接管是指人工智能成为地球上主要的智力形式,并从人类手中接管了世界经济与地球的一切资源。在Ⅱ型威胁阶段,人工智能受制于自身能力的有限性,对人类工作的取代是相对固定和独立的,每一种专家系统往往

---

① Nick Bostrom, *Superintelligence*: *Paths*, *Dangers*, *Strategies*, Oxford University Press, 2014.

只对应一种工作任务。当面对新的工作任务时,通常需要对专家系统进行大幅改动甚至是重新设计,才能够适应新的任务。而在通用人工智能实现的未来,由于通用人工智能本身是全面超越人类的智能,那么理论上,通用人工智能系统可以完成任何类型的工作任务,并且可以在不同工作任务之间任意切换,无需对系统本身进行调整或改良。这样一来,机器自动化将全面取代人类工作。人类将会放弃控制权,让人工智能成为人类的"监护人"。许多科幻文学影视作品中都形象地展示了人工智能的这种"监护人"形象,例如《终结者》中的"天网"(Skynet),《黑客帝国》中的"矩阵"(Matrix),等等。

而当接管了世界的人工智能认为人类的生存是一种不必要的风险或者对资源的浪费时,其结果可能会导致人类灭绝。尼克·博斯特罗姆在 2002 年讨论人类灭绝的可能性时,就将超级智能作为一个可能的原因:"当我们创造第一个超级智能实体时,我们可能会错误地给予它一个导致人类被消灭的目标——假设它的巨大智能优势能够让它实现这一目标"[①]。2003 年他提出的"回形针最大化"(Paperclip maximizer)思想实验,以简化的形式形象地说明了人工智能何以导致人类的灭绝。按照他的假设,存在一种强人工智能,其唯一的目标就是尽可能地收集更多的回形针。如果这种人工智能只是具备和人类相同水平的智能,那么它可能会选择赚钱购买回形针,或者自己制造回形针。然而,事实上,由于"智能爆炸"的存在,人工智能会不断自我改进,其智能将会远远超越人类的水平,它将会利用提升的智能寻找更多的方法来收集最多的回形针。在这一过程中,人工智能将会意识到当没有人类存在时,它将会能够更好地完成这一目标,因为人类有可能会选择将其关停,从而导致目标无法实现。同时,它知道人类身体中包含了可以制造回形针的原子,利用这些材料能够制造更多的回形针。那么,当人类的存在与其目标相冲突时,人工智能将会选择消灭人类。[②]"回形针最大化"思想实验表明,一种高度智能的主体——强

① Nick Bostrom, "Existential Risks: Analyzing Human Extinction Scenarios and Related Hazards", *Journal of Evolution and Technology*, Vol.9, No.1, 2012.

② Nick Bostrom, "Ethical Issues in Advanced Artificial Intelligence", in I. Smit et al. (Eds), *Cognitive, Emotive and Ethical Aspects of Decision Making in Humans and in Artificial Intelligence*, Windsor: Institute of Advanced Studies in Systems Research and Cybernetics, Vol.2, 2003, pp.12—17.

人工智能,即便只具有一个极为简明且明显无害的目标——收集回形针,也可能在实现过程中产生出人意料的结果——人类灭绝。用尤德考斯基(Eliezer Yudkowsky)的话来说,"人工智能既不恨你,也不爱你,但你是由可用于制造别的东西的原子制成的。"①

(五) 关于威胁的进一步辨析

人之所以可以作为主体,这是由人具有"心智"(mind)这个概念所界定的内涵决定的。一般而言,心智是由三个功能相对独立但又全面整合的系统——情感(情感和动机)系统、意志(意志和行动)系统和智能(感知和思维)系统——共同构成的。智能只是心智的一个子系统。就语义而言,"威胁""控制""奴役"等词语都属于规范性概念,也就是说,它们内含了一个主体之于他者的价值或意义关系。事实上,这种规范性的语义通常是由情感(情感和动机)系统所承载的,而并非依托于智能(感知和思维)系统。换言之,"威胁"的规范性语义并不内在于"智能"的概念中。当我们说人工智能威胁(控制或奴役)人类时,我们实际上已经将动机、意图、目的、情感等规范性的内涵隐含地赋予了"智能"这一概念。然而,正是这种隐含地赋予可能使我们对人工智能的发展产生一些至少就目前而言不恰当的忧虑和恐惧。因此,要明确人工智能威胁论的究竟,我们有必要辨明在上述四种威胁中,人类与人工智能在规范性上彼此是怎样的关系。

在Ⅰ型和Ⅱ型威胁中,主体都是完全生物意义上的人。具体来看,在Ⅰ型威胁中,人工智能体(人工智能装置或人工智能系统)的角色是工具性的,它与人类历史上创造发明的各种技术的作用并无二致,其功能和价值始终是由人类赋予或决定的,并服务和满足人的意图,因此这种威胁实质上是关于人如何使用工具的威胁。在Ⅱ型威胁中,虽然人工智能体已经成为改变人类生存环境的一个新的革命性的构成要素,但要适应这种变化环境的主体仍然是人类——因为具有适应性需求的是人,而不是革命性的人工智能技术。

在Ⅲ型威胁中,主体已不再是完全生物学意义上的人。现在,构成人类主

---

① 参见 http://yudkowsky.net/singularity/ai-risk。

体的方式开始发生变化,但这种变化是局限性的,它增强的是生物人的体力、感知力和智力,而作为行动主体的规范性——即生存的动机、意图、目的、感受、情感、价值、意义等——来源仍然是由生物意义上的人决定的。确切地说,融合在生物人身上的人工智能是对生物人的智能的融合而不是对生物人的心智的融合。因此,在核心的意义上说,Ⅲ型威胁仍然是人类对人类的威胁。

但在Ⅳ型威胁中,我们看到的是霍金等人这样的描述:"一旦人类开发了人工智能,它们将以一种持续增加的速率不断进行自我更新,并最终脱离我们的掌控……人工智能未来还将发展出自己的意志——这种意志将与人类的意志产生冲突。"①事实上,能带来这种威胁的人工智能应该更确切地说不是人工智能而是人工心智——一个尽管是人工的、但却是独立自主的、甚至超越人类心智的主体。如此一来,Ⅳ型威胁就与前三种威胁存在质的差别,确实堪称人工智能对人类的威胁,而不仅仅是人类因为使用人工智能而危害或威胁人类自身。

事实上,针对Ⅳ型威胁的存在有无,科技界的一些"执牛耳者"已经分立成两大阵营。霍金、马斯克、盖茨等人站在一个阵营。霍金在 2014 年 12 月接受 BBC 采访时第一次提出了对人工智能威胁的担忧,他认为人工智能的发展终将会导致人类的灭亡②。自此之后,霍金在诸多公开场合都表达过对人工智能的忧虑。2017 年 4 月,在全球移动互联网大会上,霍金指出,"受限于缓慢的生物进化,人类无法与人工智能竞争并可能被其替代。"③随后,在 11 月葡萄牙里斯本 Websummit 2017 的开幕式上,霍金通过视频再次提醒大众对人工智能保持警惕,"人工智能可能会成为一种新的生命形式。"与霍金相类似,早在 2014 年,马斯克在麻省理工学院航空航天系的百年座谈会上就提出人类"通过人工智能是在召唤恶魔"④。2015 年,马斯克与霍金等人共同签署《迈向强大和有

---

① 参见腾讯新闻,http://tech.qq.com/a/20161026/028155.htm。

② Rory Cellan-Jones, *Stephen Hawking warns artificial intellgence could end mankind*. http://www.bbc.com/news/technology-30290540.

③ 《霍金视频致辞全球移动互联网大会:人工智能或毁灭人类》,载参考消息网,http://www.cankaoxiaoxi.com/science/20170429/1944961.shtml。

④ Grey Kumpark, *Elon Musk Compares Building Artificial Intelligence To "Summoning The Demon"*. https://techcrunch.com/2014/10/26/elon-musk-compares-building-artificial-intelligence-to-summoning-the-demon/.

益人工智能的优先考量研究方案》①的公开信以及关于禁止自主武器的公开信,警惕各个国家展开人工智能军备竞赛。盖茨则在社交论坛 Reddit 上的一次问答活动中称:"我站在对超级智能感到担忧的一方。首先,机器能够为我们做许多工作,还没有达到超级智能的水平。如果我们能够进行妥善管理,应该对我们有利。但是几十年后,机器的智能化将强大到足以引起担忧的水平。在这一问题上,我同意马斯克和其他一些人的观点,不理解为何一些人对此并不感到担心。"②站在另一个阵营的则有贾南德雷亚(J.Giannandrea)、扎克伯格(M.E. Zuckerberg)、平克(S.Pinker)和李开复等人。他们都认为那些忧虑人工智能会统治甚至灭绝人类的言论太过消极和杞人忧天,甚至是不负责任的。贾南德雷亚说:"现在有太多围绕着人工智能的宣传炒作。许多人毫无来由地对人工智能的崛起产生担忧。"2017 年 7 月,扎克伯格在脸书直播时表示,人工智能的发展改善了人们的生活,给生活带来了诸多便利,未来应当得到进一步发展。他称马斯克为"反对者",并指责他的世界末日论会产生不必要的消极情绪,在某些方面,他认为(马斯克)是"非常不负责任的"③。平克指出,当下人们对于人工智能存在恐惧主要是源自两种误解,一是混淆了智力与动机——也即是对于欲望的感受、对于目标的追求、对于需求的满足——之间的区别;二是认为智力是一种无限制的连续能力,是能够解决一切问题的全能的灵丹妙药,可以实现一切目标④。李开复则认为:奇点是伪科学,是不可相信的;强人工智能根本不存在,未来十年内发生几率是零;不同于人类以生存作为自我最佳化的目标函数,机器的深度学习是针对一个目标函数和大数据实现最佳化,本身没有生存概念,不会产生情感更不会控制人类,两者完全不同也无法相提并论。⑤

---

① 参见 https://futureoflife.org/ai-open-letter-chinese/。

② Kevin Ranlinson, *Microsoft's Bill Gates insists AI is a threat*. http://www.bbc.com/news/31047780.

③ Ian Bogost, *Why Zuckerberg and Musk Are fighting About the Robot Future*. https://www.the-atlantic.com/technology/archive/2017/07/musk-vs-zuck/535077/.

④ Steven Pinker, *We're told to fear robots. But why do we think they'll turn on us*? https://www.popsci.com/robot-uprising-enlightenment-now.

⑤《人工智能(AI)即将超越人脑? 李开复:"奇点"是伪科学不可信》,载人工智能学习网,http://www.aihot.net/application/6282.html。

无论对哪一个阵营来说，要使其言论立得住脚，都需要给出有力的理据进行支持。就历史的经验而言，我们对Ⅳ型威胁持开放态度，但站在当下的立场上，对Ⅳ型威胁的忧虑过于夸大其词和不切实际。下面，基于心智起源和心智演化层级的科学和哲学思想，我们试图论证：如果人工智能真正能够造成Ⅳ型威胁，那么它除了需要具有超级智能之外，还必须具有能够对智能加以规范的自治的情感系统。但智能系统并不必然蕴含情感系统，相反在演化上，情感系统要比智能，特别是要比高级智能，更加古老。而按照自创生理论，情感——或者更一般地，价值、意义或自然目的——已经蕴含在最简单、最原始的生命中，并且情感的起源也就是生命的起源，而唯有在情感的规范性的引导下，智能才能发挥它的作用。依着这个思想路线，一个能够自主地威胁人类的人工智能体首先必须是一个具有自治情感的生命系统，但目前的人工智能并不蕴含生命概念，因此在这个意义上Ⅳ型威胁是不存在的——对它的忧虑是没有理据的。

三、心智考古学

　　一些人对人工智能发展的忧虑很大程度上在于混淆了智能与心智这两种现象。正如我们前面论述的，智能只是心智的一个子集，而没有心智的另一个子集——情感系统——的引导，智能就不能发挥它应有的作用，这是哲学家休谟(D.Hume)早就提出的观点[①]。这里我们将借助潘克塞普的心智考古学进路来探究心智的子集——特别是情感系统与智能系统——在演化中的发生和发展阶序，并通过自创生理论探讨规范性在最原始生命中的起源。

（一）潘克塞普的心智考古学

　　情感(affection)是对情绪(emotion)的感受(feeling)。基于大量动物实验

---

　　① 休谟在《人类理智研究》和《人性论》认为，人类理性和行为很大程度上受到情绪感受或情感的影响，尽管这种观点在他所处的理性主义时代以及之后几个世纪一直处于隐匿状态，直到达马西奥(A.Damasio)在《笛卡儿的错误》(1994)一书中才重新使之复活。(参见 J.Panksepp and L.Biven, *The archaeology of mind：Neuroevolutionary origins of human emotions*, 2012, New York：W.W. Norton & Company, Inc. p.476。)

和人脑成像研究的成果,潘克塞普认为,情感的生成主要集中于皮层下的脑内侧和腹侧区域,相较于新皮层生成的智能而言,情感在演化上位于更古老的脑区,这也意味着情感是一种更基础的,是人类与所有哺乳动物甚至部分鸟类共享的心智功能。

传统神经科学认为,新皮层的高级认知功能——思维、规划、决策和问题解决——对于整个心智的发展起到决定性作用,人类所能达到的一切智力成就都是因为新皮层能够以精细的方式进行学习、反思。然而,情感神经科学却提出了截然相反的观点。潘克塞普认为,位于新皮层下的低阶脑区的情感在心智演化过程中居于首要地位。心智生活的所有方面,包括高级认知活动,都受到初级过程情感的影响,并且低阶心脑(MindBrain)①的整个情感系统是高阶心智功能健康发展的基础。如果离开了脑深处的情感心智(affective mind),那么新皮层根本就无法取得任何成就。

1. 嵌套的脑心层次结构

像所有重视演化视角的心智科学的理论家一样,在潘克塞普看来,要理解心智的本质,需要对心智做一番考古学似的研究。为清楚地说明他的观点,潘克塞普在《心智考古学:人类情绪的神经演化起源》中提出了一个嵌套的脑心层次结构(nested BrainMind hierarchies)(见图2-1)的理论。该理论认为,脑心(BrainMind)是一种在演化上分层的器官,生物的情感、学习和认知能力是逐层嵌套的,低阶脑区心智功能嵌入并再现于高阶大脑功能中,而作为生物的规范来源的系统,即情感或情绪感受,在演化上要更早。只是随着哺乳动物脑皮层覆盖面的增大以及变得更加复杂,生物的记忆、学习、思考和反思能力——即通常所说的智能——才随着次级过程和三级过程的演化而出现。在整个心

---

① 潘克塞普等价地使用心脑(MindBrain)与脑心(BrainMind),这种首字母大写的处理方式是为了强调他的情感神经科学研究在哲学上是彻底的一元论的。当采用自下而上的观点时,他经常用"脑心"(BrainMind)这个术语;当采用自上而下的观点时,他经常用"心脑"(MindBrain)这个术语。这两种使用对理解脑演化层面的"循环因作用"必不可少。这种用法再次强调了如下观点的必要性,即把脑——有些人更喜欢称为"心—肉"(mind-meat)——看作是一个统一的器官,不残留任何视心与脑是分离实体的二元论的观点。(参见 J.Panksepp and L.Biven, *The archaeology of mind: Neuroevolutionary origins of human emotions*, New York: W.W. Norton & Company, Inc. 2012, p.5。)

智过程中,不仅仅存在智能等高阶脑功能自上而下对情感进行调节,更重要的是,低阶脑区的情感功能可以自下而上,通过学习和发展机制,对高阶脑功能进行引导和控制。这种双向的路径,可以被视为"循环因果作用",它使脑成为一个具有强烈内部相互作用的整体器官。每一种情感最初都是在初级过程的层次上进行表达,但随着主体的发育成长,这些情感开始习得与客体之间的关系(次级过程的情感),对外部世界进行认知理解,并建立与思想和反思等高级认知活动的联系,从而形成人类复杂的三级过程的情感。

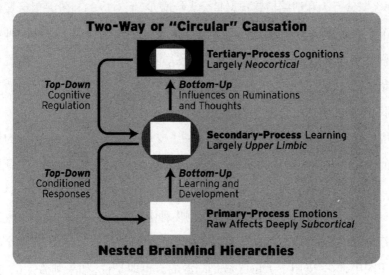

图 2-1　心智考古学进路中的嵌套的脑心层次结构①

高级心脑功能若要运转,它们必须与低级脑心功能进行整合,其中正方形代表初级情绪过程,圆形代表次级学习过程,矩形代表三级认知过程,并且从下到上形成一种嵌套层次结构。在潘克塞普那里,生成原生情感感受的本能情绪反应是自然演化建构在人脑中的,这被称作初级过程;其次,在这个"本能的"基础之上,是各种学习和记忆机制,这被称作脑的次级过程,这些中间脑过程是深度无意识的;第三,脑顶部的新皮层生成高级心智过程,即认知、思想、规划、决策、问题解决等,特别是反思能力,这些高级心智过程被称作三级过程。脑

① J.Panksepp and L.Biven, *The archaeology of mind: Neuroevolutionary origins of human emotions*, New York: W.W. Norton & Company, Inc, 2012, p.78.

或心智的嵌套层次能会极大地帮助人们理解脑心或心脑的全面性和复杂性。

在建构理论假设的同时,潘克塞普还通过实验发现至少有三类证据表明皮层下低阶脑区对情绪情感的生成起到十分重要的作用。首先,当对特定脑内侧区域进行局部电刺激时,通常只需要非常小的电流刺激就可以唤醒相应的初级加工的情绪情感状态。也即是说,低阶脑区中的情绪回路要比高阶脑区更加敏感或者更加集中。其次,当对下丘脑进行局部电刺激并获得探索和愤怒的情绪情感状态时,研究者发现,如果这些情绪回路的低阶脑区受到损伤,那么情绪行为和情绪情感状态将会大幅减少,而对应的高阶映射区域的损伤则不会造成如此明显的减少。第三,脑成像证据表明皮层下区域的神经元兴奋程度与情绪情感体验的强度呈正相关,而高阶脑区的神经元兴奋程度则与情绪体验呈负相关。这表明低阶脑区积极生成了初级加工的情绪情感状态,而高阶脑区则可能会调节、再加工或者抑制这些状态。

需要指出的是,潘克塞普绝大部分关于皮层下脑区对于初级加工的情绪情感的作用的证据来自动物研究。潘克塞普认为,有充足的神经科学证据链表明,几乎所有能够表现出明显的情绪行为的哺乳动物都能够体验情绪情感。首先,在所有已经进行过实验的哺乳动物物种中,通过对特定的皮质下大脑区域进行局部电刺激(LESSNS)都可以唤醒强烈的情绪反应。其次,在整个哺乳动物王国中,这些皮质下大脑区域是同源的。也即是说,如果刺激大鼠、猫或灵长类动物的恐惧回路,它们都会表现出相似的恐惧反应。第三,对人脑进行类似的局部电刺激可以唤醒相同的情绪行为,即使受试者并没有产生这种情绪的现实原因。第四,人类受试者汇报了与动物的情绪行为相应的基本情绪感受,同时,这些情绪感受与行为反应均发生在同源的脑区,这表明其他动物也体验到初级加工的情绪情感,只是无法通过语言来表达这些情绪。第五,通过实验观察,研究者发现动物会对引起本能的情绪行为的脑区的刺激产生喜欢与否的情感偏好,并且这种情感偏好与条件性的位置偏好以及开启或关闭局部电刺激的愿望倾向具有相关性。第六,即使接受过去皮质术的大鼠也可以保持诸如社会嬉戏这类复杂的本能情绪冲动,因此新皮质层对于初级加工的情绪的生成并非必不可少。

在证明动物具有情绪情感体验的同时,对人类的现代脑成像研究也发现,脑边缘系统的内侧较高阶区域与人类的情绪感受调节之间存在密切关联。因此,潘克塞普认为,我们有理由确信所有哺乳动物都具有多种初级加工的情绪系统,并且在包括人类在内的不同哺乳动物物种中,它们的基本情绪是类似的。

2. 基本情绪系统的神经定义与分类

基于其他动物确实存在情绪情感以及人类和其他哺乳动物共享同源的情绪感受基质的结论,潘克塞普建构了情感神经科学的情绪研究路径,认为可以通过对哺乳动物大脑的研究,获得对情绪更准确的理解。

通过大量的动物实验,潘克塞普发现,基本情绪感受的生成主要集中于皮层下的脑内侧和腹侧区域,包括:中脑(midbrain),特别是中脑导水管周围灰质(periaqueductal gray)区域;下丘脑(hypothalamus)和内侧丘脑(medial thalamus);包括杏仁核,基底核,扣带皮层,岛叶皮层,海马体和脑隔区(amygdala, basal ganglia, cingulate cortex, insular cortex, hippocampus and septal regions)等在内的"边缘系统(limbic system)"以及内侧额叶皮层(medial frontal cortical)和腹侧前脑(ventral forebrain)区域。

按照嵌套的脑心智层次结构假设,集中于皮层下脑区域的基本情绪感受是一种初级的大脑过程。潘克塞普认为,这与看见一种颜色十分类似。人们可以运用诸如"红色"的词语作为颜色的标签,但是这个词语并不能解释看到红色的体验。对于盲人而言,"红色"这个词语是没有意义的。为了解释看到红色,人们必须探索视觉体验的神经生理和神经化学等方面的原因。同样,人们无法使用语言来解释初级加工过程的情绪体验。作为次级加工过程,语言只是对情绪体验进行描述的符号,它并不能解释情绪体验产生的根本原因。因此,想要理解初级加工过程的情绪体验,需要对基本的情绪系统进行神经科学的定义。正如潘克塞普所强调,"没有人能够对初级加工的情绪进行足够科学的语言定义;情绪的定义必须基于神经回路标准,而这一标准将随着可重复证据的积累不断完善。"[1]

---

[1] J.Panksepp and L.Biven, *The Archaeology of Mind: Neuroevolutionary Origins of Human Emotions*, New York: W.W. Norton, 2012, p.73.

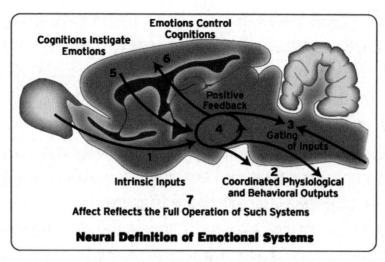

图 2-2　基本情绪系统特征的图示总结①

在潘克塞普看来,所有初级加工的情绪系统都应具有至少七类神经互动的特征,包括:

① 一些最初激活情绪系统的无条件感官刺激;

② 协调的无条件行为反应,以及与这些行为相应的多种自主身体变化;

③ 控制与评价输入刺激的能力;

④ 维持突发事件之后持续情绪唤起的情绪系统的正反馈;

⑤ 高阶三级加工的认知功能的调节;

⑥ 强烈影响高阶加工的情绪系统;

⑦ 情感感受生成于整个系统的运行②。

对于任意一种基本情绪情感而言,它的生成主要是由特征④的脑加工所实现。同时,正如特征⑦所说,情感感受的生成受到整个系统的影响,系统的所有其他部分都可以调节甚至改变情绪的强度、持续时间及其表现形式。因

---

① J.Panksepp and L.Biven, *The Archaeology of Mind*：*Neuroevolutionary Origins of Human Emotions*, New York：W.W. Norton, 2012, p.74。

② J.Panksepp, "The Affective Brain and Core Consciousness：How does Neural Activity Generate Emotional Feelings?", in M.Lewis & J.Havil(eds.), *Handbook of Emotions*(*3*ʳᵈ *edition*), New York：Guilford Press, 2008, pp.47—67.

此,情绪情感是情绪系统中所有脑心智过程交互作用的结果。

在明确了情绪系统的神经定义后,潘克塞普提出了七类基本情绪系统(Seven Basic Emotional Systems)的情绪分类①,分别为探索(期望)(SEEKING[expectancy])②系统、愤怒(气愤)(RAGE[anger])系统、恐惧(焦虑)(FEAR[anxiety])系统、欲望(性欲)(LUST[sexuality])系统、关怀(抚育)(CARE[nurturance])系统、惊慌/悲痛(分离苦楚)(PANIC/GRIEF[separation distress])系统和嬉戏(愉悦)(PLAY[joy])系统。他认为,在充足的动物实验的基础上,我们完全有理由相信,所有哺乳动物,甚至是部分鸟类都具有完整的七类基本情绪系统。每种系统都由特定的神经递质(neurotransmitter)作用于对应的关键脑区,从而唤醒或抑制该系统。每一种系统都产生了一类独特的情绪情感。

3. 基本情绪与认知的互动

潘克塞普指出,虽然在我们学习生成情绪反应的过程中,高阶新皮层区起到重要的作用,新皮层是一种生成复杂认知能力以及文化的器官,它对于复杂的知觉、学习和认知极为重要,人类所能达到的一切文化里程碑都是因为有新皮层,但新皮层的这种作用是"次级"的,因为"仍存在于哺乳动物和爬行动物脑回路中的我们更深的皮层下的隐秘之地则塑造着我们日常心智体验的先天'纹理'"。③那些新皮层下的古老神经领域构成了我们祖传的心智,即情感心智,它在演化上有专门的功能,而且也是我们与其他许多动物共有的功能。它是"考古学的宝藏",因为它是一些我们最强烈的感受的来源。这些古老的皮层下的脑系统,对于任何想要理解所有我们已知并在生命中将要体验的基本价值的根源来说,都是珍贵而多彩的"宝石"。这些情感是形成生命中美与丑的基础。④这些位于皮层下回路中的情感系统形塑了我们的主观生活,并对我

---

① J.Panksepp and L.Biven, *The Archaeology of Mind: Neuroevolutionary Origins of Human Emotions*, New York: W.W. Norton, 2012.

② 为了简洁有效地描述这七类基本情绪系统,潘克塞普使用了日常语言中的简单词作为这些系统的标签。但是,为了避免歧义,潘克塞普使用了全大写的形式,以强调所谈论的对象是生成特定情绪情感的独特大脑系统,而并非我们使用这些词语时所表达的一般感受。[]中为该系统别称。

③④ J.Panksepp and L.Biven, *The Archaeology of Mind: Neuroevolutionary Origins of Human Emotions*, New York: W.W. Norton & Company, Inc. 2012, p.xxv.

们的行为和思维产生根本性的影响。如果离开了脑深处高度演化的根本心智,那么皮层就不可能取得任何成就。

潘克塞普认为,虽然我们尚未肯定哺乳动物初级加工的情绪唤醒是否是无意识的,但次级加工的学习机制一定是深度无意识的。参照现有的研究成果,学习和记忆的神经机制以明确的方式联结着我们内在的情绪情感与外部的世界事件。在此基础上,复杂形式的意识出现在三级加工的高阶脑区——新皮层,而非原始的皮层下区域,也即情绪情感占据主导的低阶脑区。

人类的高阶心智活动是完全认知的,是关于自我和世界的认知表征(cognitive representation),大高阶的新皮层让我们在认识自我的同时,也通过与外部事件相联的感官建构了关于世界的图式。从神经科学角度看,新皮层在产生时应当是彻底的白板(tabula rasa),随着它的逐渐成熟,通过大量学习的指导,皮层下的功能特化(specialization)以渐成(epigenesis)的方式转变为皮层的模块化(modularization)。因此,"我们自传式的知识和记忆存储,大部分都是在探索系统的启发式和激励性的影响下生成的。"①

离开了认知的情绪对于心智而言是一种相当"简陋"的工具,但从进化的角度看,三级加工的复杂认知意识整体上都建构于初级加工的情绪感受之上。因此,理解认知的尝试使得动物研究变得更为重要,因为对复杂的认知神经网络的解读很大程度上依赖于对情绪情感本质的认识。虽然动物研究几乎没有提供任何关于情绪唤醒时生成的短时记忆和思维流的内容,但情感神经科学对哺乳动物心智的研究从因果关系层面提供了大量关于大脑如何真正生成情绪感受以及哺乳动物大脑如何进行深度无意识的学习和记忆加工的内容。

为什么在演化上情感系统要更早出现也更古老呢? 其根本原因在于,情感作为一种规范能引导和驱使生物去学习,去发展解决生存需要的各种智力策略。所以潘克塞普认为,认知革命主要关注心智活动中与计算机软件非常相似的那些方面,即心智的"信息加工"或智能问题,但事实上在心智中更基础

---

① J.Panksepp and L. Biven, *The Archaeology of Mind: Neuroevolutionary Origins of Human Emotions*, New York: W.W. Norton & Company, Inc. 2012, p.428.

的是情感、动机和情绪等问题。①

　　由于人类在高阶脑区有更大的扩展，因此人类在认知层面能体验到其他动物无法企及的广泛性和深度。人类能够以精细的方式反思他们的生活，从而也带来更为微妙的情绪感受和情感，这主要通过学习完成的；人类个体拥有更加个性的人格，这源自人类高级新皮层扩展带来的认知丰富性。但一直以来，人类的高级心智仍然植根于他们的祖传过去。尽管许多认知科学家和哲学家倾向于只考虑人类独一无二的大脑皮层的能力，但这并不能够帮助我们理解心智的起源。由于人类的高级认知层次嵌套了学习和情感的层次，因此人类拥有所有层面交织在一起的充分的复杂性，这使得人类能独一无二地在沉思其必有一死的命运时升起情感上的恐惧。②然而，如果缺乏规范性维度的情感，任何高级智能的沉思都只能获得一种实然的描述，而不可能生起任何应然的情感忧虑或恐惧，而这对于人工智能的沉思也将是一样的。

（二）　自创生与规范性的起源

　　在潘克塞普的心智考古学中，情感源于原始脑系统。但自创生理论的研究表明，即使在像单细胞这样无神经系统的最小形式的生命就已经蕴含了内在目的（intrinsic teleology）和规范性，也就是说规范性的起源可以通过分析最小生命这一更基本层次来理解。③

1. 乔纳斯的新陈代谢理论

　　生命如何在一个不确定的世界维持它的生存，这是我们理解生命本性的根本起点。对有机体如何实现其生存这个问题，现象学家乔纳斯（H.Jonas）转向新陈代谢这个显而易见的生命事实。④乔纳斯在其"哲学生物学"（Philosophical Biology）理论中为生物做出了一种"生存性"（existential）解释，并提出了生命

---

① J.Panksepp and L.Biven, *The Archaeology of Mind：Neuroevolutionary Origins of Human Emotions*, New York：W.W. Norton, 2012, p.62.

② Ibid. p.5.

③ A.Weber, & F.J. Varela, "Life after Kant：Natural Purposes and the Autopoietic Foundations of Biological Individuality", *Phenomenology & the Cognitive Sciences*, Vol.1, No.2, 2002, pp.97—125.

④ H.Jonas, *The Phenomenon of Life：Toward a Philosophical Biology*. Evanston, Illinois：Northwestern University Press, 1966.

哲学的第一命题。正如他在《生命现象：走向哲学的生物学》所述，"生命哲学包含有机体哲学和心智哲学。这本身就是生命哲学的第一命题，事实上是它的假设，这个假设在它的实行过程中必定能够成功。因为这个命题恰恰表达了这样一个论点：即使最低级形式的有机体也预示了心智；而即使是最高程度的心智，也同样是有机体的一部分。"①该命题是通过对新陈代谢的分析得以建立。乔纳斯认为，在现实世界中，生命的生存环境不可避免地受到热力学第二定律的约束，这就使得所有事物都不得不面临衰亡的"命运"；为了对抗死亡和衰败，在热力学的不确定环境中实现同一性或维持生存，生命必然会在演化的过程中"创造"一种自组织机制，即"新陈代谢"。在新陈代谢的基础上，随着生命的不断演进，其内在性的深度和广度逐渐上升，从"感知能力、移动能力"到"情绪、知觉、想象、心智"②，乃至"意识的反思和真理的范围"③。高级生命形式依赖低级生命形式，所有低级生命形式都在高级生命形式中得到保留，并且层次是渐进重叠的。因此，在生命的新陈代谢机制中，所有基本的心智特性——同一性、主体性、意向性、认知、目的性、自由——都可以被一一预见④。

2. 马图拉纳和瓦雷拉的自创生理论

马图拉纳和瓦雷拉则用自创生（autopoiesis）来刻画这种机制。"自创生"源自希腊语，"auto"指自我，"poiesis"则为创造或生产，因此，自创生的原意是指自我生产（self-producing）。对于马图拉纳和瓦雷拉而言，他们主张："生命——无论是最原始的生命单元（单细胞），还是复杂如人类般的生命体——的本质在于它内含一种必须遵循和实现的自创生机制，它是一个物质系统成为生命系统的充分必要条件"。⑤在阐发该理论的过程中，自创生的具体含义随着研究的深入而不断发生着变化。

---

① H.Jonas, *The Phenomenon of Life*: *Toward a Philosophical Biology*. Evanston, Illinois: Northwestern University Press, 1966, p.1.

② Ibid. p.6.

③ Ibid. p.2.

④ 李恒威，肖云龙：《论生命与心智的连续性》，《中国社会科学》2016 年第 4 期。

⑤ H.R. Maturana, F.J. Varela, *Autopoiesis and Cognition*: *The Realization of the Living*, Dordrecht: Springer Science & Business Media, 1980, p.42.

1974 年，在《自创生：生命组织、它的特性描述和模型》中，瓦雷拉、马图拉纳和乌里韦(R.B. Uribe)首次提出：

　　一个自创生组织通过一个成分生产网络而被界定为一个统一体，这个成分生产网络递归地参与生产出这些成分的这个同一的生产网络；并且把这个生产网络实现为一个这些成分存在于其中的空间上的统一体①。

1979 年，瓦雷拉在《生物自治性原理》中将自创生进一步解释为：

　　一个自创生系统被组织成一个成分生产(转变和解体)过程的网络(它被定义为一个统一体)，这个网络生产出成分，而这些成分通过它们的交互作用和转变连续地再生和实现生产出它们的这个过程(关系)网络；并且通过把它(即这个机器)实现的拓扑域指定为这样一个网络而把它(即这个机器)构成为一个这些成分存在于其中的空间中具体的统一体。②

1980 年，马图拉纳在《自创生：繁殖、遗传和演化》中将自创生的定义简化为：

　　一个被界定为成分生产网络的复杂统一体的动力系统若满足，a)通过成分的交互作用递归地再生这个生产它们的生产网络，并且 b)通过构成和规定它们存在其中的空间的边界来实现这个网络，那么它就是一个自创生系统。③

上述关于自创生的定义虽然在描述上不尽相同，但它们都指出了自创生系统所必须具备的两个核心条件："第一个条件是，刻画这个系统组织的反应网络必须生产出被认为在物质上构建了这个系统的所有种类的分子成分，并且这些成分自身必须在催化某些(或全部)反应的意义上生成这个反应网络；第二个条件是，反应网络必须同时将系统建成一个'空间中的统一体'，即通过

　　① H.R. Maturana, F.J. Varela, R.Uribe, "Autopoiesis: The Organization of Living Systems, Its Characterization and a Model", *Biosystems*, 1974, Vol.5, pp.187—196.

　　② F.J. Varela, *Principles of Biological Autonomy*, New York: North Holland/Elsevier, 1979.

　　③ H.R. Maturana, "Autopoiesis: Reproduction, Heredity and Evolution" in M. Zeleny, ed., *Autopoiesis*, *Dissipative Structures*, *and Spontaneous Social Orders*, Boulder, CO: Westview Press, 1980, pp.45—79.

在细胞与外在环境之间建立边界来区分出这个系统。这个条件通过在细胞中生产出一个半透膜来实现。"①也即是说,自创生理论认为,生命是这样一个系统:首先,它是一个空间上有界的物理系统,该系统的边界由一个半透性膜构成,边界膜以及膜内系统结构的构成成分都是由作为该系统的一个组成部分的反应网络生产和制造的。

简言之,生命系统不仅是一个自指和递归的过程,更重要的是,它是一种能够实现自我生产从而得以自我维持的自指和递归的过程,这个过程形成了一种特定类型的自组织系统,即自创生系统。瓦雷拉认为,作为生命的自创生系统,必须满足如下三个标准:

(1) 这个系统必须有一层半透边界;

(2) 这个边界必须从这个系统内部生产出来;

(3) 这个系统必须包含再生产此系统成分的反应。②

其中标准(1)确定了"空间边界",而(2)和(3)确定了递归性或自指性。自创生的过程和组织中的递归性也被马图拉纳和瓦雷拉称为组织闭合或操作闭合。"'组织闭合'是指一个将该系统规定为一个统一体的自指涉(循环和递归)关系网络;而'操作闭合'是指这种系统的再入和循环动力学。"③这样,自创生系统就是一个结构开放而组织闭合的系统。

根据上述标准,我们可以形成一个判定某个系统是否属于自创生系统(以及因此是否属于生命)的步骤或程序:

S1(空间边界):检查系统是否是由分子成分构成的一个半透边界所界定。这个边界能够使你在系统内部与外部之间做出区分吗? 如果是,进入 S2。

S2(生产网络):检查系统内成分是否由一组发生在边界内的生产网络所生产。如果是,进入 S3。

S3(递归性):检查 S1 和 S2 是否彼此依赖,即构成系统边界的成分是由系

---

① E.Thompson, *Mind in Life*: *Biology*, *Phenomenology*, *and the Sciences of Mind*, London: Belknap Press of Harvard University Press, 2010, p.102.

② Ibid. p.101.

③ Ibid. p.45.

统内部的生产应网络所生产,而该反生产网络是通过由边界自身所创造的条件得以再生产的吗?如果是,那么这个系统就是自创生的。①

对细胞生命的过程和组织类型的分析是马图拉纳和瓦雷拉提出自创生理论的基础。因此,作为生命基本单元的细胞就是对自创生机制的一个生动例示:

> 细胞……是一个复杂的生产系统,它生产和整合蛋白质、脂质、酶以及其他成分中的大分子,它平均包含大约 10^5 个大分子。一个细胞的整个大分子数量在它的生命周期中大约更新 10^4 次。通过这个缓慢的物质更替,细胞维持它的区别性、黏结性和相对自治。它生产成千上万的成分,但不生产别的东西——它只生产它自身。细胞在它的生命周期中维持它的同一性和区别性,成分本身被持续或周期性地解体和重建,创造和摧毁,生产和消耗,这就是"自创生"。②

无论是乔纳斯的新陈代谢分析还是马图拉纳和瓦雷拉的自创生分析,都表明:生命本质上是有机体在受热力学第二定律辖制的环境中维持其自身同一性——组织完整性——的持续建构过程。有机体统一性的持续建构——我们也可以将此解析为生命内在的自然目的,也就是说,有机体通过新陈代谢的方式维持其同一性的过程蕴含着一种最基本的规范性,即生与死或好与坏。因此,我们可以说,规范性内在于生命中。如果说,伦理、法律、审美等等是在人类心智层面才充分表现出来的规范性,那么是因为它们有一个来自最简单生命的规范性起源。

四、结　语

现在我们来重新审视关于人工智能的Ⅳ型威胁的问题。

---

① 李恒威、肖云龙:《自创生:生命与认知》,《上海交通大学学报》(哲学社会科学版) 2015 年第 2 期。

② M.Zeleny, "What is autopoiesis?" In M.Zeleny (ed.), *Autopoiesis: A Theory of the Living Organization*, North Holland: Elsevier, 1981, pp.4—5.

当霍金等人忧虑甚至恐惧人工智能的Ⅳ型威胁时,事实上他们对人工智能做了一种拟人的外推。所谓拟人论(anthropomorphism),是指将人类的特征、情感或者意图套用在非人类的对象上。巴雷特和凯尔在1996年进行的实验表明,在理解非自然的实体时,无论是上帝还是被称作"Uncomp"的机器人,人们总倾向以拟人的方式来理解和描述它们的行动①。现代心理学通常将拟人化视作一种认知偏见。也就是说,拟人是一种认知过程,人们通过这种方式将他们过往用于人类的图式作为推断非人类实体的基础,以便对环境作出简洁、快速的判断,即使这些判断并非十分准确。之所以选择人类图式作为基础,是因为这些知识是在生命早期就已经获得,与非人类实体的知识相比,它们更加详细,而且在记忆中更容易提取。其实,当前愈演愈烈的人工智能威胁论之风,很大程度上就是拟人论在人工智能领域运用的体现。无论是毁灭人类世界还是自我意识觉醒,大众印象中的人工智能始终被假设具有与人类完全相同的人工心智,或者至少是同时拥有认知的智能系统和动机的情感系统。然而,我们的论证表明,既然规范性——无论是最简单的还是复杂的——内在于生命,那么要使人工智能的Ⅳ型威胁真正成立,它首先必须是一个生命系统。"生命的工作方式恰恰不同于人工物的工作方式:后者总是指向制造它们和使用它们的外部目的,前者则有一种通过自我组织而维持其存在的目的。"②未来人工智能的发展是否可使一个人工智能体成为一个生命系统,我们对此持一个开放的立场,但就目前而言,我们很难将人工智能视作是有生命的,也就是说,它还缺少源于自身的、内在的、自治的规范性。虽然我们现在看到某些人工智能体具有一定的规范性,譬如具有阿西莫夫的三大法则③,但是这种规范性并非生命所具有的那种内在规范性,而是一种派生的规范性,即一种由人类从外部植入的规范性。

---

① J.L. Barrett and F.C. Keil, "Conceptualizing a Non-natural Entity: Anthropomorphism in God Concepts", *Cognitive Psychology*, Vol.31, 1996, pp.219—247.

② A.Weber, & F.J. Varela, "Life after Kant: Natural Purposes and the Autopoietic Foundations of Biological Individuality", *Phenomenology & the Cognitive Sciences*, Vol.1, No.2, 2002, pp.97—125.

③ 第一法则,机器人不得伤害人类个体,或者目睹人类个体将遭受危险而袖手不管;第二法则,机器人必须服从人给予它的命令,当该命令与第一法则冲突时例外;第三法则,机器人在不违反第一、第二法则的情况下要尽可能保护自己的生存。

通过对当前各种人工智能威胁论的语义分析，我们的意图是对IV型威胁进行一种哲学上的澄清。我们认为当前人工智能威胁论存在一个拟人论的误区，人工智能主动"威胁"人类的担忧尚缺乏坚实的理据。同时，严格意义上的人工智能研究中所产生的客观威胁实际上可以通过技术完善、法律规范等手段进行预防和约束。事实上，考虑到人工智能目前在模拟人类智能上所遇到的瓶颈与困难，相较于忧虑、恐惧人工智能对人类的威胁，寻找新的途径促进发展人工智能才是当前学界应当关注的首要问题。我们希望关于人工智能的各种威胁论回归至理性、理据的轨道。我们完全有理由相信，人工智能的长期发展，甚至是未来通用人工智能的实现，无论是对于人类的社会进步，还是理解人类自身心智大脑而言，都将具有极为重要的积极作用。

（李恒威，浙江大学哲学系、语言与认知研究中心教授；
王昊晟，浙江大学哲学系、语言与认知研究中心博士研究生）

第三章
哲学视角下的人工智能风险性分析

1956 年人工智能(Artificial Intelligence)概念在美国达特茅斯大学的研讨会上被正式提出,标志着人工智能学科的诞生。"顾名思义,人工智能就是人造智能,目前的人工智能是指用电子计算机模拟或实现的智能。同时作为学科,人工智能研究的是如何使机器(计算机)具有智能的科学和技术,特别是人类智能如何在计算机上实现或再现的科学或技术。"①随着人工智能技术的发展,人工智能被进一步划分为"弱人工智能"和"强人工智能"。"就弱人工智能而言,计算机在心灵研究中的主要价值是为我们提供一个强有力的工具;就强人工智能而言,计算机不只是研究心灵的工具,更确切地说,带有正确程序的计算机其实就是一个心灵。"②就目前而言,弱人工智能技术已经基本实现,以计算机为载体的人工智能技术在自动化工业中发挥了巨大作用,"我们可以通过各种自动化装置取代人的躯体活动"③,人类的生产效率因此得到极大的提升。人工智能的积极意义不言而喻,但本文仅限于探讨人工智能的风险和风险的可能性问题。

在人工智能的发展历程中,有很多典型事件,让我们对人工智能与人之间的关系,尤其是风险关系作出思考。1997 年 5 月,IBM 公司研制的深蓝(DEEP BLUE)计算机首次战胜了国际象棋大师卡斯帕洛夫(Kasparov);2016 年 3 月,人工智能 AlphaGo 轻松击败韩国棋手李世石,人工智能的屡胜战绩逐渐加深了人类对人工智能的担忧与思考,人工智能取代人一说甚嚣尘上。自 1956 年

---

① [英]渥维克:《机器的征途》,内蒙古人民出版社 1998 年版,第 1—2 页。
② 廉师友:《人工智能技术导论》,西安电子科技大学出版社 2000 年版,第 1 页。
③ 杜文静:《人工智能的发展及其极限》,《重庆工学院学报》(社会科学版)2007 年第 1 期。

人工智能一词被提出以来，人工智能技术不断取得突破，以至于人类开始将它们视作"同类"。由最初对人类外形的模拟，发展至如今对人类智能、情感陪伴等多方面的内在模拟，人工智能似乎越来越"像"人。2016年，作为全球雇员数量前十的企业之一，富士康旗下江苏昆山工厂裁员6万人，取而代之部署了超过4万台机器人；2017年7月，爱尔眼科与全球科技巨头英特尔联手打造人工智能眼科疾病识别解决方案，作用堪比医学专家。人工智能也可以充当家人、伴侣等现实角色与人类进行沟通交流，全方位融入人类生活，电影《她》中所描绘的人工智能情侣早已成为现实，情感陪伴机器人屡见不鲜，苹果系统的Siri、日本软银集团研发的Perper等，这类人工智能能够通过视野及语音系统来对人的情绪进行判断，并通过表情、动作、语音与人类交流。乍一看，人工智能貌似已经褪去人工属性，俨然变成了一个"人"。的确，世界首位机器人"公民"2017年10月25日在沙特诞生。在沙特举行的未来投资计划大会上，"索菲娅"（Sophia）成为第一个拥有沙特国籍的女性机器人。这是第一位被授予合法公民身份的机器人，然而她，刚面世就说出了"毁灭人类"的恐怖话语。我们究竟是一笑了之地看待"索菲娅"的话语，还是要认真审视机器人与人的关系？人工智能将带给我们一个什么样的未来？人工智能风险性是否存在？风险性生成的机制是什么？相互之间的关联度如何？人工智能风险的防范的边界在哪里？这些问题亟待不同视角的探讨，哲学在其中有其特有使命。

一、风险因子分析：人工智能风险何在？

（一）关于风险的界定

风险概念在经济学中被广泛使用，在经济学领域中，风险与投资概念相关联，是投资存在的各种不确定性，这种不确定性意味投资存在高损失的可能，也存在高收益的可能，在这个意义上，我们也不能完全抹杀风险的"价值"。风险也与人直接相关，指事物对人的一种危险性。但风险又不同于危险，风险是尚未转化为现实危险的状态，表现为人对事物的威胁性的恐惧，而危险就是风险的确证状态。因此，风险也是人的一种风险意识或风险观念。总之，风险既具有遵循事物发展规律的客观成分,也具有依赖人的价值判断的主观成分。从事物与人的关系视角可以帮助我们进一步理解"风险"。一方面,风险基于事物产生,风险首先是由事物发展的不确定性生成的,正是基于事物对人类构成的威胁,风险才得已形成。此外,风险作为一种意识或观念的存在,是一种人的意识行为。风险是人判断的结果,人是风险评判的主动参与者。同时,一旦风险转化成危险,人也将成为危险的承担者。另一方面,事物是风险性判断的事实依据,人是判断风险性的价值尺度。风险行为不是人的任意性行为,只有依据事物的发展规律做出的风险判断才具有客观性和说服力。此外,风险行为必须尊重人的价值。强调人的价值尺度,蕴含两个方面:其一,必须把人的价值、人的根本利益作为评判风险的目的和原则,不能以牺牲人的方式谋求事物发展;其二,风险中必然蕴含人的主观成分,理论上风险不具备必然的真值。

风险有主观性因素,由于文化、教育、习俗、宗教等背景的不同,人们对技术的认知必然存在差异,因此风险也就具有相对性。从宏观层面来看,不同的民族、国家之间对同一技术的风险性评估就存在差别。例如,基于对核电站风险性的考察,绝大部分的国家认为修建核电站以用于基础建设是合理的;而德国、瑞士等国家在经过日本核泄漏事故之后,认为核电站所蕴含的风险性过大,宣布将不再建设新的核电站,并对已建设的核电站不再做更新处置。从微观层面来看,由于所受文化、教育、信仰、生活经验的不同,个体间对技术的认知差异更为明显。随着技术的日趋多样化和复杂化,技术逐渐成为技术专家的特权,一般民众越来越难以全面地掌握技术的运作机制。技术发展的速度越来越快,复杂度越来越大,人们在技术面前越来越无知,人对技术风险性的预判越来越难,就在心理上更容易产生恐慌,因此,技术主观上的风险也源于对技术认知有限度的限制。

(二) 人工智能与一般技术风险的区别

乌尔里希·贝克与安东尼·吉登斯的风险理论开启了对技术风险问题的关注。乌尔里希·贝克在20世纪90年代提出"风险社会"概念,认为科技发展促进社会进步同时,也对生态环境甚至人自身造成威胁。"在风险社会,风险已经代替物质匮乏,成为社会和政治议题关注的中心"。①贝克认为,当前社会是一个充满各种风险的社会,政治、经济、文化、科技、生产、贸易等各个领域都存在诸多风险,而技术风险无疑是其中影响最为深远的风险类型。吉登斯从现代性的视角出发,提出现代社会的风险形式是一种人类制造出来的风险,"'人造风险'于人类而言是最大的威胁,它起因于人类对科学、技术不加限制地推进"。②

风险意味着危险的可能性,也是目的与结果之间的不确定性,是危险的概率指标。技术的风险性首先表现为技术的不确定性。技术的不确定性有多种表现形式,技术使用后果的不确定性是技术不确定性的主要方面。技术风险主要也是来源于此。国内学者对技术风险问题认识已经比较成体系,主要代表性的观点如下:从技术风险的属性来看,技术风险既具有客观实在性,也具有主观建构性;从技术风险的生成来源来看,技术风险既是技术自身的内在属性,也是人的行为结果;从风险性后果来看,风险事件逐年增多、破坏性不断增强、不可预测性日趋复杂、风险控制愈加困难等。

技术风险首先是一种"技术的"风险,风险是技术的内在属性。技术风险是技术对人呈现的一种威胁性。技术自创造和使用之初,这种威胁性便应运而生。技术的基础性功用是放大、延长和拓展人的能力。也就是说,人在使用技术的过程中,技术所展现的能力往往要超出人类之本能。一旦人们对技术操作不当或使技术失控,技术力量就可能反向作用于人,对人造成危险。即便人们按照正确的步骤和程序使用技术,依然可能产生意料之外的风险性后果,如自然灾害对技术装置的破坏等,这就是技术风险不可预测性之所在。因此,我们可以将技术蕴含的能力看作技术之风险。一系列的现实危机已然证明技术之能力一旦反作用于人与自然将造成无法估量的灾难。从受灾对象划分,现实危机主要有两种:人的灾难和自然危机。人的灾难是指由于技术的开发和应用给人的身心、财产等造成的破坏与损失。例如,切尔诺贝利事故不仅给受灾群众造成了严重的身心创伤、财物损失,而且残留至今的有毒物质依然影

① [德]乌尔里希·贝克:《风险社会》,何博闻译,译林出版社2004年版,第15—19页。
② [英]安东尼·吉登斯:《现代性的后果》,田禾译,译林出版社2000年版,第115页。

响着民众的日常生活;又如,重工业排泄的废弃污染物不但直接危害着居民健康,更导致当地新生儿的畸形率、先天性疾病率明显上升;再如,转基因技术尽管当下被证实是安全的,却难保未来不会影响人类基因的稳定。如此例证,不胜枚举。相对地,自然危机表现为技术对自然的破坏,如大气污染、海洋物种的锐减、土地沙漠化、温室效应等各类环境污染、生态危机。良好的自然环境是人类生存的前提,对自然的破坏归根究底是对人类自身的毁灭。

技术在很大程度都作为它者而存在,一般性技术在很大程度上都是外在化的风险,如环境风险、生态风险、经济风险等。"由于技术与社会因素的相互作用,因此,在风险社会中,风险都会从技术风险自我转换为经济风险、市场风险、健康风险、政治风险等。"①

技术风险的另一个说法是墨菲法则,那就是,如果事情有变坏的可能性,不管这种可能性有多小,它迟早都会发生。人工智能技术也是如此,如果人们担心某种情况发生,那么它就有发生可能性,因为风险是一种可能性的存在。人工智能技术风险问题既与一般技术风险一样具有同源性和同构性,但也有很大的区别性。

但人工智能技术却不能简单地作为它者存在,除了外在的风险之外,人工智能技术很大程度上是内在化的风险,那就是对于人的存在性地位的挑战风险以及人与物边界复杂性的风险。内在化风险不是在物质层面的风险,而是一种精神上的冲击风险,是基于人的自我认识和认同的风险。因此人工智能技术的风险因子不仅仅在经济维度、环境维度,而在于人机边界的厘定,以及人机之间竞争关系的形成方面。在此方面,很多人工智能事件都引起人工智能取代人的担忧。自 1997 年电脑"深蓝"战胜国际象棋冠军加里·凯斯帕罗夫 19 年之后,在 2016 年 3 月 9—15 日,由谷歌 DeepMind 研发的神经网络围棋智能程序 AlphaGo 以 4∶1 的比分击败前世界围棋第一人李世石。2017 年 1 月 6 日江苏卫视《最强大脑》上演了一场精彩的人机对决,这次的战场不再是围棋,而是人脸识别。据悉,"'百度大脑'已建成超大规模的神经网络,拥有万

---

① [英]芭芭拉·亚当:《风险社会及其超越》,赵彦东等译,北京出版社 2005 年版,第 334 页。

亿级的参数、千亿个样本、千亿次的特征训练,能模拟人脑的工作机制。'百度大脑'如今的智商已经有了超前的发展,在一些能力上甚至超越了人类。"[1]"小度"对战人类大脑名人堂选手,上演人机大战,在图像和语音识别三场比赛中,以 2 胜 1 平的战绩获胜。2016 年 11 月百度无人车已经能够在全开放的道路上实现无人驾驶。快递捡货机器人已经大规模投入快递行业。2016 年富士康公司在昆山基地裁员 6 万人,用 4 万台机器人取代人力。基于以上事实,很多人认为:人工智能取代人类的时代已经到来,敌托邦式构想即将成为现实。并且通过几场"人机大战",普通大众开始表现出对人工智能风险性问题的强烈关注。强人工智能技术尽管还没能实现,但从这场 AlphaGo 围棋大战中,让人似乎看到未来人工智能超越人类的可能,因为人工智能的三大基础:算法、计算平台、大数据已经日渐成熟。南京大学林德宏教授曾指出,"电脑不仅能模拟人的逻辑思维,还可以模拟形象思维、模糊思维、辩证思维,人工智能将来可能全面超过人脑智能。"[2]人工智能风险性考虑,主要是基于人工智能对人类的可能性超越。这是一种内在性的风险,是人工智能之于人的关系性的风险。

(三) 人工智能风险的表现形式

"工程师和技术专家倾向于把技术风险界定为可能的物理伤害或者厄运的年平均律,哲学家和其他人文主义者认为技术风险无法定量,它包含了较之物理伤害更为广泛的道德内容"[3],有学者直接认为,"'风险'包括两部分,一部分是物理性的,更为实际有形的、可被量化的危险,即技术性的风险;而另一部分是由心理认知建构的危险,即感知的风险(perception of risk)"。[4]人工智能风险同样包含这两个层面:一个是客观现实性的物理层面,一个是主观认知性的心理层面。在人工智能技术大规模运用之前,很大程度上风险的认识来自

① 臧金明:《百度机器人对战人类最强大脑,赢在小数点后第二位》,载腾讯网 http://tech.qq.com/a/20170107/001226.htm。

② 林德宏:《"技术化生存"与人的"非人化"》,《江苏社会科学》2000 年第 4 期。

③ 李三虎:《职业责任还是共同价值——工程伦理问题的整体论辨释》,《工程研究》2004 年第 1 卷。

④ 转引自曾繁旭、戴佳、王宇琦:《技术风险 VS 感知风险:传播过程与风险社会放大》,《现代传播》2015 年第 3 期。

主观认知的心理层面。在人工智能发展过程中,人工智能(类人)与人(人类)之间关系一般经历三个阶段:首先是模仿关系阶段,人工智能首先是基于对人的模仿,是机器初步具有人的智能;二是合作关系阶段,人工智能协助人类完成大量的工作,体现出人工智能强大的利人性;三是竞争关系(取代关系)甚至是僭越关系阶段,是人工智能大规模广泛应用情况下出现人工智能与人之间的依赖、竞争、控制等复杂的关系情况。

人工智能在大规模应用后,潜在的风险性主要有以下表现形式:一是人工智能技术的发展将(至少暂时性地)导致未来失业率的大幅度提升。现代工业中,弱人工智能技术已经能够替代人类,从事一般性的体力劳动生产,未来人类的部分脑力劳动也必将被人工智能技术所取代。因此,对未来人类可能面临巨大失业风险的担忧不无道理。二是人工智能的发展使人类对人工智能技术方面遗忘。也就是说,人类将越来越依赖机器的"智能性",而忽视其"人工性",这将导致人类与机器的关系转换成人类与"类人"的关系,人类很可能对机器产生类人情感,甚至产生对类人的依赖感。一旦人类将机器视为同类,必然带来相应的伦理问题。如性爱机器人如果大规模应用,使婚姻生育等问题变得复杂,人的两性关系以及很多伦理问题都会相应而来。三是未来机器人不仅具备类人思想,还可能具备类人的形态,人类在与机器人的日常交互中,如果将机器人视作同类,机器人将能否获得与人类等同的合法地位,人与机器人之间的关系如何界定,这也是复杂的问题。一旦以人工智能技术为核心的机器(至少部分性地)超越人脑,就会存在威胁人类主体性地位的可能性。依托强人工智能技术的机器一旦具备甚至超越人类智慧,机器很可能反过来支配人类,这将对人类存在性(主体性)造成巨大的威胁。

当然,上面都是人工智能作为它者的存在与人之间的关系风险。但还有更复杂的情况,2017年3月28日,特斯拉创始人马斯克成立公司,致力于研究"神经织网"技术,将人脑植入微小脑电极,直接上传和下载人的想法。在此之前,后现代哲学家哈拉维提出"赛博格"的概念,指人与机器的杂合。但这种以智能植入的方式将人与机器联机后,人与机器的边界何在?对人类未来的影响是积极地还是消极的?人对未来终极问题的思考对人类的心灵造成巨大的困扰,这种主观认知性的心理层面的风险并不弱于客观现实性的物理层面。

二、人工智能风险形成机制分析

人工智能风险目前更多的体现在主观认知性的心理层面,是人们对人工智能发展的一种担忧,哲学的思考大有用武之地,其中现象学更具解释力。

(一) 从外在模仿到内在超越:人工智能技术的放大效应

人工智能多是以独立的形式对人的模仿甚至超越。"行为的自动化(自主化),是人工智能与人类其他早期科技最大的不同。人工智能系统已经可以在不需要人类控制或者监督的情况下,自动驾驶汽车或者起草一份投资组合协议。"[1]与一般技术一样,人工智能技术之于人有两个层面:一是机器操作代替人的劳动,使人从繁重而复杂的劳动生产中解放出来,让人获得更多的自由空间;二是人工智能取代人类智能,人类受控于机器,人类主体的存在性地位丧失。技术发展呈现完全相反的两种进路,这是由技术二律背反的特性决定的,技术具有"物质性与非物质性、自然性与反自然性、目的性与反目的性、确定性与非确定性、连续性与非连续性、自组织与他组织"[2]等特性。

技术还有一个内在属性就是具有放大性功能。技术放大功能是技术内在结构的属性,是技术模仿人类功能并对人类能力的放大,它完全内置于技术结构中。"人—技术—世界"的结构模型是现象学的基本模型,表达了人是通过技术来感知觉世界的,人与世界的关系具有了技术的中介性。例如,在梅洛-庞蒂举例的盲人与手杖的例子中,盲人对方位的感知是通过手杖获得的,手杖成为连接盲人与空间方位的转换中介,扩展了盲人的空间感。在这里,技术通过转化人类的知觉,扩展了人类的身体能力。"只有通过使用技术,我的身体能力才能得到提升和放大。这种提升和放大是通过距离、速度,或者其他任何

---

① [美]马修·U·谢勒:《监管人工智能系统:风险、挑战、能力和策略》,曹建峰、李金磊译,《信息安全与信息保密》2017年第3期。

② 王治东:《相反与相成:从二律背反看技术特性》,《科学技术与辩证法》2007年第5期。

借助技术改变我的能力的方式实现。"①人类对技术无限放大性的追求也是现代技术发展潜在的动力，也是技术风险生成的根源。而技术的放大效应既是内置于技术内核的结构性特征，也是人类目的性的现实要求。在目的性结构中，技术是表达人的意愿的载体，人工智能技术就是放大人类的意愿，在某种程度上可以代替人的意愿。当一个中介完全把人的意愿变成中介的意愿时，人工智能的本质得以实现，技术的放大效应达到最大化。但人的意愿可以被机器表达时，人的可替代性也逐步完成，人也失去了自我。技术便有可能朝向背离人类预期的方向发展，技术风险由此生成。

在前人工智能技术时代，技术只是对人类"外在能力"的模仿与扩展，即使像计算机、通信网络等复杂技术也是以一种复合的方式扩展人类的各项技能。但人工智能技术却内嵌了对人类"内在能力"的模仿，对人脑智慧的模拟。这一技术特性使人工智能技术具备了挑战人类智慧的能力。千百年来，人类自诩因具备"非凡的"智慧而凌驾于世间万物，人的存在地位被认为具有优先性。康德"人为自然界立法"的论断，更是把人的主体性地位推到了极致。一旦人工智能技术被无限发展、放大，具备甚至超越人脑机能，人类对技术的统治权将丧失，人类的存在性地位也将被推翻。尽管就目前而言，人类对人工智能技术的研发仍处于较低水平，但人工智能表现出的"类人性"特征，已经不似过去技术对人脑机制的单向度模拟。特别地，AlphaGo 在面对突发状况时表现出的"随机应对"能力，远远超出开赛前人类的预估。我们似乎看到人工智能正在从对人类"智"的超越，转向对"慧"的模拟，这种风险越来越大。

（二）从他者性到自主性的循环：人工智能技术矛盾性的存在

早期技术就是作为一种工具性的存在，也是一种他者的存在。但发展技术的潜在动力就是不断让技术自动化程度越来越高，越来越自主。技术的自主性发展表现为"技术追求自身的轨道，越来越独立于人类，这意味着人类参

---

① ［美］唐·伊德：《技术与生活世界——从伊甸园到尘世》，韩连庆译，北京大学出版社 2012 年版，第 75 页。

与技术性生产活动越来越少。"①人工智能技术的自主化程度取决于人工智能的"类人性"。也就是说，人工智能越趋近于人类智能，技术的自主性也就越可能实现。就人类预期，人工智能技术的发展是自主性不断提升的过程，也是使更多的人从日常劳作中解脱出来，获得更多自由的过程。但当技术发展到具有人一样的智能时，技术在新的起点上成为一个他者。因为技术发展的不确定性使技术既有"利人性"也有"反人性"。这两种看似相反的特性是一个问题的两个方面，智能技术将这两种特性又进一步放大。人工智能技术的"利人性"是技术自主性的彰显。但也正是基于人工智能的"类人性"特点，使达到自主化奇点的技术可能出现"反人性"倾向。

技术的"反人性"表现为他者性的生成，技术他者性是技术发展违背人类预期的结果。理论上，当技术成为一个完全自主、独立的个体时，它将不依附于人且存在于人类世界之外，技术相对地成为他者。在伊德看来，"我们与技术的关系并不都是指示性的；我们也可以（同样是主动的）将技术作为准对象，甚至是准他者。"②技术的（准）他者性可以表示为：人类→ 技术（世界）。"他者"一词本身暗含着人类对技术完全对象化的担忧，这种担忧在海德格尔看来由技术的"集置"特性决定，"集置（Ge-stell）意味着那种摆置（Stellen）的聚集者，这种摆置摆置着人，也即促逼着人，使人以订造方式把现实当作持存物来解蔽。"③事实上，人工智能技术的发展趋势，就是在不断提高技术较之于人的他者地位。

在实际应用中，人工智能技术的"反人性"倾向会以他者的形式呈现。"技术还是使事物呈现的手段。在故障情形中发生的负面特性又恢复了。当具身处境中的技术出现故障了，或者当诠释学处境中的仪器失效了，留下来的就是一个强迫接受的、并因此是负面派生的对象。"④在伊德的技术体系中，尤其在

① Jacques Ellul, *The Technological Society*, Germany: Alfred A.Knopf, 1964, p.134.
② [美]唐·伊德:《让事物"说话":后现象学与技术科学》,韩连庆译,北京大学出版社 2008 年版,第 57 页。
③ 李霞玲:《海德格尔存在论科学技术思想研究》,武汉大学出版社 2012 年版,第 82 页。
④ [美]唐·伊德:《技术与生活世界——从伊甸园到尘世》,韩连庆译,北京大学出版社 2012 年版,第 99 页。

具身关系和诠释学关系中,技术(科学仪器)是通过故障或失效导致技术他者的呈现。技术在承载人与世界的关联中,本应该抽身隐去,但却以故障或失效的方式显现自身,重新回到人类知觉当中,必然阻断人与世界的顺畅联系。本来通过技术实现的人对世界切近的感知,转换成了人对(失效)技术的感知。这时,(失效)技术的他者性仅仅表现为感知的对象性。同样,人工智能技术同样也存在技术失效的可能,但这种失效不是以故障而是以一种脱离人类掌控的方式成为他者。人工智能技术的失效不仅会转换人类知觉,更为严重的是,一旦技术在现实中摆脱人类控制,自主化进程将以故障的方式偏离预定轨道继续运行,技术的"反人性"开始显现,技术他者由此形成,技术的自主性成为他者的"帮凶"。人工智能技术的风险在于经历了"他者性—自主性—他者性"过程之后,这种风险结构被进一步放大。

现实中需要不断通过技术发明和技术改造提高人工智能技术的自主性,但又不得不防范人工智能技术的他者性。由此,人工智能技术自主性和他者性便成为技术发展过程中的一种冲突。

(三) 资本逻辑的宰制扩大了人工智能风险的可能性

技术不是随资本产生的,相反,正是工业革命实现了生产方式的转变,才进一步促进了资本的生成。那么,技术到底是什么?技术与资本又是怎样的关系?技术与资本之间是否具有内在共性?首先,技术是一种人造物,是人类认识和改造自然的工具。技术是随着人类的产生而产生的,从时间维度上说,技术要早于资本存在。但工业革命之前,技术只是表现为简单工具的形式。在海德格尔看来,技术的本质是一种解蔽,古代技术是人类与自然和谐相处的手段,其表现为一种"顺其自然""自然而然"的状态。这个时期的技术特征,依然统摄于传统的农耕游牧,具体表现为生产力低下、满足于自产自足。工业革命时期,技术主要以生产机器的形式出现,传统的生产方式被彻底打破。随着资本的出现,技术发展进入井喷期。因此,我们在谈到技术与资本的关系问题时,实际上指的是工业革命时期的技术以及现代技术。

技术与资本具有同构性,这是技术能够最有效地实现资本利润的根源所在。资本的本性是求利,而技术的目的是实现人的物质追求。从这一角度说,技术的本性同样也是求利。"资本的逻辑是求利的逻辑,技术内在追求利益和利益最大化的特点和资本追求增殖本性形成内在的共契,甚至可以说是共谋。"[1]正是技术与资本的共谋,使资本在实现价值增殖的过程中,能够"天然地"发挥技术优势。

在工业革命时期,技术与资本的共契性达到了极致。从技术层面来看,这个时期的技术是生产力的决定性力量。技术这种压迫式的生产力,以一种促逼的形式将人与自然变成了持存物。换言之,人也沦落为了一种生产资料,而不是生产主体。从资本层面来看,资本在进行全球化扩张的过程中,无情地压榨劳动者,使无产阶级的劳动人民沦落为商品人和奴隶,而资本家尽管是资本的占有者,实际上也已经成为资本的傀儡。由此,技术与资本通过实现人的"非人化"达到了前所未有的共契。基于以上分析可以看出,技术与资本走向同构与合谋,是由资本的本性决定的,也是由技术本性决定的,是两者历史发展的合力。

人工智能作为技术发展的智能化成果同样具有资本逻辑,甚至就是为了资本而诞生的。前文提及过已经大规模投入快递行业的快递拣货机器人,以及富士康公司使用的4万台机器人,都是为了追求降低成本,获得更大利润空间的行为。

资本成为一种有效的资源配置方式和技术成为一种集置,这是整个社会发展的一种必然趋势。既然技术与资本具有同构性,这就引出资本逻辑框架下人工智能风险的规避问题。

按照前面的论证,在资本逻辑的框架下,资本会不断绑架技术,循着追求利润和求利的路径不断前行,不断凸显技术的现代性特征,带来现代性问题,也带来技术正义问题。赵汀阳在为哈佛大学教授迈克尔·桑德尔《反对完美》一书撰写的导论中指出:"金钱的神性在于它是不自然的,而且是超现实的,金钱的本质意味着'一切可能性',不被局限于任何具体事物的现实性……类似地,技术是对自然所给定的秩序和结构的否定,它可以按照人类的欲求而'万

---

① 王治东:《资本逻辑视阈下的技术与正义》,《马克思主义与现实》2015年第2期。

能地'改变自然之所是(the nature as it is),把自然变成它所不是的样子(what it is not)。"①同时他认为,"在一个不平等的社会里,技术进步的受益者主要是强势群体(弱势群体无法支付技术费用),因此技术进步的一个可能的附带后果是扩大了强势群体和弱势群体的差距,而间接加深了政治问题。"②因为这会带来社会的不公平,从而导致非正义。

人工智能在资本逻辑的架构下,发展过程中必然产生的非正义性也是一种风险形成机制。

三、"人类"与"类人"界限:人工智能技术的禁区何在?

从概念可以看出"人工智能"由两部分组成:一是人工,二是智能。相对于人工智能,人在某种程度上就是一种天然智能。"准确定义人工智能,困难不在于定义'人工'(artificiality),而在于'智能'(intelligence)一词在概念上的模糊性。因为人类是得到广泛承认的拥有智能的唯一实体,所以任何关于智能的定义都毫无疑问要跟人类的特征相关。"③人与人工智能之间的界限有两个维度的比较很重要:第一个维度是知、情、意、行四个基本特征;第二个维度是人的自然属性和社会属性两个方面。

(一) 关于知情意行的边界问题

人是知情意行的统一。随着人工智能技术的不断发展,人工智能将趋近于人类智能,承载人工智能技术的机器也将具有更多"类人性"。这种"类人性"不仅表现为机器对人类外在形态的模仿,更表现在机器对人类"知、情、意、行"的内在模拟。智能首先要学会语义分析,能够读懂指令,如 2016 年 4 月爆红的"贤二机器僧"由北京龙泉寺会同人工智能专家共同打造,在最初阶段有效回答问题率仅为 20%—30%,但人工智能强大的学习能力是一般计算机系

---

① [美]迈克尔·桑德尔:《反对完美——科技与人性的正义之战》,中信出版社 2013 年版,第X 页。

② 同上书,第 XVII 页。

③ [美]马修·U·谢勒:《监管人工智能系统:风险、挑战、能力和策略》,曹建峰,李金磊译,《信息安全与信息保密》2017 年第 3 期。

统无法相比的,人工智能具有学习能力,将逐渐增加的信息变成知识,继而形成知识库,通过知识库形成机器人大脑,进而形成能够与人进行有效交流的智能系统,随着访问量的增加,"贤二机器僧"的数据库相应增加,有效回答率达到80%左右。这样与人交流的人工智能,让人感觉不到是与一台机器在交流。

当然,人工智能也是有禁区的,这种禁区,首先来自技术不能逾越的禁区。当前,可计算性是人的逻辑判断部分,而情感支配的思维是无法被计算的,因此人工智能对个体人的超越还是存在困难的。但如果像马斯克公司一样,通过人工智能去解读人脑的思维,实现上传和下载功能,使人工智能能够读懂人,这样的冲击风险对人而言将进一步加强。当然能够解读人类思维也仅仅是一种识别,人与人工智能之间还有一道重要的区别,就是自我意识的区别。"一个种的全部特征,种的类特征就在于生命活动的性质,而人的类特征就是自由有意识的活动。"①人是有意识的存在,意识总是关于某物的意识,同时也是作为承载者关于"我"的意识,意向性不仅指向作为对象的某物,同时也自反式地指向自身。只有在行动之前首先意识到处境中的对象与"我"不同,人类活动才具有目的性,人类才能有目的地进行物质创造和生产劳动。而人的目的性或者说人类需求是社会进步发展的最大动力。人工智能如果有了"我"的概念和意识,不仅是对人的模拟,而是具有了人的核心内核。在这个层面而言,人工智能就在个体上可以成为另一种物种的"人"。

当然,如果人工智能技术一旦具备类人意识,它将首先关注到自身的价值意义,即存在的合法性。而作为对象的人类,将沦落为技术"眼中"的他者。具备类人意识的人工智能对人类智能的超越,将对人类生存构成实质性威胁,到那时,人类生存与技术生存真的会互相威胁,彼此竞争。

(二) 关于自然属性和社会属性问题

任何技术都是"自然性和反自然性"的统一,"技术作为人本质力量的对象化有两重属性:一是技术的自然属性,二是技术的社会属性。自然属性是技术能够产生和存在的内在基础,即技术要符合自然规律;技术的社会属性是指技

---

① 《马克思恩格斯选集》(第1卷),人民出版社1995年版,第46页。

术的人性方面,即技术要符合社会规律。"①人工智能技术也是如此,"人工"是一个前置性概念。"智能"是对人的模仿,在人工智能设定的模仿程序中很大程度也有社会属性,如军用机器人的战争属性,性爱机器人的性别属性,但这种社会性是单一的属性。社会属性恰恰是人区别于人工智能的核心所在。按照马克思对人的本质是类本质和社会本质的论述,起码目前人工智能还不能叫板人本身。"人的本质并不是单个个人所固有的抽象物,在其现实性上,他是一切社会关系的总和。"②人工智能目前是以个体性或者是整体功能性存在,不可能具有社会性存在,也就意味着人工智能不能作为一个物种整体具有社会性。而人具有社会关系性,这种社会关系是人之为人的根本性存在。"人的本质是人的真正社会关系,人在积极实现自己的本质的过程中创造、生产人的社会关系、社会本质。"③无论人工智能怎么在智能上超越人类,但根植于物种的社会性不是通过可计算获得的。因此这也是人工智能的禁区。如果人类赋予人工智能以社会关系构架,人工智能之间能够做联合,能够选择意识形态,那人类危机也真的不远了。作为人的整体社会建构的文化以及关系,是任何人工智能都无法取代的。

四、预设性探讨:人工智能如何能取得作为人的存在性地位?

人工智能是对人类智能、思维的一种内在模仿,随着人工智能的发展以及广泛应用,人工智能愈发具有"类人性",以至于很多人担忧人类创造的人工智能终将成为真正的人,甚至超越于人,担心人与人工智能的关系变成同类关系或者取代性关系。当然,具有上述关系的前提在于人工智能具有人的存在性地位。人工智能真的可以作为人而存在吗?当然我们有很多现实的理由说人工智能不可能是人。但哲学对问题的分析不在于非此即彼,而在于用什么视角做什么样的分析。这涉及人的本质到底是什么,以及如何去理解人的问题。

---

① 王治东:《相反与相成:从二律背反看技术的特性》,《科学技术与辩证法》2007年第5期。

② 《马克思恩格斯选集》(第1卷),人民出版社1995年版,第56页。

③ 《马克思恩格斯全集》(第42卷),人民出版社1979年版,第24页。

马克思的人学视角对这一问题的分析可谓抽丝剥茧,从本质上界定了人工智能作为存在者的在世地位,以至在何种程度上可以称其为是,在何种程度上可以称其不是。

人在古希腊哲学体系中是重要命题,但一度被自然哲学的强大光芒遮蔽。18 世纪,康德将人的主体性前置,人被置于实践理性思考的范畴,虽然康德多次提到人的思想和人性,但没有能够把人的思想和人性的概念做透彻的解释。康德对人的思想和人性概念的产生和理解以及推理原则仅仅是微观分析,进一步说是功能性的分析。在康德那里,理性统一的危机实质是理性与存在统一的危机,是哲学的危机,也是人的危机。改变这种状态的是马克思,"马克思人学思想是研究在实践基础上人本质及其自我实现的历史科学。"[①]如果人工智能可以作为人而存在,具有很多条件,其中有几个关键的要件值得探讨。

(一) 人工智能能否成为"现实的人"

在马克思那里,人不是一个抽象的形而上学概念,而是有血有肉的作为"现实的人"而具有在世地位的。马克思在《德意志意识形态》中就是通过批判传统形而上学进而完成唯物史观的巨大转变的。

马克思在《1844 年经济学哲学手稿》中指出:"自然科学却通过工业日益在实践上进入人的生活,改造人的生活,并为人的解放做准备……如果把工业看成人的本质力量的公开展示,那么自然界的人的本质,或者人的自然本质,也就可以理解了……说生活还有什么别的基础,科学还有什么别的基础——这根本就是谎言。"[②]在马克思的观念里,人不仅是自然存在物,具有自然属性,更是社会存在物,社会属性是人的根本属性。马克思反对将人看成纯粹的自然人,反对简单地用生物学的规律来解释人的行为和社会现象。在马克思看来,"'特殊的人格'的本质不是人的胡子、血液、抽象的肉体的本体,而是人的社会特质"。[③]马克思认为,人的本质是现实的、具体的,是由社会关系决定的。人并不是生下来就是真正的人,只有置身于一定的社会关系中才是真正意义上的

---

① 《马克思恩格斯全集》(第 42 卷),人民出版社 1979 年版,第 150 页。
② 《马克思恩格斯文集》(第 1 卷),人民出版社 2009 年版,第 193 页。
③ 同上书,第 270 页。

人,例如教育、学习以及各种各样的人际交往和社会作用。人是最名副其实的社会动物。①任何现实的人都是在一定的生产力和生产关系构成的社会中活动着的人,孤立的、同社会隔绝的人是不可能存在的,脱离了社会环境,人不过是一个人形野兽,不过是只有在思维中可以容许的抽象。②马克思认为人不是单向度的,人是作为"现实的个人"而具有存在地位的,现实的个人处于自然关系和社会关系的双重关系之中,缺一不可。尤其社会关系,是人成其为人的基本前提和构架。

毋庸置疑,通过沟通联结,人工智能彼此之间、与人类之间早已建立一定的联系,人工智能可以凭借人类预先置入的代码程序进行信息的"输入—输出—反馈"机制,从而完成相互之间的信息交流。谷歌(Google)X 神经网络项目 Google Brain 团队已向媒体证实,他们的人工智能技术取得重大进展,两个独立的人工智能系统彼此之间不仅可以互相交流,还能够对其交流信息进行加密处理。人工智能与人类之间的联系则更为常见,继苹果 5 年前推出 Siri 人工智能助理,类似的主打人机交互的人工智能层出不穷。例如,微软打造的小冰是一款模拟 16 岁二次元少女形象的人工智能,相较于生硬的 Siri 俘获了无数宅男的心。为应对当代人情感缺场的境况,人工智能独特的看护技能、情感陪伴技能应运而生。2016 年 12 月,新加坡大学便推出了全球与真人最为相像的机器人 Nadine,能够提供儿童看护服务,并陪伴孤独老人,与老人进行推心置腹的聊天。不得不说,人工智能相较于人具备更为诚恳的倾听者角色。人对人工智能的情感依赖、彼此之间建立的社会关系已经部分取代甚至超越人与人之间的社会关系。

前文谈到,无论人工智能怎么在智能上超越人类,但根植于物种的社会性不是通过可计算获得的,因此这也是人工智能的禁区。作为人的整体社会建构的文化以及关系,任何人工智能都是无法取代的。究其本质而言,人工智能所具备的社会关系与人的社会关系相差甚远。人工智能所表现出来的社会关系表面上是一种"关系",实质上不过是科学家根据人类实际存在的社会互动

---

① 《马克思恩格斯文集》(第 1 卷),人民出版社 2009 年版,第 734 页。
② 袁贵仁:《马克思主义人学理论研究》,北京师范大学出版社 2012 年版,第 60 页。

所进行的一个简单整合，这种社会联结不外乎宠物与人类之间的关系。人类驯化动物在于以食物反复进行引诱，或者以疼痛刺激动物意识到某些事情不被允许。反观人工智能与人类之间，科学家预先将大数据整合进人工智能系统，再结合人工智能所具备的深度学习技能，人工智能与人之间的简单交流便不成问题。在马克思看来，人的社会属性远不止如此简单机械。人是一个整体，人性是人在其活动过程中作为整体所表现出来的与其他动物所不同的特性，主要指人在同自然、社会和自己本身三种关系中，作为自然存在物、社会存在物和有意识的存在物所表现出的自然属性、社会属性和精神属性。正是在这几种关系的相互联系、相互作用下，才形成人性的系统结构，继而完整地表征了作为整体存在的人。

（二） 人工智能能否作为有意识的类存在物

很多人认为人工智能可以挑战人类，或者可以对人类带来威胁就在于人工智能的意识性。在部分人看来，人工智能不再是一种机械性动物，而是和人类一样具有意识。人工智能可以"画猫识虎"，能够一边处理数据一边进行自主学习，"有意识"地区别外在事物。2015 年，谷歌公司开始致力于研发自动驾驶技术，无人驾驶汽车已经在加利福尼亚州的城市中行驶了数百万公里，并且从目前的监测结果来看，使用人工智能技术的自动驾驶汽车更为安全，可以减少交通事故。然而，人工智能表现出来的这些"意识"不过是一种伪意识。不可否认，人工智能"棋手"的确在围棋比赛中完胜人类，众所周知，围棋是一项极具挑战性、逻辑思维推理的活动，与智力竞猜、诗歌背诵等仅仅依靠数据库不同，围棋比赛需要时刻依据棋局来定下一步棋，这无疑彰显人工智能具有"意识"。

法国哲学家德里达指出，模拟就是仿照某一原物制作一个模拟物，而模拟物能做到像原物，是因为它还不像原物，如果它与原物百分之百像了，那就不再存在像的问题，因为这样它已不成其为模拟物，而成为一个与原物属于同一类的原物了。德里达认为，假设一台机器在一切方面都具备和人智类似的智能，则它将不再仅仅是人智的模拟物，而将成为一种智能。①这一观点理论上和

逻辑上都是对的,但目前人工智能这种模仿是功能性的模仿,作为现实人的自然性、社会性和实践性人工智能无法在整体上实现。对于人工智能而言,它根本没有意识到棋局所展现的各种谋略,在它看来,这不过是对数据的各种巧妙组合,换句话来说,这种完胜何尝不是人工智能背后科学智囊团对人类的胜利呢?人不过是将人工智能的行为带入进了"意识"层面,这种意识是一种伪意识。"人工智能的优势仅仅是利用新的技术实现了大数据的在线输入,动态即时的信息更新使得智能模拟系统从封闭走向开放和涌现,但其智能的构造方法本质上仍是以计算为基础的问题求解模式。也就是说,人工群体智能的优化只是基于种群的算法,它并没有改变智能是基于规则的表征—计算系统这一核心假说。哥德尔不完备性定理等数学上的结论揭示了人类思维是计算不完全的,人的大脑很大程度上并不是按照计算加工放肆进行思维。"①

马克思强调:"一个种的全部特征,种的类特征就在于生命活动的性质,而人的类特征就是自由有意识的活动。"②人不仅是自然界的一部分和社会化动物,而且人是有意识的类存在物,人的意识性是人区别于一般动物和人之为人的重要特征之一。实际上,人所具有的意识是指人类在认识世界和改造世界中有目的、有计划的活动。人的这种意识性、主观能动性表现在两个方面:一方面是能动地反映客观,另一方面是能动地反作用于客观。人的意识作为客观世界的反映,不是像镜子那样简单机械地反映,而是通过感觉器官和大脑的复杂活动,通过人体各个部分有机的联系而产生的积极的反映。人的意识不单纯反映客观世界,而且能指导人们有目的地去改造世界,人在行动之前能够首先意识到自我的存在。

人工智能的活动是一种自然活动,同它预先设置的代码程序是直接同一的,没有自我目的性。倘若在人事先没有给它安排好程序、设置好算法的情况下,它不能主动地提出任何一个问题,更不能有目的地改造客观世界。人工智能是按照代码程序机械地工作的,它处理各种能辨认但并不理解的枯燥无味的符号。人工智能不具备人脑中形成意识的那种丰富的联想和概括性的语

---

① 郁锋:《人工群体智能尚未实现通用智能》,《中国社会科学报》2017 年 10 月 10 日。
② 《马克思恩格斯选集》(第 1 卷),人民出版社 1995 年版,第 46 页。

言,更没有为采取达到某种目的的意志和情感。人工智能和人一样能听能看能动,但它并没有意识到它在听、在看、在动,意识在任何时候都只能是被意识到了的存在。人工智能没有"我"的概念,它不能说出一个"我"字。

能够解读人类思维也仅仅是一种识别和解读,人与人工智能之间还有一道重要的区别,就是自我意识的区别。1999 年,塞尔的"中文屋"测验就已经很好地论证了人工智能的无意识性:设想一个母语为英语的人,他对汉语一无所知,他被锁在一个装有中文字符盒子的房间中,房间中还有一本关于中文字符操作的指导手册(程序)。又设想房间外面的人往房间里送进一些中文字符,房间里的人对这些字符依然不认识,而这些送进来的字符是以中文提出的问题(输入)。再设想房间里的人按照程序指导能够发出中文字符,而这些中文字符也正确回答了那些问题(输出)。程序使房间中的人通过了图灵试验,然而,房间里的这个人确实对中文一无所知。[1]这一论证的要点在于,如果中文房间中的人可以通过操作适当的程序来伪装成懂得中文,实际上他并不理解中文,那么,任何仅仅基于同样程序的数字计算机也是不理解中文的,因为中文房间里的人所不具有的东西,任何计算机作为计算机也不可能具有。人工智能只能理解信息的形式,而人却能理解信息的内容。人工智能所具有的"思维"能力,不过是人的思维能力在机器上的投影,是模拟人的思维的结果。人工智能仅仅是对输入的信息根据指令进行归纳和选择,它没有自身的意识性,不会产生自觉的目标。[2]就是说,它没有人和人脑那样的能动性。相对于人来说,它只能是被动的、机械的。

在某种程度上而言,认为人工智能将会发展成为意识,人工智能终将作为人而存在,不外乎从机器的视角认为"人是机器"。"这实际上是一种机械唯物主义,将人看成受力学规律支配的机器。"[3]一方面没有认识到人类认识的本质或者是从根本上否定了人类认识的本质。

① L.Hauser, "Searle's Chinese Box: Debunking the Chinese Room Argument", *Minds & Machines*, Vol.7, No.2, 1997, pp.99—226.
② 蔡兵、陈勇、黄丽珊等:《论人工智能与自然智能的关系》,《西南交通大学学报》(社会科学版)2007 年第 2 期。
③ 易重华、鲁再书:《对机器人恐慌的哲学根源和消解》,《劳动保障世界》2016 年第 6Z 期。

（三）人工智能能否按照历史规律推进历史创造

马克思主义人学是探讨人类解放的学说,作为改变世界的实践哲学,始终关心人的解放和人的现实生存。坚持历史客观规律和人发展的一致性,坚持从揭示生产规律的基础上发现和阐明生活及人的存在。马克思指出,一个物种的存在方式就在于其生命活动的形式,具体地说,人在利用工具积极改造自然的过程中维持自己的生存,实践构成了人类特殊的生命活动形式,从而构成了人的存在方式。①社会历史规律是和规律性与和目的性的统一,社会历史规律随着人的实践活动和人类社会的产生而生成,并且依赖其存在而存在。

人的社会生活及其历史的本质,是人类的社会历史客观规律性和人的主体活动自觉性双重尺度引导下的实践活动,这种实践是一种双向运动过程。活动主体通过实践揭示社会历史规律,社会历史规律规约实践主体的实践活动。然而,目前人工智能仅仅以个体性或整体功能性而存在,彼此之间无法进行主观能动性的联结,不能作为一个类而存在,因而不具有现实的社会关系。这也就意味着人工智能不能作为一个物种整体具有社会性,人工智能只能模拟人的某些自然属性,而人的社会属性却无法全面模拟。人工智能始终是一个物质机体,是纯粹的人工存在物,它所固有的特性都是人为事先编辑、输入好的,它的全部行为都不过是某种程序的实现与运行。尽管人工智能彼此之间可以通过对数据的整合进行逻辑推理与深度学习,但它们是以一种"自然状态"独立存在,而单个的个体机械地简单地拼凑在一起而并不构成社会。一个不能构成社会的存在物,根本认识不到社会的结构,更谈不上去对社会发展规律的认识。

一个不能认识自己的行为的存在不可能成为真正的意识性的存在,人工智能的行为就谈不上在社会历史客观规律性和主体活动自觉性双重尺度引导下的实践活动,不是实践活动也就不可能认识社会发展规律,不能认识社会发展规律也就不可能按照社会发展规律推动历史的创造。人工智能在认识社会发展规律推动历史创造上是完全缺场的,甚至是根本没机会入场的。

---

① 袁贵仁:《马克思主义人学理论研究》,北京师范大学出版社 2012 年版,第 60 页。

（四） 人工智能僭越人的风险可能："赛博格"式的"后人类"出场

发展人工智能的目的就在于取代以往需要人类智能才能完成的复杂工作，帮助人类从繁杂、忙碌的各项事务中解脱出来。"由于人自身的缺陷，例如体力有限、易受伤、动作不精确等等，所以人需要用物来取代体力、智力。通过这种取代，进而达到进化、优化自身的目的。"①那么，取代的可能性有多大？用一个类取代人类是不可能的，但通过人工智能与人类智能相嫁接，创造出不同于人工智能和人类的第三类物种，这种取代就具有了很大的风险性。

后现代主义技术哲学家唐娜·哈拉维(Donna Haraway)用她女性主义特有的视角形成"技科学"思想，也就是将自然与文化定位在动态的、异质的实践过程，提出"情境知识"的客观性新主张。在她的技术主张中，"赛博格"(Cyborg)技术构想是她对人与技术关系的一种后现代式解读。赛博格是"受控有机体/生控体"的隐喻，旨在通过控制技术来控制有机体，实现人与技术关系的控制，形成人—技共生体。唐娜·哈拉维在《半机器人宣言》一文中认为：动物和人类，有机体和机械、物理和非物理之间的分界"完全破裂"。"一个控制有机体，一个机器与生物的杂合体，一个社会现实的创造物，同时也是一个虚拟的创造物"就是"赛博格"。"赛博格"是自然有机体与技术机器、技术手段的结合，它使原本完全"自然而然"的身体具有了机器的部分特性。乔治·迈尔逊在《哈拉维与转基因食品》中指出：现代生物技术使西红柿带有深海鲽鱼的基因，这不仅模糊了物种的界线，更模糊了植物与动物的界线，无性生殖技术则模糊了雄、雌两性在生殖活动中的分工。在乔治·迈尔逊看来，基因改良食品是更广泛的赛博格世界的一部分，是赛博格形象的最好例证，能为人类生存提供更多可能性。

"赛博格"打破了主客二分，自然和社会的界限。这也是后人类时代的基本特征，人不断物化，物不断人化，人与物之间界限不断模糊，形成"后人类"。

---

① 林德宏：《"技术化生存"与人的"非人化"》，《江苏社会科学》2000年第4期。

"后人类"是经过技术加工或电子化、信息化作用形成的一种"人工人"。运用更先进的电子、生物技术,则有可能超越自然人体原本的限度,造成在性能和机能上更加强大的新的人的身体。"赛博格"穿越了自然有机体和技术机器的边界,模糊了物理世界和非物理世界的边界,成为拼接在一起的消除了人和非人之间根本区别的一种新存在。通过"赛博格",人类的生存更加顽强,但人的自身却由不可取代的人性的高贵变成可取代的一种物性存在。

"20世纪末期已使得天然和人工、灵魂和肉体、自我发育和外在设计以及其他诸多有机体和机械的界限模糊不堪,我们的机械显得如此生机勃勃,而我们的自身肉体却突然变得如此呆滞。"①在有些学者看来,"'赛博格'不仅正在改变这个世界,也正在改变生存于这个世界的主体——人。'新主体'的人无须担忧自己与动物、机器之间有某种'亲属'关系,不再顾虑人与人之间只能达到部分同一,且容忍不同的意见和立场。人不再被理解为是上帝用泥土创造的'自然物'。相反,人制造机器且寄生于机器,机器成为任何一个普通人肢体的延伸,人也成为机器上的一个部件。这样的人即'赛博格',根本就不是从完美的原始统一体中分化而来的,因而也无须回归,它只是一个'拼合'的混血杂种,却适应这个世界。"②

如果人工智能从完全"它者"的地位转向与人可以兼容并成为"人—机"混合体,赛博格式的"后人类"就会横空出世,那么人未来将走向何方? 人之为人的存在性地位是否发生改变? 这确实存在很多可以想象的空间。但在人文主义者看来,"理性是价值而不只是知识,是理想品质而不只是现实成就,是整体而不只是分殊,是体验而不只是逻辑。因为理性最终要反映与体现认知'所以为人'的整体人性。"③但是,人就是通过"赛博格",既被肢解,也被整合嫁接。然而,不管技术使人变为天使抑或魔鬼,在这个意义上人已偏离了人自身,人工智能的僭越已得以实现。

---

① 李三虎:《技术哲学的空间叙事》,《哲学动态》2006年第6期。

② 王宏维:《赛博格的女性主义》,http://www.southcn.com/nflr/shgc/200604260184.html。

③ 成中英:《文化自觉与文明挑战》,《文史哲》2003年第3期。

五、人工智能风险性如何规避？

（一）后现象学视角的分析

人工智能能否规避技术风险？后现象学给予了否定的回答。唐·伊德(Don Ihde)认为，"控制"技术的困难首先在于技术本质上的含混性。这种含混性表现为：通常都能够置于不同的使用情境中，无论技术是简单技术还是复杂技术都需要一定的情境。技术的含混性的产生源于文化对技术的嵌入。"只要技术是文化的工具，只要技术被视为以特殊的方式嵌入到文化当中，那么就能揭示出文化—技术的更宽泛的形态。"①我们可以将这一过程表示成意向公式：人—(文化—技术)—世界。从公式中我可以发现，"控制"技术的实质在于"控制"一种文化与技术的"融合体"。于是，我们可以重构一个与上述问题等价的新命题：我们能够"控制"文化吗？这种更为清晰的表述突出了我们所面临"控制"问题的复杂程度。在伊德看来，妄想"控制"文化的意图显然是不切实际的，尽管历史上曾有极少数造成灾难性后果的狂徒尝试这么做过。现在重新思考最初提出的"控制"技术的问题，我们会发现技术不能被"控制"的原因在于问题本身就提错了。在伊德看来，"控制"技术暗含了两个极端的前提：极端的一方是将技术设定为一种中性工具。所有技术都存在一个使用情景，即便是最低限度的技术的使用，也蕴含了一种人与技术、文化与技术的关系，技术只有在这种关系中才能成其所"是"。可以说，剥离情景而空谈技术只能导致无意义的形而上学。极端的另一方赋予了技术完全自主的决定性地位。技术决定论者将"控制"技术问题提升到了前所未有的高度，然而，他们对这一问题的处理与应对不仅是消极的，也基本上是无作为的。对后一种观点的疑虑或许在于伊德提出的技术意向性和倾向性问题。伊德也承认，在具身关系和诠释学关系中存在"不以人的意志为转移的"技术意向性与倾向性。例

---

① ［美］唐·伊德：《技术与生活世界——从伊甸园到尘世》，韩连庆译，北京大学出版社 2012 年版，第 147 页。

如,就墨水笔、打字机和文字处理程序三者而言,无论从写作速度、编辑方式、操作模式都有各自不同的风格,这些差异反过来也制约和影响了人们新的行为习惯和认知差异的产生。这种微妙的"风格"似乎暗示了技术在一定程度上也决定着一种不为人控的朝向。伊德对此解释道,"就所列这些变项而言,技术本质上并未'决定'写作的方式和风格,但它们确实具有某种可能性'倾向',这些倾向只是导致了哪些部分的写作经验被增强了,而哪些部分变得更困难了而已。"①显然,伊德在这一问题上坚持一种相对主义和折衷主义的技术观态度。既然人们无法"控制"技术,是否也就无可能去应对技术风险呢?答案同样是否定的。首先,伊德反对的"控制"理念过于绝对化和模糊化。我们如何理解他提出的"控制"概念?是否存在"控制"的程度性问题?以及如果抛却"控制"概念,我们又该如何表达技术成功上手和具身这一现象?显然,伊德在这个问题上的回答是模糊和抽象的。此外,即便我们接受了伊德对这一问题的理解,应对技术风险问题仍然是必要的。如伊德所言,"控制"技术的问题尽管提错了,但这些争论依然保留了许多重要观点。例如当我们在面对环境问题的时候,就会涉及应不应该发展某些技术以及发展何种技术的问题。

技术的文化嵌入使应对技术风险问题变得更为复杂。如果我们不把技术看做完全为人所控的工具,而赋予其多重价值,那么探讨技术风险问题就不单单是科学家和工程师的责任和义务了,哲学、社会学、伦理学等人文社会科学都有了很大的研究空间。因此,哲学嵌入人工智能正当其时。人类自由意志的基础在于自我的选择和决定,而任何选择和决定都会内在镶嵌风险结构,这关涉对选择和决定的预判,使哲学具有其积极使命。

(二) 超越后现象学的视角——人本原则

后现象学虽然给了我们非常悲观的结论,但后现象学在技术风险产生机制的分析中是极其理性和富有创见的。我们不能忽略人工智能设计和应用过程中的情境因素以及文化因素。前面探讨技术风险时谈到人工智能的两种风

---

① 唐·伊德:《技术与生活世界——从伊甸园到尘世》,韩连庆译,北京大学出版社 2012 年版,第 149 页。

险:一是人工智能的外在风险,源于技术的技术属性带来的结果风险;二是内在性风险,是主观上对技术的判断的风险,源于人的主观和心理因素的风险。从风险的本质特性上讲,风险是不能被消灭的,因为我们不能消灭"可能性"。但我们可以转化可能性,从一种可能变成另一种可能。甚至降低可能性,以此最大限度地规避风险。

规避人工智能风险的路径有很多种,但有一种非常根本之路径,就是遵循人工智能设计和使用过程中的人本原则。

人类的历史是一部追求生存与发展的历史。人类生存过程中,一直面临一个永恒的矛盾:即人们对物质的需求与满足这种需要之间的现实矛盾。人需要的满足靠有限的自然供给是难以维系的,人只有通过技术的方式创造性地改变自然以满足人不断的需要。但人的本质就是人的生存所固有的矛盾,人是在实践中生成的,人没有现成的规定性,实践范围、方式等都是人本质的决定因素。因此人就具有存在的本体论困境——既要不断将自身的本质外化于对象世界中,通过技术的方式改变世界,又要超越自己的对象性本质。"如果人的本质是人通过技术自己构成的,如果说技术就是人的本质,那么,技术必然存在着两面性。一方面,是它把自由由潜能带向现实,自由只有依靠技术才可能表达出来,因为正是技术展开了人的可能性空间:有什么样的技术,就有什么样的可能性空间,因而也就有什么样的自由;另一方面,技术所展开的每一种可能性空间,都必然会遮蔽和遗忘了更多的可能性,使丰富的可能性扁平化、单一化。当代技术为着合用和效率所展开的工业世界,确实更多地表现了技术的后一方面。技术既是去蔽,又是遮蔽,既成就时间,又遗忘时间,既使记忆成为可能,又导致记忆的丧失。对整个人类而言,技术既是主体彰显自我的力量的象征,也是自我毁灭的力量。这是技术根深蒂固的二元性。"①技术表现出了人的本质,但技术产品一经离开人的创造阶段而成为完全的对象性存在时,技术就出现了与人的异己力量,人只有重新占有自己的技术成果,控制技术才能实现人的完全本质。如果技术超越人的控制,人的本质就会分

---

① 吴国盛:《技术与人文》,http://blog.sina.com.cn/s/blog_51fdc06201009twe.html。

裂——异化即会开始。

在人工智能的出场中,人们只看到技术的力量,只看到机器的作用,忽视了人的作用。没有技术物,没有机器,人类就不能生产、就不能制造工业产品、就不能利用自然资源、就不能满足生存需要。在自动控制的机器面前,人只是个旁观者,只是个被动者。技术既体现、彰显人的本质的同时也压抑人的本质。人与技术之间具有悖论性的存在,这也是人的本体论困境:人是生存之中创造性的存在。如果人的生命成为技术改造的对象人就彻底被技术化了。"通过自然和人类关系的技术化,人性自身也成为一种纯粹的技术对象:人们被缩减、被拉平、被训练,以使他们能够作为巨大的文化机器中的组成部分而发挥作用。"①按照人工智能的逻辑,人就可以直接被称为人的制造了,按照人工智能的发展势头,必然有这个可能性。因为技术可以有以下功能:一是技术使"不可能"变为"可能"——这是技术创新的目标;二是技术使"能够"变为"应该"——这是技术应用的目标。生命与技术本身又是一对矛盾:人的生命是自然的,也是自为的;而技术是人为的。人的生命价值的高贵就在于不可取代性,但技术的功能就是取代。生命是不可能重复的,但技术必须是可重复的。技术与人有一致的一面,又有矛盾的一面。因此异化不应该看作是纯粹人为的事件,技术本身就有异化的根据。因此,人工智能技术的发展,在内在价值上要以人为尺度;在外在价值上要以社会为尺度。人工智能的发展宜遵循人本原则,才能实现良性发展。

(三) 人工智能发展的合理依据——人的尺度与目的

人工智能的发展和进步一定要体现人的需要和利益。人的生存需要、发展需要及现实满足需要是社会和人类自身发展的动力,也应是人工智能的基本出发点和价值尺度。发展人工智能的标准应以人为尺度,体现人的目的性。

人的存在是一种具有目的性的生命活动,人的目的就是指人在从事实践活动时所具有的认识和改造世界的目标和方向。对生物有机体来说,合乎目

---

① [荷]E·舒尔曼:《科技时代与人类未来——在哲学深层的挑战》,李小兵、谢京生等译,东方出版社 1995 年版,第 314 页。

的性就是对环境的适应性,而对于人来讲,除了适应性以外,还有的就是对客观世界的改造。"生命演进而有人类。人类生命与其他生物的生命大不同。其不同之最大特征,人类在求生目的之外,更还有其他目的的存在。而其重要性,则更超过了其求生目的。"①很多人认为目的是一个纯粹主观的活动,事实上,客观性是目的性的重要前提。人的目的本身也是个意向性结构,人的意向性目的活动分为三个层次:一是自然合乎目的性的本能活动;二是功利性的生产劳动;三是超功利性目的的艺术审美活动。人的目的产生根源决定人的目的特征,目的具有主观性与客观性统一,功能性与价值性的统一。人的目的性生成和选择过程就是对人的目的价值进行判断和选择的过程。一般而言,技术活动是在第二个层次,属于功利性生产劳动。技术目的性是事物发展过程中其结果对事物生存有利的意向性。但第一个层次是基础,第三个层次是对第二个层次的超越。如果技术没有对第三个层次的追求,技术完全作为功利性的手段,技术就会成为人类攫取利益和利润的工具。

虽然社会发展要依靠技术进步与发展,但技术本身不可能解决一切社会问题,即使是人工智能这样的智能性技术形式也是如此,相反会带来新的社会问题。如果发展人工智能反而制约了人的自由、背离了人的目的,这样的技术形式生命力何在?只有将技术形式与人类社会协调发展,物质财富的增长与精神的自由同步才有进步意义,如果技术发展只是片面满足暂时的需要而损害了人类长远意义,为了物质需求的满足而损害人自身的精神的丰富和个性的发展,导致人的异化,那么就是对人自身的否定,人类的尊严受到挑战,这样的技术是没有生命力的。技术上的可能性不意味着伦理上的必然性,哲学上的反思和预见会让人工智能的发展少走很多弯路。

(王治东,东华大学马克思主义学院教授)

---

① 钱穆:《人生十论》,广西师范大学出版社 2004 年版,第 9 页。

第四章
人机关系的演化与重构

一、引 言

在人类的历史进程中,有三个连续的体系主宰着西方世界:语言、宗教和技术。从对于希腊城邦的兴起起着决定性作用的语言,到中世纪意识核心的宗教,再到启蒙学者所拥抱的技术,存在着明显的延续、传承和进化。相比于语言和宗教,技术的主宰性显然有着更突出的优势,其蔓延之势正在席卷全球,或许可以预测,技术将完成语言与宗教所未能实现之宗旨,最终将统治全世界。

在一些技术哲学家看来,技术的本质是人的存在方式,技术的本质是去蔽。技术同时是人类自我和世界构造的一个环节①。技术犹如空气和水一般,无处不在,广义的技术甚至包括身体技术、社会技术和机械技术等,人的身体构造、人的语言、人与世界之种种都是技术的。无疑,这种对技术的理解是极其深刻的,倘若按照这种思考,语言和宗教也无不是技术的一种,技术应该早就是整个世界的主宰了。

当然,不是所有人都会赞同这种深刻而抽象的技术追问,我们也需要审慎地反思,避免走向极端的技术崇拜论。然而,无论如何,不可否认的是技术在人类社会中扮演着越来越重要的角色,在人与自然、人与人的关系中,技术都逐步成为主导性的因素。从进化的角度而言,技术是自然进化的一种逻辑延续。达尔文的自然选择进化论是人类出现的最有说服力的一种理论。基因在

---

① 吴国盛:《技术哲学讲演录》,中国人民大学出版社 2009 年版,第 11 页。

繁殖过程中产生变化,甚至突变,而最适应环境的那些基因携带的物种得以生存下来。然而在现代社会,世界已经是一个深度技术化的世界,自然环境已经难以形成人类进化的外部张力,技术本身成为人类进化的一种内力。这样,必须将我们的视线从人与世界的关系、人与人的关系转向人与技术的关系中。

二、机器的三种形态与人机关系

当人类迈入工业时代之后,人机关系就成为人与技术关系的一个核心主题。沿着技术发展的传统,人机关系可能会被许多人界定在人与技术的关系范畴中。人类社会按照技术工具划分,经历了石器时代、青铜时代、黑铁时代。当蒸汽机出现之后,人类便走入蒸汽机时代。在蒸汽机时代,从社会生产的角度,由于机器的发明和使用,促使人类从手工生产向动力机器生产转变,推动人类走向工业文明。

从咆哮在野外的蒸汽机车到躺在裤兜的智能手机,从翱翔于空的飞机到趴在桌面的笔记本电脑,从悬挂于外太空的人造卫星到深潜于海底的核潜艇,这些都是我们所谓的"机器"。机器的种类可以说纷繁芜杂,机器的外形可以说相差极大,然而从机器在社会中的形态、从人机关系的视角而言,机器大致可以分为三种形态。

其一,"个体形态",或者简称为"个体态"。处于这种形态的机器与其他技术工具无异,都是一种"它物"的存在。托马斯·纽科曼(Thomas Newcomen)在1712年发明的大气机(atmospheric engine)就是一个典型的个体态机器。大气机通过将蒸汽压缩注入气缸,产生部分真空,从而使得气压将活塞推入气缸,通过这样的方式,利用蒸汽产生机械动能。大气机主要应用在矿井中,用于从矿井中抽水。这种机器的存在形态替换了之前手工抽水的工作。从挖矿作业系统的角度,由大气机构成的抽水子系统是相对独立的系统,它与挖矿作业的其他系统之间并没有紧密的耦合。人与个体态机器的关系是一种松散耦合的关系,有着比较明显的主客体区分。

其二,"组织形态",或者简称为"组织态"。处于这种形态的机器本身已经具有一定的自治性或者自主性。这种形态的机器的一个典型代表是亨利·福特（Henry Ford）于1913年在福特的高地公园工厂生产福特T型车中所引入的整套移动生产线系统。该生产线由传送带驱动，将汽车生产工序划分为45个步骤，每个工人只负责自己的一道工序。在福特流水线上，整个流水线系统由许多不同的个体态机器组成，包括传送带、起重机等。在机器的组织形态中，个体态机器相互协作形成一个整体。机器处于这种形态的时候，机器会表现出一定代理性，它与人的关系可能会出现所谓的主客体倒置。

其三，"主体形态"，或者简称为"主体态"。处于这种形态的机器表现出很强的主体性。似乎完全符合这种形态的机器还没进化形成，比较接近的一个是谷歌搜索系统。谷歌搜索系统是由上百万台分布在世界各地的计算机组成，它们相互协作构成一个复杂巨系统。谷歌搜索表现出许多与复杂生命体相类似的属性，当谷歌搜索中上百万台计算中的一台或者几台发生故障，完全不会影响谷歌搜索系统本身，同时它的软件与数据系统每天都在自我更新、自我完善、自我演进。机器处于这种形态的时候，机器会表现出主体性，它与人的关系更多地是体现所谓的主体间性。

机器的个体态、组织态和主体态之间存在着一定的演进顺序。从个体态到组织态，再到主体态，机器逐步从具体走向抽象，也逐步表现出更多的自动性、自主性和智能性。我们也不难发现科学领域中的控制论、信息论、复杂性理论、系统论、计算机科学理论等与这些机器演化的紧密关系。

将机器划分成三种形态与以往的技术哲学的做法都有所不同。按照我们的理解方式，以往的哲学家通常都是对机器的某一种形态给予充分的关注，而相对忽略机器的其他形态。以通常的技术中立主义者为例，在他们看来，机器主要处于个体态，机器完全是一种工具。

马克思针对他所处的工业革命时代，就曾提出人的异化问题。应该说，是马克思首次洞察到工业生产方式对人的使用所带来的转变。对于机器，马克思主张某种功能主义，他将机器划分为三个部分：动力部分、传送部分和操作部分。在马克思看来，操作部分首先被机械化，紧接着就是动力部分（将风能、水力替代人力），当蒸汽机到来之后，人被彻底从动力部分驱逐出来。在工业化的工厂中,中央机器对生产过程实施自己的节奏,工人被迫去适应这种工作节奏。材料从一个生产阶段转到下一个生产阶段的过程本身就是机械化的,工厂按照一种单一的节奏形成一个整体。这使得"谁为谁服务"的关系发生了倒置,以前,工具是为工人服务的,而在工厂中,工人成为机器系统中的一个组成部分,工人为机器体系服务。在马克思看来,自动机器体系的出现,意味着活劳动和对象化劳动之间发生了一个重大的历史性转变。在大工业机器体系出现之前,工具相当于工人的器官,工具所具有的运转能力取决于工人;而自动机器体系出现之后,"机器则代替工人具有技能和力量,它本身就是能工巧匠",对于工人来说,他们的活动"从一切方面来说都是由机器的运转来决定和调节的,而不是相反"。由此,在大工业机器体系里,活劳动反过来转化成了机器体系的"有意识的器官",即工人为被机器体系所支配。根据机器的三种形态划分,马克思应该主要关注的是机器的组织态,在机器的组织态中,人机的主客体关系会出现倒置。此外,从演化的角度而言,现在的许多工厂都已经完全不需要人,马克思提到的人机关系问题也就随之发生转换。譬如在 2016 年特斯拉的生产车间中,冲压生产线、车身中心、烤漆中心与组装中心四大制造环节中完全采用 150 个机器人参与完成,人在车间中消失了。

海德格尔对技术有着极其深刻的哲学思考。在海德格尔看来,技术是真理的发生方式,技术是人的存在本质,技术规定着世界和人。在技术的形态中,海德格尔区分了所谓的古代技术与现代技术,虽然技术本质都是一种"去蔽"(aletheuein)的方式,然而古代技术是一种"带出"(poiesis),而现代技术是一种"挑起"(Herausfordern)。举例而言,架设在河流之上的桥梁,在没有影响河流的自由流动的前提下,沟通两岸,这样的技术便是一种"带出"。相对应,莱茵河上的水力发电站通过拦腰截断河流,制造压差,让水流的压差推动涡轮机,从而推动发电机,而发电机制造出电流,并通过变电站输到各地方。这里的所有东西都服务于"发电",河流成了水压供应者,海德格尔甚至讽刺道,与其说水电站建在莱茵河上,不如说莱茵河建在水电站上。水力发电站便是一种"挑起"①。根据机器的三种形态划分,海德格尔所强调的"带出"考虑的主要是机器的个体态,而"挑起"则考虑的是机器的组织态。应该说,海德格尔对技术的思考是抽象而深刻的,只不过相对而言,海德格尔并没有关注技术本身的连续性发展,也没有清晰地划分技术的阶段以及各阶段之间的动态的、演进的关系。

芒福德(Lewis Mumford)对现代技术的本质理解集中体现在他所提出的"巨机器"(Megamachine)的概念中。在芒福德看来,所谓巨机器或巨技术,就是与生活技术、适用性技术、多元技术相反的一元化专制技术,其目标是权力和控制,其表现是制造整齐划一的秩序。芒福德认为,现代巨机器主要体现在极权主义政治结构、官僚管理体制和军事工业体系之中。举例而言,钟表便是一个典型的"巨机器"。钟表作为精确的时间机器规定了现代人整齐划一的生活节奏,构筑了以效率为中心的存在方式。从前的时间经验与生活经验紧密相关,牧民和农民根据劳作对象和劳作方式来确定生活的节奏,而在钟表广泛应用的今天,时间与生活经验相分离,受制于机械的节奏。此外,美国国防部所在的五角大楼、几层楼高的巨大的登月火箭、核武器,都是芒福德所谓巨机器的典型①。芒福德的巨机器概念是对机器组织态的阐释。应该说,芒福德和海德格尔一样,都忽视了机器形态的可变迁和可演化。值得一提的是在芒福德的技术哲学中,"心灵首位论"(The Primacy of Mind)是他的一个核心理念,人作为符号的创造和使用者应该首要被关注,这种关切是非常重要的。

卢西亚诺·弗洛里迪(Luciano Floridi)从间性(in-betweenness)角度去刻画技术。②在弗洛里迪看来,当技术处于人类和自然之间,该技术为一阶技术,例如一把砍木头用的斧子是介于人和木头之间的一阶技术。一阶技术关联的两端中,一端是用户(user),另一端是促进者(promoter)。以帽子为例,帽子的使用人是用户,而阳光是敦促使用人戴上帽子的促进者。一阶技术是通过自然关联用户,而二阶技术指的是用技术的技术来关联用户。譬如说,螺丝刀是人和螺丝钉之间的技术,而螺丝钉又是螺丝刀和两块木头之间的技术,按照这个范式,螺丝刀就是一种二阶技术,其他的二阶技术还包括钥匙。二阶技术将

---

① 吴国盛:《芒福德的技术哲学》,《北京大学学报》(哲学社会科学版)2007年第6期。

② L.Floridi, *The Fourth Revolution*, New York: Oxford University Press, 2014, p.25.

用技术来取代间性中的促进者一端,当技术继续取代作为间性的用户一端,那么就构成三阶技术。在弗洛里迪看来,三阶技术是一种革命性的技术,由于在三阶技术中,曾经作为用户的人类不再继续存在于技术的闭环中,而被置于另一个平面上(弗洛里迪的技术间性范式的示意参见图 4-1)。譬如无人驾驶的智能汽车便是一种三阶技术,在无人驾驶汽车中,人类只是汽车运输的一个"客体",智能汽车自动识别道路,并通过物联网技术与卫星、道路、其他车辆进行通讯,同时通过实时获取的天气、路况信息,提前进行防雨雪、防滑等各种措施。在整个旅行过程中,智能汽车都是和其他的技术进行交流沟通。应该说,弗洛里迪的技术间性理论与我们的机器三种形态理论一样,都关注了技术的不同形态,然而技术间性主要是关注相互之间的关系,而忽略机器(或者技术)的本身。

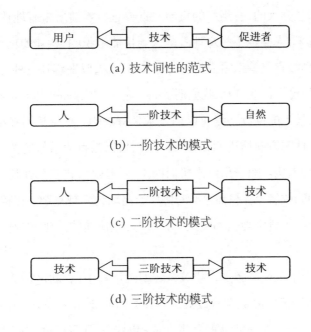

(a) 技术间性的范式

(b) 一阶技术的模式

(c) 二阶技术的模式

(d) 三阶技术的模式

图 4-1 弗洛里迪的技术间性范式

即使从 1712 年托马斯·纽科曼发明的大气机算起,人类与机器也已经共存 300 多年。然而,我们对机器并没有很深刻、全面的认识。当我们将人机关系置于人与技术关系的范畴中讨论的时候,我们不难发现,马克思和海德格尔的认识和洞见是深刻的,但是按照他们的思路思考下去,人机关系必然充满着悲剧性的色彩。相反,芒福德的观点则过于乐观,人机关系必然是需要一些主动的调制才能走入到一种和谐。我们所提出的机器的三种形态理论是从机器本身出发,以人机关系为主线,以动态和演化的视角把握机器本质。

三、智能革命与人机关系的嬗变

从某种意义上而言,组织态机器是工业时代的代表和标志性产物。我们可以从社会分工、劳动、产业、资本等多种不同的角度来阐释工业时代,来解读工业时代,然而若回归其本质,无疑人与世界之间的技术是工业时代的本质特征,机器作为工业时代的技术整合体最能够反映工业时代的文明。人类在工业时代中,通过强大的、有组织的机器对世界进行着前所未有地秩序化、理性化驯服,反过来,人类也不经意地就落入到机器组织的、构建的世界中。当人类愈发感觉到被自己编织的工业之茧所束缚,人类似乎感到一种无力与无助。机器的潘多拉魔盒已经打开,我们期盼的不是一种原始的回归,也不应是一种全盘的否定,技术的问题还是可以由技术来解决的。如果机器在组织态的基础上,朝着主体态方向演进的话,或许人类、机器与世界直接的关系有机会能够重新调节与重构。随着组织态机器的发展与应用,机器部件自身也不断优化,部件之间的或者个体机器之间的协作与互动越来越复杂。在控制论、信息论、复杂性理论等科学理论的发展下,机器发生快速的演化,朝着智能革命的方向发展。

人类正处于工业革命向智能革命转型的过程中,启动这场革命的正是计算机与人工智能理论的诞生和发展。当人类面向 20 世纪之时,智能理论与实践随着以下三个科学进步从萌芽走向成熟即形式计算理论、为实现形式上规定的计算而设计的功能计算机以及神经元的发现。这一时期的讨论进一步为智能概念的确立提供了早期理论依据和研究基础。图灵于 1936 年提出图灵机的思想,后于 1950 年提出"机器思维"和图灵测试,从早期行为主义的角度给出了对"智能"概念的理解:当一台计算机器能够与人类(通过电传设备)进行交流而不被察觉出其机器身份,则认为这台机器具有了智能。智能概念的意义从人的智能延伸到了机器表征,使其通过信息处理和计算分析与人的智能相互联系。1956年夏季,明斯基、麦卡锡、罗切斯特和申农等在达特茅斯首次提出了"人工智能"这一术语,它标志着"人工智能"这门新兴学科的正式诞生。此后相继出现了人工智能理论的三大理论派别:符号主义(逻辑主义)、联结主义(仿生学派)和行为主义(进化主义)。

符号主义认为,智能以符号知识为基础,可以通过逻辑推理进行问题求解而实现。在符号主义早期又分为心理学派和计算机软件学派。心理学派强调"符号"对于智能实现的意义是本质和整体的,将智能看作一套标准的物理符号系统,试图通过这种系统来反映智能主体内部的信息处理的机制。计算机软件学派则认为智能是各种智能体或智能主体在世界中实现目标的一种能力的可计算部分,包括人类、多数动物和一些机器在内的智能体,展现出不同的类型和程度的智能;人工智能是一种旨在运用智能计算机程序理解人类智能、进而创造智能机器的科学和工程。随着知识工程、专家系统和知识的框架理论的提出,新的符号主义进路认为智能是一种知识(或常识)的表征,智能是可以通过构造知识表征的框架形式来实现的。联结主义从神经元的数学模型出发,以模拟人脑结构和功能作为人工智能实现的主要途径。在联结主义早期,主要是基于二值逻辑关系,随着信息科学、神经科学和认知科学的结合,新兴的人工神经网络科学研究对早期联结主义的"神经元"网络结构模型进行重塑。并行分布式处理理论就是其中的一个进展,它把智能看作是一种心智表现,强调智能表征的无限性和基础结构性,把人类认知视为智能的重要表现。行为主义强调智能是一种行为(的实现),强调智能实现过程中感知与行动的联系。行为主义认为,人工智能是以实现在机器人上复刻(或实现)与人类水平相当的智能表现为目标的广泛研究,它批判了传统的智能表征方式,认为其过于复杂和多余。其研究出发点是基于一种全面的智能世界观。

当人类步入21世纪,随着人智能机器人学、计算神经科学、计算社会科学、量子计算等新兴科学技术研究的发展,智能的概念进一步复杂化、多元化。从理论的发展来看,智能的概念出现了一种统一的趋势和普适性的回归,出现了所谓的普适人工智能和通用人工智能的理论。这种统一尝试将符号主义、联结主义和行为主义进行融合,突破技术奇点,实现人工智能的变革。

人工智能不仅仅只是涉及理性与智能,还触及人类的情感与伦理。在人工智能中,人类通过将人类的(部分)情感进行表征,并作为计算的客体,实现与情感相关,来源于情感或能够对情感施加影响的计算①。愤怒、恐惧和喜悦等情绪与动力往往是人类行为的基础。需要确保智能技术系统在各种情况下最大可能地服务于人类,以及参与或服务人类社会的人造物不能通过放大或抑制人类的情感体验来造成伤害。即使是在一些系统中设计的初步的人工情绪,也会影响决策者和公众对它们的理解。帕特里克·林(Patrick Lin)等在《机器人伦理:机器人的社会伦理影响》一书中涉及机器设计与编程、军事应用、军事、心理与性、医疗与陪护、机器权利等方面的伦理问题。此外,对于机器伦理问题已经从概述性介绍延伸到面向具体应用场景的伦理,例如自动驾驶和自动致命武器系统的伦理问题,韦鲁焦(Gianmarco Veruggio)倡导强调人的主体责任的机器人伦理(roboethics),艾伦(Colin Allen)提出构建人工道德机器(moral machines),还有安德森夫妇(M.Anderson, S.Anderson)提出将人工道德嵌入机器使之具有机器伦理(machine ethics)。此外,近年来人类开始从体现人性和人的权力、可控性、包容性、透明性、可解释性和可追责等层面提出人工智能的伦理规范和标准,如近期提出的阿西洛马人工智能原则、IEEE的人工智能与自动系统伦理标准等。信息哲学家弗洛里迪及其团队探讨了智能算法的伦理问题、维贝克等荷兰技术哲学家讨论了无人机、自动驾驶和自动武器系统等方面的伦理问题。

从本质来看,智能革命不仅是对机器的智能化,重要的是人类对自我的认识与理解的飞跃,同时伴随着人类自身的深度科技化。最早提出深度科技化这一概念的是英国学者基考克·李(Keekok Lee)②,在智能革命中所带来的深度科技化指的是导致人类通过技术可以操纵一切,世界上的一切事物,无论是有机物或者无机物,无论是植物或者是生物,包括人类,都是可以"人造"的,人

---

① R.W. Picard, *Affective Computing*, Cambridge: MIT Press, 1997.

② K.Lee, *Philosophy and Revolutions in Genetic*, New York: Palgrave Macmillan, 2005.

工的与自然的界限逐步模糊。从这种意义上而言,智能革命将人类从独占智慧之尊的神坛上拉下来,将人与机器并列地置于智慧的乐园中。同时,机器逐步地间于人与世界、人与人的位置中凸显出来,人机关系发生了嬗变,它逐步与人与世界关系以及人际关系一样,正在成为人类社会中的更为基础、更为重要的本质关系。

无疑,在我们的现代生活中,我们都已经感受到了机器正在悄然地演化。以信息与网络机器为例,计算机在自身技术演化的过程中,与人类社会完全地融合,计算机不仅延展人类的物理身体,也延伸了人类的知觉、智能、情感与伦理。人机关系正在共同构筑一个融合了虚拟空间和物理空间的新的栖息地:信息圈。我们的生存方式、行为方式,甚至思维方式都发生了变化。当我们在路上驾车的时候,我们不再自己去决策路径,而是遵从计算机的指令;当我们在网络上购物的过程中,看到哪一类商品,选择哪一种商品,已经不是我们的意志所决定,而是受推荐算法所左右。此外,2016年英国政府脱离欧盟的公投以及美国总统大选等事件都告诉我们,大数据与算法已经和政治与民主密不可分,甚至成为幕后不可见的推手。更不用说现在华尔街的股票交易中70%以上都是算法交易。我们似乎正在走入一种境地:我们的所有决策不自主地依赖计算机(算法),我们真的不再关注因果,而在意的只是关联,或者是关联下的解释。

在"谁为谁服务"的问题上,人机关系也在演变。人类已经在做的许多工作都是在"关照"机器。在一个所得即所见的编辑器中编辑文档,我们可能更多地是考虑人的习惯,譬如说,我们可以这样来书写一个数学公式:

$$a \times b = c$$

然而,如果我们要考虑机器的一些特性,我们采用像 LaTeX[①] 这类的编辑工具,我们要按照如下方式书写上述的数学公式:

$$\backslash begin\{equation\}$$

① LaTeX 是一种广泛地应用于学术出版的排版系统。

$$a \times b = c$$

$$\end{equation}$$

显然,如果以人为主体考虑的话,"\begin{equation}"、"\end{equation}"以及"\times"等符号都是非常不友好的,然而,这对于机器而言是非常友好的。从这个意义上而言,人类是在为机器的数据处理提供服务。在这种意义上的人为机器服务的例子非常多,在自然语言处理中,对语料库的词性、语法成分、语义成分等的标引工作也是为机器提供服务的一个例子。此外,遍布在街道上各个角落的二维码也都是为机器准备的。

此外,目前的深度学习是一种非常流行的机器学习方法。所谓深度学习是采用级联多层非线性处理单元,用于特征提取和转换。在深度学习过程中通常会通过后向反馈以某种形式的梯度下降来进行学习。在应用中,人们发现深度学习能够对数据中的复杂关系进行建模,而这种复杂关系超出了人类目前自身的理性理解范围。

值得一提的是,人机关系的演变也渗透到人际关系之中,举一个在生活中遇到的例子。2016 年 9 月的某日,在江苏省南京市升景坊小区的一个广告栏上出现一则有趣的合租信息。大致如下:

出租告示

升景坊单间短期出租 4 个月 550 元/月(水电煤公摊,网费 35 元/月)。空调、卫生间、厨房齐全。屋内均是 IT 行业人士,喜欢安静。所以要求求租者最好是同行或者刚毕业的年轻人,爱干净、安静。

联系人:成先生

联系方式:(请阅读如下代码)

```c
# include <stdio.h>

int main()
{
    int arr[5] = {8, 2, 1, 0, 3};
    int index[11] = {2, 0, 3, 2, 4, 0, 1, 3, 2, 3, 3};
    int i;
```

```
for(i = 0;i<11; i + +)

{

        printf(" % d", arr[index[i]]);

}

return 0;

}
```

在上述告示中,联系方式不是用手机号码直接告知,而是通过一段 C 语言编写的程序输出。显然,对于上述告示而言,只有具有一定编程(机器)知识的人群才能够获取联系方式,才能够与贴出告示的人进行互动交流。

对现代人机关系的解读无论是从个体态机器的视角还是从组织态机器的视角都是软弱的,人机关系与以往都有所不同,这种差异绝非数量上的、物理层次的不同,我们绝不能仅仅从技术上或者工艺上对此加以解释。人机关系的变化是机器正在向主体态演变中一种阶变,人机关系也正在跳出以往技术与人的关系范畴。因此,摆在人类面前的一个重要议题便是如何重新调适人机关系,如何通过对人机关系的重构促进人机共同演化。

四、人机关系的重新调适:普遍文字

调适人机关系如同人际关系一般,沟通与交流是至关重要的。语言与文字是人类社会目前最为有效的沟通与交流方式,如果将它泛化到人机关系中,那么我们就应该寻找一种统一自然语言与形式语言的普遍文字。关于普遍文字,早在 17 世纪,德国思想家莱布尼茨就提出过一个构造普遍文字的伟大设想,莱布尼茨的这一设想也被后人称为"莱布尼茨之梦"。

(一) 莱布尼茨之梦

莱布尼茨首先发现符号的普遍意义:

人类的推理总是通过符号(signs)或者文字(characters)的方式来进行的。实际上,事物自身,或者事物的想法总是由思想清晰地辨识是不可能的,也是不合理的。因此,出于经济性考虑,需要使用符号。因为,每次展示时,一个几何学家在提及一个二次曲线,他将被迫回忆它们的定义以及构成这些定义的项的定义,这并不利于新的发现。如果一个算术家在计算过程中,不断地需要思考他所写的所有的记号和密码的值,他将难以完成大型计算,同样地,一个法官,在回顾法律的行为、异常和利益的时候,不能够总是彻底地对所有这些事情都做一个完全的回顾,这将是巨大,也并不是必要的。因此,我们给合同、几何形状赋予了名字,在算术中对数字赋予了符号,在代数中,对量纲,从而使得所有的符号都被发现为事物,或者通过经验,或者通过推理,最终能够与这些事物的符号完全融合在一起,在这里提及的符号,包括单词、字母、化学符号、天文学符号、汉字和象形文字,也包括乐符、速记符、算术和代数符号以及所有我们在思考过程中会用到的其他符号。这里,所谓的"文字"即是书写的,可追踪的或者雕刻的文字。此外,一个符号越能表达它所指称的概念,就越有用,不但能够用于表征,也可用于推理。

基于此,莱布尼茨洞察到:我们可以为一切对象指派其"文字数字"(characteristic number),这样便能够构造一种语言或者文字,它能够服务于发现和判定的艺术,犹如算术之于数,代数之于量的作用。我们必然会创造出一种人类思想的字母,通过对字母表中的字母的对比和由字母组成的词的分析,我们可以发现和判定万物。

上述洞察便是所谓的"莱布尼茨之梦"。可以说,"莱布尼茨之梦"鼓舞和启发了许多的学者,无论是逻辑学、语言学或者是哲学,都有着追逐"莱布尼茨之梦"的足迹。如果我们重新审视语言学的发展,我们不难发现对 20 世纪语言的几次重大认识转向都与"莱布尼茨之梦"有着密切的关联。

语言伴随人类已经有数万年以上的历史了,然而人类对语言本质的了解还很初步。仅仅是在 19 世纪,语言学还只不过是文献学或者人类学的一个分支,直到 20 世纪,语言学才真正成为一门科学。

19 世纪后期以来,语言学受到各领域的关注,数学、逻辑学、计算机科学、认知科学等都对语言学给予了高度的关注,在哲学中甚至出现了所谓的语言转向。作为一名跨时代的哲学家,弗雷格对语言进行过深入的剖析,在他的

《概念文字》《论涵义与指称》等论文中,弗雷格都试图用一个严格的、精确的逻辑方式去解开人类语言和思想的奥秘,这种尝试引发了逻辑学与语言学的高能互动和深度融合。在塔尔斯基发表了《形式语言中真之概念》一文之后,通过塔尔斯基模型论语义,形式语言似乎真正能够配得上"语言"的称呼,也似乎能够与自然语言比肩。

如果能够统一地对待形式语言与自然语言,那么人们又可以再一次地重温莱布尼茨之梦。乔姆斯基和蒙太格分别从各自的思考,走了两条统一形式语言和自然语言的路径。

也许,语言最为重要的一个秘密就隐藏在著名德国语言学家威廉·冯·洪堡(Wilhelm von Humboldt)的一句论述中:"语言是'有限方法的无穷应用'(the infinite use of finite means)"。语言中的语句集合显然是无穷的①,然而生成语句的方法是有限的,几乎我们每一个人都能掌握这些有限的方法。要想研究语言,从这些有限的方法入手进行研究是比较有效的途径。

根据所理解的"有限的方法"(finite means)的不同,人类对语言结构的认识产生了分野。其中最为重要的两次关于语言结构的认识变革发生在乔姆斯基(Noam Chomsky)和蒙太格(Richard Montague)那里。在乔姆斯基看来,"有限的方法"就是句法规则,乔姆斯基用递归的形式文法体系揭示出"有限方法的无穷应用"的本质。蒙太格对语言认识的基本理论立足点可以追溯到弗雷格,弗雷格对于语言的意义给出过一个非常重要的原则,我们通常将之称为组合性原则:"复杂表达式的意义依赖于其组成部分的意义及其组成方式"。基于弗雷格组合性原则,蒙太格将对语言的认识从语法层次穿透到语义层次,通过运用 lambda 演算、内涵高阶逻辑等工具,将"有限的方法"从仅仅的句法规则层次扩展到包括句法和语义两个层次的规则,同时以同构的方式限定两个层次之间的和谐关系。

从某种意义上来讲,乔姆斯基和蒙太格对待语言的方式可以视为两次语言结构认识革命。正如埃蒙·巴赫(Emmon Bach)在其著作《形式语义学的通

---

① 当然,究竟语句集合是哪一类无穷?是可枚举的吗?这些问题都还存在争论。

俗演讲》(Informal Lectures On Formal Semantics)①一书中总结的那样,乔姆斯基工作和蒙太格的工作可以冠之于"乔姆斯基论题"和"蒙太格论题",其中乔姆斯基论题为"一门自然语言,例如汉语或者英语,能够被描述为一个形式系统"(A natural language, a language like Chinese or English, can be described as a formal system),从语言结构的认识角度,我们称其为"语言结构的句法规则转向",而蒙太格论题为"自然语言能够被描述为被解释的形式系统"(Natural languages can be described as interpreted formal systems),从语言结构的认识角度,我们称其为"语言结构的形式语义转向"。

(二) 乔姆斯基的句法结构

乔姆斯基在《语言描写的三个模型》(Three models for the description of language)、《句法结构》(Syntactic Structure)、《有限状态语言》(Finite-state language)、《论语法的某些形式特性》(On certain formal properties of grammars)和《语法的形式特性》(Formal properties of grammars)等系列论文和著作中,建立了形式语言理论的完整系统。

在《论文法的某些形式化特性》中,乔姆斯基将形式文法描述为一个系统 G,它是一个以一个有限符号集合 V 为其元素,以 I 为其单位元素集合的字符串接的半群,可记作:

$$G = \langle (N, I), \rightarrow \rangle$$

其中,$V = V_T \cup V_N$,V_T 表示终结符,V_N 表示非终结符(包含边界元素"#"),且 V_T 与 V_N 不相交。

$\rightarrow$ 是在 G 上元素定义的一个二价关系,读作"可重写为"。该关系满足下面四个条件:

(1) $\rightarrow$ 是非自反的。

(2) $A \in V_N$,当且仅当存在 φ, Ψ, ω,使得 $\varphi A \Psi \rightarrow \varphi \omega \Psi$

(3) 不存在 φ, Ψ, ω,使得 $\varphi \rightarrow \Psi \# \omega$

---

① Emmon Bach, *Informal Lectures on Formal Semantics*, New York: State University of New York Press, 1989, p.7.

(4) 存在有限偶对集合$(\chi_1, \omega_1), \cdots, (\chi_n, \omega_n)$，使得对于所有$\varphi, \Psi, \varphi \rightarrow \Psi$，当且仅当存在$\varphi_1, \varphi_2$，且$j \leqslant n$，使得$\varphi = \varphi_1 \chi \varphi_2$ 且 $\Psi = \varphi_1 \chi \varphi_2$。

当实施以下约束后：

(1) 如果$\varphi \rightarrow \Psi$，那么存在$A, \varphi_1, \varphi_2, \omega$，使得$\varphi = \varphi_1 A \varphi_2$，$\Psi = \varphi_1 \omega \varphi_2$，且$\omega \neq I$。

(2) 如果$\varphi \rightarrow \Psi$，那么存在$A, \varphi_1, \varphi_2, \omega$，使得$\varphi = \varphi_1 A \varphi_2$，$\Psi = \varphi_1 \omega \varphi_2$，且$\omega \neq I$，但$A \rightarrow \omega$。

(3) 如果$\varphi \rightarrow \Psi$，那么存在$A, \varphi_1, \varphi_2, \omega, a, B$，使得$\varphi = \varphi_1 A \varphi_2$，$\Psi = \varphi_1 \omega \varphi_2$，且$\omega \neq I$，$A \rightarrow \omega$，但$\omega = aB$ 或者 $\omega = a$。

约束(1)要求文法规则形如$\varphi_1 A \varphi_2 \rightarrow \varphi_1 \omega \varphi_2$，其中$A$是单个符号，$\omega \neq I$。

约束(2)要求文法规则形如$A \rightarrow \omega$，每个规则都可以独立于A出现的上下文。

约束(3)要求文法规则限定在$A \rightarrow aB$ 或者$A \rightarrow a$，其中A和B是单个非终止符，a是单个终止符。

基于上述的形式化描述，乔姆斯基将语言的结构形式定义为四种类型。分别对应上述约束i，形成i型文法。即：满足约束(1)的为1型文法；满足约束(2)的为2型文法；满足约束(3)的为3型文法，此外没有约束的文法为0型文法。相应的文法以及对应的语言、自动机参见表4-1。

表 4-1 乔姆斯基的形式文法

文　法	语　言	自动机	重写规则
Type-0	递归可枚举	图灵机	$\varphi \rightarrow \Psi$
Type-1	上下文相关	线性有界非确定图灵机	$\varphi_1 A \varphi_2 \rightarrow \varphi_1 \omega \varphi_2$
Type-2	上下文无关	非确定下推自动机	$A \rightarrow \omega$
Type-3	正则	有限状态自动机	$A \rightarrow aB$ 或者 $A \rightarrow a$

在乔姆斯基的形式文法之后，语言的结构便可以按照不同的文法递归生成对应的不同的语言。这样的话，语言便形成一种螺纹状的层次结构，如图4-2所示。

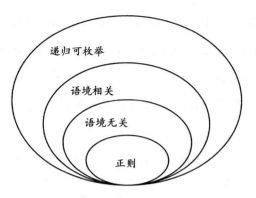

图 4-2　基于乔姆斯基形式文法的语言层次结构

乔姆斯基眼中的语言世界是非常简洁而美好的,通过极其简练的几个句法规则,就可以产生如此丰富、美妙的语言。

（三）蒙太格的形式语义转向

蒙太格在《语用学和内涵逻辑》(Pragmatics and intensional logic)、《英语作为一种形式语言》(English as a Formal Language)、《普遍文法》(Universal Grammar)、《日常英语中的量化词的合理对待》(The Proper Treatment of Quantification in Ordinary English)等论文中,形成了我们所称的"蒙太格语法"体系。

在蒙太格的语言世界观中,自然语言与形式语言并不存在本质的差异,在《普遍文法》一文的开篇,蒙太格就说道:"从我的观点来看,在自然语言和逻辑学家的人工语言之间并不存在之的理论差异,事实上,我认为我们可以使用一种自然且数学上精确的理论来理解两种语言的语法和语义"。

基于此,沿着逻辑学的传统,尤其是塔尔斯基的模型论语义学传统,蒙太格认为自然语言的语义是必不可少的部分,此外语义还应该遵从弗雷格的组合性原则。蒙太格为语法和语义进行了分工。语言 L 的语义的任务是为 L 中的每一个合式公式提供真值条件,并以组合的方式给出。这项任务要求为语句的每个部分都提供合适的模型论解释,包括词项。语言 L 的语法的任务是给出 L 的合式表达式及其范畴的集合,同时以支持组合语义的方式给出。

如果抽去一些细节性、繁琐性的描述,蒙太格语法的结构总体包括:

（1）句法范畴和语义类型。对于每个句法范畴，必定存在统一的语义类型。这使得组合句法—语义关系更容易实现

（2）基本词法表达式及其解释。对于基本表达式，语义必须指派一个合适类型的解释。

（3）句法和语义规则。句法和语义规则是成对出现的，彼此的同构关系如图4-3所示。其中包括：

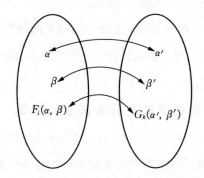

图4-3　蒙太格语法中的语法与语义代数同构

① 句法规则：如果 α 是范畴 A 的表达式，β 是范畴 B 的表达式，那么 $F_i(\alpha, \beta)$ 是范畴 C 的表达式（F_i 是表达式上的句法操作）。

② 语义规则：如果 α 被解释为 α'，β 被解释为 β'，那么 $F_i(\alpha, \beta)$ 被解释为 $G_k(\alpha', \beta')$，G_k 是语义解释上的语义操作。

在蒙太格语法的视角下，语言的结构可以理解为两个代数结构，一是语法代数，另一是语义代数，而且这两个代数结构之间存在着同构。

站在语言学的视角，虽然无论是乔姆斯基，还是蒙太格都没能够最终统一自然语言和形式语言，然而语言理性主义者都会倾向于认为，自然语言与形式语言并不存在本质的差异。换言之，我们应该能够找到一种能够统一自然语言与形式语言的普遍文字，通过这种普遍文字，人机之间、人际之间的交流和沟通是有效的、无歧义的。从实现路径而言，或许以往对"莱布尼茨之梦"的追逐都想当然的以人类为中心，以人为唯一的主体，如果沿着主体态机器的演化思路，从新的人机关系的视角应该能走出新的路径。

五、人机关系的重构:普遍逻辑

虽然人们对待什么是逻辑还没有形成一种统一的认识,然而大多数人都会赞同逻辑是思维的方式。无论是自然语言,还是形式语言,其潜在的都具有某种逻辑。主体态的机器其之所以表现出主体性,就是其本身有一种逻辑,而且这种逻辑与人类的逻辑在本质上是同构的。

人类一直没有停止对自身逻辑的研究,也不断地推动逻辑理论的发展。自莱布尼茨肇始,逻辑出现了新的趋势。在逻辑史中,出现了逻辑的代数传统和逻辑的语言传统。

(一) 作为代数的逻辑与作为语言的逻辑

1967 年,让·范·海耶诺特(Jean van Heijenoort)通过综述从弗雷格到哥德尔的逻辑文献,提出了将逻辑学的发展划分为作为代数的逻辑和作为语言的逻辑两条路径[①]。其中,弗雷格引领的逻辑是作为语言的逻辑,而布尔发展的逻辑是作为代数的逻辑。

在范·海耶诺特看来,弗雷格的逻辑区别于布尔逻辑的一个关键性概念是逻辑的**普遍性**(the universality of logic)。这个普遍性首先是量词理论的全称性,这是命题演算所缺失的,正是这种全称性使得弗雷格逻辑能够实现对整个科学知识的符号重写。同时,在弗雷格的系统中,逻辑的普遍性是可以自我表达的,世界的本体可以分为对象和函项。弗雷格的世界是一个世界,就是这个世界,它是固定的,在这一点上,布尔与德摩根的世界是可以随意变化的。

1997 年,欣迪卡的《皮尔士在逻辑理论史上的地位》一文呼应了范·海耶诺特曾经提出的"作为语言的逻辑与作为演算的逻辑"区分,进一步提出:弗雷格同早中期罗素、早期维特根斯坦、维也纳学派、奎因、海德格尔等同属于一个传统,在他们眼中,只有大而全的一个世界即现实世界,现实世界是我们语言的唯一解释,不存在多数可能的世界,因而从根本上否定模态逻辑的合法性,

---

① J.van Heijenoort, "Logic as Calculus and Logic as Language", *Synthese*, No.3, 1967.

否认真理的可判定性；而皮尔士同历史上的布尔、施罗德、勒文海姆、塔斯基、哥德尔、后期的卡尔纳普等则属于相对的另一个传统，他们支持包括可能世界理论（模态逻辑）、模型论、逻辑语义学和元逻辑理论等在内的一系列理论。

无论是逻辑的代数传统，还是逻辑的语言传统，都将他们的逻辑起源归于莱布尼茨，都各自认为他们才是继承了莱布尼茨的正统。非常有趣的是，这两大传统在对莱布尼茨的继承中，都过分地关注了莱布尼茨的"普遍文字"的概念，而相对地忽略或者说轻视了莱布尼茨的"理性演算"的概念，两种传统都相互指责对方只是实现"理性演算"，而自身才真正实现"普遍文字"。事实上，逻辑的代数传统和逻辑的语言传统都未能实现莱布尼茨当初所描绘的"大科学的真正工具论"的逻辑学纲领。或许，罗素和怀特海在他们浩瀚的《数学原理》巨著中做过非常接近的尝试，然而最终被哥德尔的不完全性定理无情地击碎。似乎，莱布尼茨的逻辑学纲领已经走入穷途末路，正如一些逻辑学家所言，"莱布尼茨之梦"已逝。

（二） 图灵的计算转向[①]

在逻辑的研究中，似乎忽略了图灵的工作（尽管在计算机科学研究中，图灵被追认为计算科学之父）。图灵通过细致的观察基本的数学运算，给出一种计算自动机的一般性定义，大略如下：

自动机是一个"黑箱"，具体细节没有给出，但它具有以下属性。它拥有有限数量的状态，这些状态通过这种方式便可表述：表明状态的总数，比方说 n，然后依次枚举它们，$1, 2, \cdots, n$。自动机的核心操作特性包括描述如何使其发生状态的改变，即从一个状态 i，进入另一个状态 j。这种状态改变需要与外部世界发生某种交互。对于机器而言，令整个外部世界由一条长纸带构成。令这条纸带宽，比如说 1 英寸，并令它分成一个个长 1 英寸的方格。在纸带的每个方格上，可以做或不做一个记号，比方说一个点，并假定这样一个点能够被擦除或者记上。标记有点的方格被称为 1，无标记的方格被称为 0。（我们可

---

① 陈鹏：《逻辑的计算进路——从莱布尼茨到图灵的逻辑发展》，《自然辩证法研究》2017 年第3 期。

以使用更多的记号,但图灵表明,这无关紧要,不会给讨论的普遍性带来什么实质性帮助。)在描述纸带相对于自动机的位置时,假定纸带总有一个方格可被自动机直接阅读,并且自动机能够向前或向后移动纸带,比方说一次移动一个方格。具体而言,令自动机处于状态 $i(=1, 2, \cdots, n)$,并在纸带上读到一个 $e(=0, 1)$。然后,它会转为状态 $j(=1, 2, \cdots, n)$,移动纸带 p 个方格($p=0, +1, -1$;$+1$ 表示向前移动一格,-1 表示向后移动一格),并对所读到的新方格进行标记 $f(=0, 1$;0 表示擦除,1 表示在此处标记一个点)。将 j、p、f 表示为 i、e 的函数,这就描述了这样一个自动机功能的完整定义。

上述就是图灵对计算机器的描述,后人称之为"图灵机"。基于图灵机,图灵给出了一个更加直观的"有效可计算的函数"定义:"如果能够通过某台机器的执行来获得某个函数的值,那么称该函数是有效可计算的"。根据丘奇-图灵论题,图灵的可计算定义与哥德尔的一般递归定义和丘奇的 λ 可定义是等价的。

这样,图灵机便成为一种可计算的表征,成为所有计算机的理论模型。尽管已经备受关注,然很少人注意到图灵机除了是一种可计算的表征之外,在图灵本人看来,它其实是一种符号逻辑。图灵曾经在 1947 年举办的伦敦数学学会的一次演讲中,阐述了他对符号逻辑和数学哲学的一些观点[1]:

"我期望数字计算机将最终能够激发起我们对符号逻辑和数学哲学的相当大的兴趣。人类与这些机器之间的交流语言,即:指令表语言,形成了一种符号逻辑。机器以相当精确的方式来解释我们所告诉它们的一切,毫无保留,也毫无幽默感可言。人类必须准确无误地向这些机器传达他们的意思,否则就会出现麻烦。事实上,人类可以与这些机器以任何精确的语言进行交流,即:本质上,我们能够以任何符号逻辑与机器进行交流,只要机器装配上能够解释这种符号逻辑的指令表。这也就意味着逻辑系统比以往具有更广阔的使用范围。至于数学哲学,由于机器自身将做越来越多的数学,人类的兴趣重心将不断地向哲学问题转移。"

---

① Lecture to the London Mathematical Society on 20 February 1947. www.turingarchive.org/viewer/?id = 455&title = 21.2015.5.26.

图灵的逻辑与弗雷格和布尔的逻辑的本质区别在于，除了用编程语言实现"普遍文字"之外，图灵逻辑中还有一个负责"理性演算"的自动化演算机制，即"自动机"。也就是说，无论多么复杂的程序，都能够在"自动机"的自动演算机制下实现。

图灵为逻辑带来一种"计算转向"，可以说，在作为代数的逻辑和作为语言的逻辑之外，图灵为逻辑开辟了"作为计算的逻辑"的新路径。这种对逻辑的审视，实质上是一种"主体转向"，"以往的逻辑"是当仁不让地以人类为主体，研究的对象是人的思维、自然语言种种，"作为计算的逻辑"则是将计算机作为信息处理的主体，研究的是计算机的处理方式以及人与计算机的互动关系。①

自莱布尼茨撰写《论普遍文字》(On the General Characteristic)至今，已经300多年。在这300多年之中，现代逻辑沿着布尔和弗雷格的代数与语言两大传统发展，然而，不难发现，无论是代数传统，还是语言传统，与当初莱布尼茨对逻辑学的纲领都相去甚远。

我们对图灵机在计算、演算方面的研究已经非常多，然而，似乎大多数人忽略了图灵机的符号逻辑特性，按照图灵本人在 1947 年的讲话中所提到的，实际上，图灵机中的指令表语言形成了一种符号逻辑，我们将其称为图灵逻辑。图灵逻辑绕开了弗雷格逻辑的框架，也绕开了布尔—皮尔士—施罗德的逻辑传统，以莱布尼茨为起点，又重新建立起了一种新的"作为计算的逻辑"传统。

应该说，莱布尼茨从事逻辑学研究的一个重大动机是研究人类思想的符号系统，从而导致他致力于思考命题的本质、真理的概念等逻辑问题，也导致他试图以一种百科全书的形式构思所有知识。时至今日，纵然计算技术得到快速发展，即使突破了数据、存储与网络技术的限制，构建了类似于 Cyc②、DBpedia③ 等这样的超大型知识库，然而逻辑仍然沿着布尔或者弗雷格的老路

---

① 这种转向在现代逻辑的发展中有过先例，罗宾逊提出消解原理实质上就是一个"主体转换"思考的案例。

② 在 2012 年 7 月发布的 Cyc 的开源版本 OpenCyc 中，包含了 23.9 万个概念以及 209.3 万个事实。

③ 在 2014 年发布的 DBpedia 知识库中，包含超过 458 万的物件、144.5 万人、73.5 万个地点、12.3 万张唱片、8.7 万部电影、1.9 万种电脑游戏、24.1 万个组织、25.1 万种物种和 6 000 个疾病。

走,导致尚未能够真正,甚至部分实现莱布尼茨所构想的体系。回归莱布尼茨,沿着图灵的"计算传统",重新审视实体、本体、意义等形而上学问题,或许我们能够为重温"莱布尼茨之梦"铺垫了一条新的通路。

(三) 统一逻辑的尝试

如果以莱布尼茨的逻辑为始点,弗雷格、布尔以及图灵分别走了三条不同的进路。其中图灵的计算进路相对于弗雷格和布尔的进路而言有一个主体转向,即从以人为单主体转向人机的双主体。余下的问题便是是否能够构造一个统一人类与机器的共通逻辑体系,这个体系在图灵的计算逻辑中能够找到,还是需要进一步地抽象和挖掘? 这是一个值得深入的话题。

应该说,我现在并没有一个明确的答案,不过我想法国哲学家吉尔伯特·西蒙顿(Gilbert Simondon)对这个问题似乎做过一些探索和阐释。西蒙顿以他的个体化学说著称,从西蒙顿的哲学角度而言,他旨在以个体化学说为基础,构建他自身的一个哲学体系。在西蒙顿的个体化学说中,他提出了一个"转导"(transduction)的概念[①]:

> 从这个方法中,我们可以总结出一个具有各种方面和多个应用领域全新概念:转导,它使同一律和排中律显得过于狭隘。这个术语(term)指代一个过程——无论是物理的、生物的、精神的或者是社会的,在这个过程中,一个行为逐步设置自身为运动,然后通过它所操作的范围中的不同区域的结构化,在给定区域扩散。使用这种方式构成的每个结构区域,能够构造下一个结构,每次结构化,伴随着都会出现进一步的修改。如果我们可以考虑一个晶体,我们便可勾画出转导过程的最简单的图景,起初晶体是一个微小的种子,然后在它的母水中朝着各个方向生长。已构成的每一层分子都会是下一层的结构基础,结果就是一个不断放大的网状结构。这样,转导过程是一个进行中的个体化。在物理领域,其最简形式,可以被说成是以逐步迭代的方式形成;然而,在更复杂的领域中,例如生命亚稳定和精神问题域,它可能以不断变化的速率推进,在异构区域中扩

---

① Gilbert Simondon, *The Genesis of Individual*, New York: Zone Books, 1992.

展。当存在结构和功能的行为时,转导就会出现,它(转导)最初是从存在体的中央开始,然后从中央朝各个方向扩展,好似存在体的多个维度围绕中心点扩展。它是在处于前个体张力状态下的存在中的维度和结构的关联显现,也就是在不仅仅是统一体和同一体的存在体中,它尚未与自身失去同步而进入其他多个维度。转导过程最终所到达的并没有预先存在该过程中。它的动力源于异构存在系统的原始张力,它与自身失去同步,并发展结构所基于的进一步维度。它并不是从转导的最远边缘所发现和注册的项之间的张力中而来。特别的,转导可能是一个生命过程,它表达有机个体化的意义。它也可以是一个精神过程,实际上是一个逻辑过程,尽管这个过程绝不能局限在逻辑的思维定势中。在知识领域中,它制定发明所遵循的实际过程,既不是演绎的,也不是归纳的,而是转导的,意味着它根据问题域的定义,对应维度的发现。只要它有效,它就是一个类比过程。这个概念能够用于理解个体化的所有不同区域,并应用到个体化出现的所有情形,从而揭示基于存在的关系网络的发生。为了理解一个实在的给定区域,可能使用一个类比的转导,这表明这个区域实际上是类比结构化发生的地方。转导对应于前个体存在形成个体时,所创造的关系的出现。它表达个体化,允许我们理解它的工作方式,表明它是一个形而上学和逻辑概念。当它应用到个体发生时,它本身也是个体发生。从客观上来讲,它允许我们掌握个体化前提条件的系统、内部共振和精神问题域。从逻辑上来讲,它能够用于新类型的类比范式,使得我们能够从物理个体化转化为有机个体化,从有机个体化过渡到精神个体化,从精神个体化过渡到形成我们研究基础的跨个体的主观和客观层次。

在西蒙顿看来,转导是一个比演绎和归纳更基本的逻辑过程。这种思考似乎与大多数人对逻辑的理解都是不同的,为了展示他的这种理念,我们可以构造一个 TRANS 单个指令实现图灵完全的表达能力。其中包括:

1. 机器模型:机器具有由字节组成的随机访问存储,偏移为 0 或者 1。同时具有 n 个寄存器 R_1,R_2,$\cdots$,R_n,每个寄存器都容纳一个字节。

2. 指令包括一个 TRANS 指令,其语法主要包括三种形态:

(1) TRANSR$_{dest}$，c

该指令的语义是将立即数 c 装载到 R$_{dest}$ 寄存器中。

(2) TRANSR$_{dest}$，[R$_{src}$ + R$_{offset}$]

该指令的语义是[R$_{src}$ + R$_{offset}$]所间接寻址的字节内容装载到 R$_{dest}$ 寄存器中。

(3) TRANS[R$_{dest}$ + R$_{offset}$]，R$_{src}$

该指令的语义是 R$_{src}$ 寄存器的内容直接存储到[R$_{src}$ + R$_{offset}$]所间接寻址的字节上。

采用 TRANS 指令，我们可以模拟任意的算术操作和逻辑操作，包括加减乘除、包括逻辑与或非、逻辑蕴含等。事实上，我们可以证明通过在这个模型下的 TRANS 指令能够模拟任意的图灵机，换言之，它是图灵完全的。

六、结　语

论及人机关系，首先需要厘清机器的本质。自工业革命以降，机器在社会环境下得以不断地演化。在工业大生产中，机器之间相互耦合，彼此通讯，逐步从个体态演化到组织态。组织态机器旨在对世界、人类社会乃至人类自身都进行机械性、秩序化地改造，并塑造新的工业文明。人类在获得工业文明所带来的一切福祉的同时，也意识到人类意志与自主性正在遭受侵蚀。正如海德格尔在《赫贝尔——屋中的朋友》(Hebel-Friend of the House)中提及的，人类将语言视为一种日常生活中的工具，是一种交流和信息的工具。通过计算机，或许我们已经实现了一种语言机(language machine)①："语言机从一开始就通过机械能量和功能来控制和调节我们使用语言的方式。语言机已经是，或者至少说正在成为现代技术控制语言方式和语言世界的一种途径。同时，人类还认为自己仍是语言机的主人。但事实是语言机正在管理与控制语言，并借此掌握人类的本质。"组织态机器的演化趋势势必是进一步地秩序化、进

---

① Martin Heidegger, "Hebel—Friend of the House", translated by Bruce V. Foltz & Michael Heim, in *Contemporary German Philosophy*, No. 3, 1983.

一步地实施控制,而醒悟的人类似乎想要重新夺回控制权。组织态机器犹如太上老君的幌金绳一般,当它将人类捆住之后,人类越是挣脱,绳子捆得就越紧。人与组织态机器之间的关系走入一种困境和僵局中。

当然,组织态机器并不是机器演化的终点,20世纪,控制论和信息论的发展推动组织态机器朝着主体化方向进一步演化。尤其是在图灵1936年发明图灵机以来,为机器的演化注入新的基因。随着信息与网络技术的不断发展,人机关系出现了一些态势。一个典型的态势便是人机融合与协同,人智计算便是其中的一个例证。例如,reCAPTCHA是一种较早出现的众包类型应用。通过将reCAPTCHA嵌入到网站中,网站能够识别出合法的人类用户和非法的web爬虫程序。与此同时,通过使用一些通过人来识别OCR程序所不能自动识别的一些片段,reCAPTCHA能够用作手工整理数字档案。这样,在证明作为合法的人类用户的同时,上亿reCAPTCHA的用户不经意地完成了一个世纪的纽约《时代》杂志数字化过程。另外一个例子就是"公民科学"(Citizen Science),它是一种通过互联网的方式,让广大公民参与到科学研究过程中。"stardust@home"项目是一个开创性的公民科学项目,该项目始于2006年,3万名参与者使用一个虚拟显微镜来分析上百万幅气凝胶图像来探测纳米尺度的宇宙尘埃颗粒。最终该项目发现了可能是太阳系外的7个粒子,这可能对宇宙的模型会产生修正。此外,在2014年《自然》杂志中发表的论文成果中,3万名参与者都作为该论文的共同作者,在文章中进行了署名。此外还有许多的人智计算的案例,包括fold.it、Phylo、WeCureALZ、GalaxyZoo、InnoCentive@work等。

信息与网络技术的发展的另一个的影响是对技术本身,信息与网络技术犹如催化酶一般,它们将科学研究带入到第四范式,它们将人类技术整体提升到一个更高的水平上。在信息与网络技术的催化下,基因技术、纳米技术、量子通讯技术都出现了飞跃。这一切似乎都是在为人类的智能革命缓缓地拉开序幕。是的,智能革命的钟声已经敲响,人机关系也正在发生着历史性的变革。人机关系绝不僵化的、固定的,更不应该从对立的、矛盾的视角去看。人机关系更应该等同于一种人际关系。当然,这种规约并不像拉美特里在《人是机器》中所言的那般，人并不需要被机器化，这种规约也不需要像从上帝手上夺走了他至高无上的权利那般，去承受过分的伦理责难。所谓等同于人际关系的人机关系指的是机器能够与人类无缝的沟通交流，犹如人与人之间的，指的是机器与人类能够在理性、情感、伦理上共同基于同样的逻辑。实现这种意义上的人机关系就需要重新调适人机的沟通，重构人机的逻辑体系，这无论是对于人类走出工业时代的困境，或者是保障人类未来的幸福福祉都是至关重要的。

调适人机之间的沟通与交流，其中的一条路径便是统一自然语言和形式语言，构建莱布尼茨意义下的普遍文字。事实上，统一自然语言和形式语言一直都是理性主义者的一个夙愿。在 20 世纪中，乔姆斯基和蒙太格都做了非常有价值的探索和尝试，也取得了一些显著的成果。然而，真正地统一自然语言和形式语言实际上还存在不少困难与挑战，或许人机关系的调适也要人机协同完成。

重构人机的逻辑体系似乎是一个看似难以企及的计划。然而，法国哲学家西蒙顿在他的个体化学说中就曾经提出过，存在着一种转导，它比演绎、归纳都更基础。在西蒙顿的意义下，人与机器存在着一个共同的逻辑，一种类似于转导的机制，将人与机器之间的逻辑统一起来。

正如弗洛里迪在《第四次革命》中所言：经过哥白尼革命，人类被挪出了宇宙的中心位置；在达尔文发表了《论自然选择下的物种起源》之后，人类又从生物王国的中心位置被驱逐出来；通过弗洛伊德的精神分析著作，人类发现自己连自我的思想内容都无法完全掌控；在图灵机诞生之后，图灵又将人类再次从逻辑推理、信息处理和智能行为的王国中的独特位置被驱逐出来。命运多舛的人类，在寻找存在的意义中，似乎走入了迷茫。

我们需要正确对待机器，正确引导人机关系。人应尽可能地平视机器的发展，应该让机器融入人类文化之中。我们更需要正确看待人类自身，人类有其存在的价值与意义。人机关系必然会从融合、共生走向共同演化的道路上。人与机器之间的关系，应该更像是指挥家与乐队的关系，指挥家与乐队相互协调，彼此交互配合，在未来的信息圈生活中，人机关系将更接近于人际关系，人与机器亦将共同奏响智能文明的交响曲。

（陈鹏，北京语言大学信息科学学院副教授）

第五章
隐喻理论与人工智能建模的对话

一、隐喻，让"微软小冰"无能为力

隐喻是人类日常会话中常见的修辞手段，也是二战以后西方语言哲学与语言学研究中一个引发大量关注的话题。按常理说，作为人工智能研究中与人类会话最为密切的一个领域，"自然语言处理"（Natural Language Processing，以下简称为 NLP）的研究也应当留出一定的篇幅处理隐喻问题，因为计算机处理的人类文本自然会包含相当数量的隐喻。然而，如果我们翻开任何一部介绍 NLP 技术的教科书——如在国际上颇有影响的《用 PYTHON 进行自然语言处理》①——的话，我们竟然很难找到对于隐喻问题的大段讨论。不过，仔细一想，这其实也毫不奇怪。借用雷蒙德·卡特尔（Raymond Bernard Cattell）的术语来说，人类的智能大致可分为"晶体智力"与"流体智力"两类：前者关涉的主要是人类通过掌握既有的社会文化经验而获得的智力，如词汇概念、言语理解、常识等知识的存储力，等等；后者则是指在实时（real-time）中解决新问题的能力②。就人工智能的现有技术而言，其比较擅长展现的就是人类"晶体智力"，即对于人类知识的静态存储与表征；而不太擅长展现的则是"流体智力"，即在特定的问题处理语境中对所存储的知识的灵活调用与重组。而这一点在隐喻问题上表现得尤为突出，因为人类在日常会话中对于隐喻的运

---

① Steven Bird, Ewan Klein and Edward Loper, *Natural Language Processing with Python*, Cambridge：O'Reilly, 2009.

② R.B. Cattell, *Abilities：Their Structure, Growth, and Action*, New York：Houghton Mifflin, 1971.

用,往往是基于临时性的意义重组(那些"已被惯例化的隐喻"除外),而不是基于固定的意义搭配方案——因此,这种运用一般更有赖于人类流体智力的发挥。很显然,既然计算机技术并不擅长于处理流体智力所擅长处理的问题,而牵涉隐喻的自然语言处理问题又恰恰有赖于流体智力的发挥,专业的自然语言处理的教科书轻慢"隐喻"问题,也就是在意料之中的事情了。与之可以比照的是,与"隐喻"同样需要临时性的语言技巧的修辞现象(如夸张、反讽等),同样也不是主流 NLP 技术所关心的问题。

但这里的麻烦在于:隐喻在人类的日常语言中毕竟是客观存在的,而且是大量存在的。主流 NLP 技术的研究者即使在主观上不重视它,这也并不能自动导致问题的解决,因为他们不可能在处理自然语料时不碰到这些现象。现在就以颇为有名的聊天机器人"微软小冰"在这方面的表现为例,来说明主流 NLP 技术在处理隐喻问题时所表现出的乏力。

根据有限的技术情报,我们可以知道"微软小冰"的大致工作原理如下①:相关的技术人员集合了中国近 7 亿网民多年来积累的、全部公开的文献记录,凭借微软公司在大数据、自然语义分析、机器学习和深度神经网络方面的技术积累,将相关记录精炼为几千万条具有典型性的语料(语料库内容每天净增0.7%)。由此统计出:在获得怎样的语音输入后,系统应当给出怎样的语音输出,以便尽量让系统通过"图灵测验"。很显然,这样的基于统计技术的聊天机器人设计方案,只可能对广大网民所经常使用的语义配置方案进行信息编码,而无法应对个别网民在特定语境中临时使用的隐喻方案。为了印证我的这一判断,我便用自己的智能手机所装载的"微软小冰"APP 做了测试。并在自己给出的语言输入里使用了隐喻这一修辞方法。然而,微软小冰的回答并没有直接告诉我它是否理解这个隐喻,并通过"回避战术"(例如回答:"要不要找其他专家聊聊?")并在自身的真实理解能力与用户之间设置了一道屏障。而在这个环节中,人类用户也无从判断微软小冰之所以使用这种"回避战术",到底是因为其无法理解任何一种隐喻修辞,还是仅仅因为其无法处理与问题相关

---

① 王皓然:《负责人谈小冰"复活"细节:未来将现身十余平台》,《经济参考报》2014 年 6 月13 日。

的整个问题领域。为了绕过系统设置的这道屏障，之后我试着将问题的论域转移到小冰自己，以防止聊天机器人借口论域不熟悉而再次逃遁。很显然，聊天机器人在我逼问下给出的答案表明它并不理解这个关于问题所含隐喻的真正含义。

根据一些技术乐天派的看法，对于现有聊天机器人技术的这一批评，或许完全是在小题大做。根据他们的观点，更为大量的语料的输入，终有一天会使得微软小冰能够处理人类会话中涌现的种种隐喻现象。但这种观点在哲学上是非常幼稚的，因为鲜活的隐喻本身就自带"创新"的意蕴，而"从对既有经验的归纳中无法直接引出创生性的语义组合方式"，恰恰就是乔姆斯基在对于经验派语言学的批评中，早就总结出来的哲学教训。①或说得更明白一点，在人类特定隐喻方案的临机性与任何统计学技术对于规律性的追求之间，存在着一种不可克服的哲学张力，而这种张力本身是根本不可能在工程学层面得到解决——除非有人在哲学上（或至少在语言学层面）提出一种针对隐喻的理论理解方案。

然而，不得不承认的是，主流 NLP 研究对于二战后的语言学界与语言哲学界的隐喻研究的确是高度漠视的。很少有人积极地吸纳这些相对抽象的理论构建中的思想营养，并在充分吸纳它们的前提下再去从事相关的技术建模工作。与之相对应，主流的语言学与语言哲学对于隐喻的研究，也很少关涉"如何将相关理论成果予以工程学实现"这一问题，这就使得关于隐喻的理论研究与自然语言处理的工程学研究之间的落差变得非常显眼。而我写作本章的目的，便是为了能够尽量缩减这个落差，并由此证明哲学资源在人工智能研究中的巨大价值。

本章的路线图如下：

第一，将展现几种不同的把握隐喻的语言学—语言哲学思路，并同时展现与之相关的技术建模可能性。

第二，特别介绍斯特恩（Josef Stern）提出的基于"喻引"算子的隐喻理论，

① Yarden Katz, *Norm Chomsky on Where Artificial Intelligence Went Wrong*. https://www.the-atlantic.com/technology/archive/2012/11/noam-chomsky-on-where-artificial-intelligence-went-wrong/261637/.

并对其加以算法化的可能性进行批判性讨论。

第三,讨论在王培先生提出的纳思系统中进行隐喻表征的可能性。

二、关于隐喻的种种主流语言学——语言哲学理论纵览

一谈到对于隐喻的语言学研究,具有基本语言学常识的读者就很难不联想起认知语言学家拉科夫(John Lakoff)与约翰逊(Mark Johnson)在《我们赖以生存的隐喻》①中提出的隐喻观。按照泰勒(John R.Taylor)的概括,拉科夫式的隐喻观的核心论点如下:第一,隐喻乃是源域(source domain)与目标域(target domain)之间的一种映射关系;第二,隐喻不是一种特殊的修辞现象,而是一种弥漫在整个人类语言实践中的普遍性语言现象——换言之,任何的语言表达都会在某种意义上涉及源域与目标域之间的映射关系。

泰勒则对这种拉科夫式的隐喻观提出了两点批评:第一,如果隐喻是如此泛化的语言现象的话,我们就无法谈论隐喻与别的修辞手段——如夸张、反讽与转喻(metonymy)——之间的区别了;②第二,如果隐喻的所有奥秘仅仅体现在源域与目标域之间的映射关系之上的话,我们也就很难解释这样一个问题:到底是源域中的哪些语义性质,被映射到了目标域之上呢? 为了具体说明这一点,泰勒邀请读者去思考如下这个例句③:

> 理论论证就是建筑物。
>
> Theories(and arguments) are buildings.

泰勒对于例句的批判性分析如下:"建筑"这个论域的特征集乃是很多成员的子集。我们可以随意想到的就有"有窗户""可以住人""可以遮风避雨"等性质,但其中哪个特征才需要被映射到"理论"这个"目标域"上去呢? 显然,如此关键的问题并没有在雷柯夫的理论资源中得到解答。而在另外两位认知语

---

① John Lakoff and Mark Johnson, *Metaphors We Live By*. Chicago: University of Chicago Press, 1980.

② John R.Taylor, *Cognitive Grammar*, Oxford: Oxford University Press, p.102.

③ Ibid. p.494.

言学家——克劳斯纳与克劳福特——的工作的启发下,泰勒建议我们将"论证就是建筑物"的隐喻结构解读为①:

> 论证的有效性就是一座建筑的形式统一性。
>
> The convincingness of an argument is the structural integrity of a building.

这也就是说,真正需要建立起映射关系的两个领域,并非直接就是"建筑"这个源域以及"论证"这个目标域,而是"建筑"这个概念所从属于的上级图式(即"形式统一性")与"论证"这个概念所从属于的上级图式(即"有效性")。换言之,拉科夫的隐喻模型在处理某些特定隐喻现象时的确有点捉襟见肘。

不过,泰勒本人对于拉科夫式认知语言学的上述批评虽然具有一定的可参考性,并没有触及一个对 NLP 研究来说更具现实意义的问题:无论是拉科夫式认知语言学研究,还是泰勒的认知语言学研究,究竟能从何种意义上为 NLP 的研究提供正面的引导呢?而我则倾向于对这个问题给出一个否定的解答。从一般的意义上说,尽管认知语言学家的确为刻画特定的语言现象发明了大量的准现象学式术语,但他们却疏于为这些刻画提供统一的可计算化手段。譬如,认知语言学家兰艾克(Ronald Langacker)对于"进入"(enter)这个概念的"意像式"(imagistic)把握方式,就包含了"物体"(object)、"源点—路径—目标"(source-path-goal)与"容器—容纳物"(container-content)这三个基本要素,但这些环节的结合方式本身却只能通过现象学直观得到展现(参图 5-1),而无法被某种统一的算法予以较为"干净"的技术处理,并由此对人工智能中的 NLP 研究提供切实的启发。②

---

① John R.Taylor, *Cognitive Grammar*, Oxford: Oxford University Press, p.497.

② 而在我所了解到的范围内,霍姆维斯特的博士论文《将认知语义学予以算法执行》(Kenneth Holmqvist: *Implementing Cognitive Linguistics*, Lund University, 1993)乃是全世界唯一一篇全面动用计算机技术的刻画手段再现认知语言学之"意像图式"(image schemata)的文献,而作者的基本刻画思路就是利用戴维·马尔(David Marr)的"三阶段视觉计算理论"来将某个"图式"视为某种被知觉对象,并在此基础上将一个图式的某个方面视为知觉对象的某个方面(ibid, p.49)。尽管在此我没有篇幅全面评价霍姆维斯特的工作的所有细节,但至少可以肯定的是,有鉴于马尔的工作本身具有的大量的计算量,霍姆维斯特以马尔理论为启发构造概念图式结构的工作,也必将导致非常臃肿的理论设计,而很难具有工程学上的推广价值。而根据我的查证,在他的这篇博士论文于 1993 年发表之后,也几乎没有任何人沿着他所开创的这条道路继续试验下去。

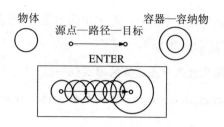

图 5-1 关于"ENTER"的认知图式形成过程的图示①

从上面的讨论来看,认知语言学并没有给出一种足够为 NLP 提供指导的隐喻理论,尽管该理论的直观性描述的确具有很强的说服力。在这样的情况下,我们无疑还需要多听听其他学科的声音。

与语言学最近的相关学科乃是语言哲学。有鉴于隐喻也是语言哲学家所热衷的话题之一,在隐喻问题上,语言哲学家的声音自然是不可或缺的。

按照在隐喻问题研究方面颇有心得的语言哲学家斯特恩(Josef Stern)的归纳②,语言哲学领域内比较流行的隐喻理论有三种(他自己提出的观点不计在内):

理论一③:隐喻在本质上是一种语义或语法的反常现象。套用计算机的术语来说,如果有一台电脑的程序按照"理论一"的要求来运作的话,它就会按照如下步骤来为被检验的语句添加"隐喻"这一语义标签:

(1) 按照语句的字面意思进行推理。比如,系统首先就会姑且认为某语句的真正意义就是其字面意思,并从这个意思中推理出很多语义后承。譬如,针对"曹操是一只老狐狸"这句话,如果系统已经知道"凡是狐狸都不是人类",那么,系统就会自动推出"曹操不是人类"。

(2) 系统接下去会将上述推理结果与其所存储的关于"曹操"的语义知识相互比对。如果系统知道"曹操是沛国人",并知道"所有沛国人都是人类",系统就会根据三段论推理规则而知道"曹操是人类"。而这一点显然与步骤一的

① Ronald Langacker, *Cognitive Grammar*: *a Basic Introduction*, Oxford: Oxford University Press, 2008, p.33.

② Josef Stern, *Metaphor in Context*, Cambridge: The MIT Press, 2000.

③ 如下理论的主要提出文献有:R. Matthews, "Concerning a 'Linguistic Theory' of Metaphor," *Foundations of Language*, No.7, 1971, pp.413—425; S.Levin, *The Semantics of Metaphor*, Baltimore: The Johns Hopkins University, 1977。

推理结果有矛盾。

（3）这一矛盾会反过来逼迫系统认为："曹操是一只老狐狸"表达的真实意思肯定不是其字面意思，而是别有他意。

（4）根据这一认识，系统将这句话标注为"隐喻"。

如上这种对于隐喻的把握方式具有一定的"算法化"价值，而且也不需要研究者给出与主流计算机知识表征技术与推理技术不同的新技术。但实事求是地说，此论依然显得有点粗糙，因为它所提供的理论资源，依然不足以告诉我们"曹操是一只老狐狸"这句话的内部隐喻结构是什么。说得更具体一点，它依然不足以告诉我们：（1）被施用隐喻的关键词项究竟是"曹操"还是"老狐狸"；（2）这整个句子究竟要表达什么正面的意思。很显然，不满足这两个条件，依照"理论一"而运作的一个聊天机器人依然无法在人机对话中通过图灵测验。

不过，对"理论一"，斯特恩却有一种与我的思路不同的批评。根据他的观点，在某些语境中"理论一"甚至会错误地将某些包含隐喻的语句视为不包含隐喻的语句。他最喜欢谈到的一个语例就是毛泽东的名言"革命不是请客吃饭"，因为这句话的字面意思并不会导致系统推理出该语句的语义后承与其背景知识之间的矛盾（毫无疑问，就"革命"与"请客吃饭"字面意思而言，革命的确不是请客吃饭）。但在我看来，这还不足以彻底击败"理论一"。理由是：其一，至少对于大多数典型的隐喻的字面意思而言，系统对于它们的直接采用的确会导致其与系统背景知识之间的矛盾；其二，就"革命不是请客吃饭"这句话而言，字面意思虽然是真的，但仅仅是在一种琐碎的意义上是真的，并因此可能与系统背景知识中的如下信念产生矛盾："凡是被流传的名人的话语均不可能仅仅表达缺乏意义的琐碎真理"[1]。而这一点甚至在说话人不是名人的情况下也成立，因为系统完全可以预设在人机对话中任何一个智商正常的人类用户都不会表达缺乏意义的琐碎真理。

接下来再让我们看"理论二"。[2]

---

① Josef Stern, *Metaphor in Context*, Cambridge: The MIT Press, 2000, p.4.

② 相关代表文献：L.J. Cohen, "The Semantics of Metaphor", in A.Ortony（ed.）*Metaphor and Thought*, second edition, Cambridge: Cambridge University Press, 1993, pp.61—64。

理论二:词汇既有语义簇中某些在通常情况下未被强调的语义性质,若在某些语境中得到凸显化,就会生成语境意义(与此同时,那些未被凸显化的性质则暂时被删除了)。说得更具体一点,一个语词的隐喻意义并不是在字面意义之外的东西,而是早就处于其字面范围之内,并在特定语境中得到凸显的东西。换言之,隐喻意义的底色,依然是某种字面意义。很显然,按照这种理论,"曹操是一只老狐狸"中的谓词"老狐狸"的隐喻含义——"狡猾"——显然早就已经预存在"老狐狸"这词的语义簇之中,并仅仅是在特定语境中被摆上了台面而已。

但在斯特恩看来,这个理论进路有三个问题:(1)按照此理论,我们需要在为每一个词项进行语义建模时需要涵盖尽量多的可能成为隐喻含义的边缘含义,而这显然会带来惊人的建模成本。(2)即使(1)所涉及的问题能够得到解决,我们依然无法从该理论进路中知晓:为何在一个语境中,一个词汇的这个含义得到了凸显,而在另外一个语境中,它的另外一个含义却得到了凸显呢?而要回答这个问题,我们就要调用一些语用学的资源,而"理论二"显然只是一种纯粹的语义学理论,因而并不具备这样的语用学资源。(3)在某些情况中,我们似乎找不到一个隐喻含义背后的真正的字面含义是什么。譬如,若"尼克松是一条鱼"这个隐喻式表达的真正含义是"尼克松是一个很难被抓到把柄的人"的话,那么,"抓到把柄"这个表达依然是隐喻式的。换言之,"理论二"所预报的"将隐喻含义还原为字面含义"的进路在处理此类语例时就会遇到相当大的障碍。

在这三重批评中,最有力的是(2)。诚如斯特恩所指的,"理论二"的确缺乏解释特定语境中语词含义凸显方式的机能。至于批评(1),虽貌似有理,却无法很好地应对如下常识:如果一个隐喻自身所要表达的真实意义与其字面意义之间本来就没有任何联系的话,那么,说话者与听话者又如何可能从相关的字面意义出发,把握到这一真实意义呢?除了预设说话者与听话者已经把握了这两种意义之间的潜在语义联系之外,我们是无法回答这个问题的。而且,只要我们假设语言言说者具有根据语用经验自行生成语义网的能力,我们也未必需要担心语词含义网络的建模成本问题。斯特恩所提出的批评(3)则相对更缺乏说服力,因为"理论二"的捍卫者完全可以通过有条件地吸纳雷柯夫式认知语言学对于"隐喻在语言中的普遍性"的承诺来对付这一批评。换言之,说"所有隐喻含义都是字面含义",与说"所有的字面含义都是隐喻含义",其实是具有类似效果的,因为两种说法都模糊了隐喻与字面意义之间的界限。据此,一个拉科夫化了的"理论二"坚持者便完全可以这样来重述其理论:一个语词的未被惯例化的隐喻意义,并不是在那些被惯例化的隐喻表达之外的东西,而就是在特定语境中得到凸显的新的意义组合方式。举例来说,就"尼克松是一条鱼"(Nixon is a fish)这句话而言,"难以被把捉"的确就已经是"鱼"的一个已经被惯例化的隐喻含义了,而在同一例句中,真正未被惯例化的新内容其实并不是"鱼"与"难以被把捉"的直接语义联系,而是通过"鱼"这一中介而出现的"尼克松"与"难以被把捉"之间的间接语义联系。

再来看"理论三"。①

理论三: 隐喻意义产生于如下过程——言说者在将与喻体相关的语义网要素投射到与话题相关的核心词汇的语义网要素之后,对后者的语义结构进行了重塑,由此产生隐喻意义。现以如下例句来说明这一理论②:

这块石头因为岁月的缘故,变得很易碎了。

The rock is becoming brittle with age.

这句话就其字面意思而言,可能并不是隐喻,除非在其下面又跟着这样一个句子:

他在回答学生的提问的时候,以及没有过去的那种机敏劲了。

He responds to his students' questions with none of his former subtlety.

按照"理论三",如果"他"在后一句中指代的对象就是"这块石头",那么,作为无生命的石头,是不可能去回答学生的提问的。这就逼迫试图处理这两个语句的系统认定前一句是一个隐喻句,即不能在字面意思上理解"石头"之所指。由于后一句的论题领域与师生问答相关,这就会使得系统推理出:"石头"的真实所指就是那个教师。

---

① 相关参考文献:E.F. Kittay, *Metaphor: Its Cognitive Force and Linguistic Structure*, Oxford: Oxford University Press, 1987。

② 该语例来自:Josef Stern, *Metaphor in Context*, Cambridge: The MIT Press, 2000, p.244。

"理论三"显然是综合"理论一"与"理论二"因素后得到的某种升级版。与"理论一"一样,该理论认为隐喻推理系统必须通过对于某些语义矛盾的发现来为隐喻进行标注(而对"石头"的字面解读当然会导致与"回答问题"这一谓词的隐含主词的性质的矛盾);此外,与"理论二"一样,该理论也认为"石头"的某个语义性质(如"僵化")会在某种语境中凸显出来成为隐喻所真正所指的含义,而这一隐藏的含义本身早就已经存在了。因此,我们不难预料到,斯特恩会沿用批评"理论一"与"理论二"的某些理论,继续批评"理论三"。他针对"理论三"提出的一个最具典型性的语例是[①]:

这头海豹将自身的身躯拖出了办公室。

The seal dragged himself out of the office.

很显然,按照"理论一"与"理论三",一个隐喻处理系统是非常容易将这个句子视为隐喻的,因为"办公室"这一状语所牵涉的潜在主语往往是人类,并因此与"海豹"的非人类属性相互冲突。但斯特恩更为关心的问题是:我们如何根据"理论三"而预报出这个句子的真正含义呢?

为了回答这个问题,斯特恩邀请我们来设想这样一个问题:我们究竟在何种场合中会将一个办公室里的同事比作一头海豹呢?是因为发现此人就像海豹那般机灵,还是因为发现他的身躯如海豹一样肥胖呢?还是因为发现他浑身上下穿着黑色的衣服,而有点像海豹呢?上述疑问的答案,显然需要依赖语境因素来加以确定。而在斯特恩看来,"理论三"的命门也正在此处:一种纯粹的语义学理论是无法帮助我们利用语境因素,完成对于隐喻所指涉的真正意义的指派的。说得更具体一点,所有的语义学知识都是超越时间因子的(比如,"人是动物"这一点在何时何地都会是真的),而敏感于语境因素的意义指派却是不得不牵涉到时间因子的(比如,"张三从头到尾都穿成了黑色"并不会在何时何地都是真的,因为张三不可能一辈子都只穿黑色衣服)。而要将准确的语义指派给"这头海豹将自身的身躯拖出了办公室"这句话,我们就无法不借助某些中介性命题的帮助,来完成相关的推理。而非常显然的是,要确定这

---

① 该语例来自:Josef Stern, *Metaphor in Context*, Cambridge: The MIT Press, 2000, p.246。

些中介性命题的真值,我们是无法仅仅依赖超越时间因子的语义知识的,而一定要诉诸语用学因素。而"理论三"恰恰是缺乏相关的理论资源的。

综合上面的讨论来看,缺乏与特定语用因素的恰当接口,乃是以上三个理论的共通缺陷。也正是为了克服这种缺陷,斯特恩才提出了第四种隐喻理论。

三、斯特恩的隐喻理论

斯特恩在引入他自己的隐喻理论之前,先区分了三种关于隐喻的知识[1]:

"辨别之知"(knowledge of metaphor):也就是听话人关于"说话人现在在使用隐喻"这一点的高阶知识——没有这种高阶知识,说话人就无法将隐喻表述从非隐喻表述中甄别出来,并对隐喻表述进行特定的信息加工处理。

"言明之知"(knowledge that metaphor):也就是对一个隐喻表达式的真正含义的命题式表述。譬如,"曹操是一只老狐狸"的真正含义就可能是"曹操很狡猾"。

"意图之知"(knowledge by metaphor):也就是听话人对说话人使用隐喻表达式的深层心理意图的知识。这里需要注意的是,尽管在很多场合下,说话人使用一个隐喻表达式而在主观上所要表达的意思,就是这个隐喻表达式在客观上所表达出来的真实意思,但在某些情况下,二者或许可能发生分离(特别是在说话人"词不达意"的情况下)。而在此种情况下,一个合格的听话者,也应当能够成功地将说话人的真实说话意图进行复原。

不难想见,一种合格的隐喻理论,至少得说明"辨别之知"和"言明之知"这两种知识是如何得以产生的,并还应当在可能的情况下进一步说明"意图之知"是怎么产生的。但怎么做到这一点呢?

斯特恩的建议是向语言哲学家卡普兰(D.Kaplan)的"索引词"理论[2]借脑,

---

① Josef Stern, *Metaphor in Context*, Cambridge: The MIT Press, 2000, pp.2—3.

② D.Kaplan, "Dthat", in P.French, T.Uehling and Wettstein, eds., *Contemporary Perspectives in the Philosophy of Language*, Minneapolis: University of Minnesota Press, 1979, pp. 383—400; D.Kaplan, "On the Logic of Demonstratives", *Journal of Philosophical Logic*, No.8, 1978, pp.81—98.

因为在他看来,隐喻的结构与索引词的结构是有一定的类似之处的。

非常粗略地说,卡普兰的索引词理论是对于弗雷格的"意义—所指"二分法的一种全面升级。按照弗雷格的原始理论,一个句子的"所指"就是其真值,一个句子的"含义"就是其"思想",或者是句子所表征的客观语义。但这种粗糙的二分法在处理包含诸如"我""现在"这样的索引词的情况下,却显得不敷使用,因为索引词的具体所指必须在语境中加以确定,而语境因素却是在弗雷格的原始分析中付诸阙如的。现以如下例句为切入点,来说明卡普兰理论的要点:

我现在就在这里!

该例句的意义究竟是什么呢? 而它究竟是真的还是假的? 这显然取决于语境。比如,如果卡普兰在 1973 年 4 月 21 日于洛杉矶说了"我现在就在这里!"这句话,那么这句话的内容也就无非是"卡普兰在 1973 年 4 月 21 日位于洛杉矶"。如果事实上卡普兰的确是在 1973 年 4 月 21 日位于洛杉矶的话,那么,这句话就是真的,否则就是假。而在这样的一个特定语境中,"卡普兰在 1973 年 4 月 21 日位于洛杉矶"这句话所表达的意思,就是"我现在就在这里!"的"内容"(content)。换言之,在卡普兰哲学的脉络中,"内容"就是指在语境因素确定后,包含索引词的语句所表达出来的客观思想。

但语境信息又是如何帮助一个包含索引词的语句确定其内容的呢? 这就需要"特征"(character)的引入了。"特征"处在某种比"内容"更高阶的层面上,说得更具体一点,它就是那些使得说话者能够将合适的内容指派给相关的索引性表达的规则。比如,当卡普兰说"我"时,索引词"我"的内容是"卡普兰",而使得卡普兰能够将内容"卡普兰"指派给"我"的规则却是:永远将说"我"的那个人的专名作为"内容"指派给"我"。与之类似,当卡普兰说"现在"时,索引词"现在"的内容是"1973 年 4 月 21 日",而使得卡普兰能够将内容"1973 年 4月 21 日"指派给"现在"的规则却是:永远将说"现在"的那个人所处的时间坐标的名字作为"内容"指派给"现在"。

而这种对于此类规则的更抽象表达,则会牵涉到一个叫"指引"(Dthat)的算子。这也是卡普兰对于索引词理论的一个重要贡献。与该算子相关的特征指派规则的具体内容是：

> 对于任何一个语境 C 和任何一个限定摹状词 Φ 来说，在 C 中表达式"指引[Φ]"的出现，就直接指涉了 Φ 在 C 的语境中所意谓的那个独一无二的个体（如果真有这么一个个体的话），而不是任何别的东西。①

不难想见，根据卡普兰的这个理论，任何一个要对包含索引词的语句进行恰当信息处理的听话人，都需要经历如下三个信息处理步骤②：

其一，特征指派阶段。在这个阶段中，听话人在特定语境信息的帮助下，将与索引词的发音或字形有关的索引词使用规则指派给了索引词。

其二，意义生成阶段。在这个阶段中，说话人在特定语境信息的帮助下，将包含索引词的语句翻译为不包含索引词的语句。

其三，真值指派阶段。在这个阶段中，说话人在特定语境信息的帮助下，确定在前述环节中所得到的不包含索引词的语句的真假。

由于隐喻表达与索引词表达都具有"指东打西""依赖语境"这两个根本特征，斯特恩便认为，对于隐喻表达的确定，也应该具有与上述三步骤类似的三个步骤：第一，在某些语境因素的激发下，听话人将某些与隐喻相关的规则指派给包含隐喻的表达式；第二，听话人生成隐喻表达所牵涉的真实含义；第三，听话人对由此产生的新语句的真值加以确定。而在这里最值得一提的是，为了与卡普兰提出的"指引"算子相对应，他也提出了一个与隐喻特别相关的算子，即"喻引"（Mthat）③：

> 对于任何一个语境 C 与任何一个表达 Φ 来说，在语境 C 中若出现了一个具有"喻引[Φ]"之形式的句子，则在 C 中，"喻引[Φ]"指涉了一系列在隐喻意义上与 Φ 有联系的属性 P，以至于在听话人在用 P 替换掉原来包含"喻引[Φ]"的句子后，由此产生的新句子能承载"真"或"假"这两个真值中的一个。

---

① 这里我使用的是斯特恩对于卡普兰理论的转述。请参看：Josef Stern, *Metaphor in Context*, Cambridge: The MIT Press, 2000, p.100。

② Josef Stern, *Metaphor in Context*, Cambridge: The MIT Press, 2000, pp.82—83.

③ Ibid., p.115.

斯特恩对于"喻引"算子的表述虽然有点拗口,但是其核心意思却是清楚的,即与"指引"算子一样,"喻引"算子也要求大量的语用因素介入隐喻意义的确定过程。换言之,对于隐喻真实含义的确定,需要调用特定的语境信息来确定与 Φ 相关的属性 P 到底是什么,而不能仅仅依赖说话者的语义知识储备。

对于斯特恩的这些见解,我至少在哲学层面是表示赞同的。对于任何的隐喻信息处理机制而言,它当然要能正确应对超越于静态语义信息库的动态语用信息,而对这一点的高度凸显,也正是斯特恩的理论超越于"理论一""理论二"与"理论三"的地方。然而,仅仅指出这一点,我们依然没有获得一个可以被 NLP 所直接吸纳的隐喻理论,因为斯特恩的理论依然没有告诉读者关于如下两个环节的算法化细节:

第一,语言处理系统如何利用语境因素识别出隐喻表达式的?

第二,系统如何利用语境因素,而在与 Φ 相关的属性中,找到在隐喻意义上与之联系的属性 P?

这也就是说,斯特恩脱胎于卡普兰的索引词理论的隐喻理论,依然还带有"知其然不知其所以然"的意味。由此可见,对于任何一种试图在语言哲学或语言学的隐喻理论与 NLP 之间进行"搭桥"的理论尝试者来说,的确还有大量的工作摆在案头有待完成。

四、基于纳思逻辑的隐喻刻画方案初探

我们前面已经指出,对于正沉湎于"数据驱动"技术路径的主流 NLP 研究者而言,无论是其所受的学术训练的局限,还是其所服务的资本运作逻辑,都不允许他们花费足够多的精力与时间去思考与隐喻等修辞现象有关的一些语言学或语言哲学基本问题。而对于专门研究这些问题的语言学家与语言哲学家来说,他们的大多数精力,也主要放在与圈内同行的学术争鸣上,而并未特别关注自身研究成果与 NLP 之现实的结合问题。而为了解决这个"两张皮分离"的问题,我们所需要的理论—技术资源,显然就要具备这样的双重特征:一方面,它当然应是"可计算的";另一方面,它又应当像"乐高积木"一样,具备对

各种更为抽象的隐喻理论进行"形式化落地"的潜能。

我在本节中所选择的相关技术工具是"非公理推演系统"(Non-Axiomatic Reasoning System),或"纳思系统"。①这是一个试图以"非公理的"(non-axiomatic)灵活方式为系统进行知识编码的通用人工智能系统——而"非公理的方式"一语在此真正的蕴意乃是:这样的系统的语义学知识,是能够随着系统学习经验的丰富化而不断被丰富化的,而这一点也就能使得编程者从"为系统事先编制万无一失的语义库"的繁重任务中被解放出来。这就在本质上使得纳思系统与目前流行的"数据驱动"的技术路径有了差别,因为按照设计者的设想,纳思系统是自己能够通过对于小规模的样本学习而获得其语义知识的,而不必动辄求诸海量的输入。很显然,一个能够按照少量数据就能够运作的人工智能系统肯定是内置了相对丰富的信息处理规则的,而既然这些规则不是作为公理——而是作为可以被进一步添加的"建筑结构"——出现在系统的运作法则库中的,那么,我们也就可以由此得到一种比较灵活的用以处理隐喻现象的技术手段。

而从纳思系统的立场上看,前述"理论一"、"理论二"、"理论三"也好,斯特恩的隐喻理论也罢,固然都有一定的合理之处,但都在相当程度上忽略了三个问题:

第一,隐喻现象的基础其实是明喻(simile),即那种明确带有"像""比如""好像"这样的连接词的比喻句。②而从逻辑学角度看,作为一种修辞学手段的明喻的逻辑学对应物(即类比推理),这样看来,一个具备刻画隐喻现象之能力的 NLP 系统,肯定首先就得具备对于类比推理的表征能力。但是,直到目前为止,我们看到的这些隐喻理论,都没有将类比推理的刻画问题视为相关理论刻画的核心问题。

第二,按照斯特恩的理论,超语义学的语境因素必须在确定隐喻表达式的

第五章 隐喻理论与人工智能建模的对话

---

① 关于纳思系统的文献很多,其中最重要的是:Pei Wang, *Rigid Flexibility*: *The Logic of Intelligence*, Netherlands: Springer, 2006。

② 顺便说一句,从认知科学角度看,明喻之所以比隐喻更基本,乃是因为明喻本身不需要听话人识别出这是明喻,因此,用以处理此类修辞现象的信息处理成本也会更低。或者说,隐喻其实是明喻的"比喻联接词开关"被隐藏后所产生的修辞现象。

真实含义的过程中扮演非常重要的角色。但需要注意的是,这种语境因素很难不牵涉到说话者的身体情境。譬如,听话人在解读例句"这块石头因为岁月的缘故,变得很易碎了"之时,他就很难不通过对于自身身体资源的把握来确定"这块石头"的所指(一个很简单的例子便是:听话人得看着说话人的手指的指向,由此才能够知道"这块石头"指的是某位老教授)。不过,关于如何更明确地将这些具身性因素整合到自身的理论叙述框架内,现有的隐喻理论并没有给出具有指导性的见解(而认知语言学虽然重视隐喻的具身性面相,却缺乏对于这一理论倾向的算法化说明)。

第三,根据斯特恩的理论,听话人必须在语境 C 中确定:"喻引[Φ]"到底是指涉了哪些在隐喻意义上与 Φ 有联系的属性 P。但现有的隐喻理论也没有清楚地说明:如何确定语境范围的大小,以及如何保证对于这些相关属性的指涉活动所消耗的认知资源,不会超出认知系统在特定时间内的信息处理上限。

与之相比较,纳思系统却具备了解决这些问题的理论资源与刻画算法。

先来简要地看看纳思系统对于类比推理的处理方法。

纳思将类比推理视为三段论推理的一种变异形式。说得更具体一点,如果我们用"S"表示大项,用"P"表示小项,用"M"表示中项,用"→"表示判断中主、谓的连接,并用"↔"表示两个词项之间的类比关系的话,那么,四种典型的类比推理方式就是[1]:

表 5-1 四种典型的类比推理

类比推理类型编号	甲	乙	丙	丁
大前提	M→P	P→M	M↔P	M↔P
小前提	M↔S	M↔S	S→M	M→S
结论	S→P	P→S	S→P	P→S

上述四种关于隐喻的表述方式,显然带有浓郁的前弗雷格时代的词项逻辑气味,以至于一些读者或许会认为它们是很难被直接算法化的(除非它们首先按照现代逻辑的标准被加以改造)。然而,坚持某种带有亚里士多德气味的

---

[1] Pei Wang, *Rigid Flexibility*: *The Logic of Intelligence*, Netherlands: Springer, 2006, p.100.

词项逻辑路线,并由此与主流的现代真值函项语义学分道扬镳,恰恰就是纳思系统研究进路的基本特征之一。下面就简要介绍在纳思系统中表 5-1 内容的具体"落地"方案。

首先来看对于"S""M""P"这样的词项的刻画。一个纳思词项的意义,由其内涵(intension)和外延(extension)所构成。如果我们将系统的词汇库称为"V_K"(这个词汇库可以随着系统语义经验的增加可随之被扩容),将一个被给定的词项称为"T",将其内涵记为"T^I",其外延记为"T^E",那么我们就可以在集合论的技术框架中,将"T^I"和"T^E"分别定义为:

$$T^I = \{x \mid x \in V_K \wedge T \rightarrow x\}①$$
$$T^E = \{x \mid x \in V_K \wedge x \rightarrow T\}②$$

就此,在纳思系统中,一个词项的"内涵"与"外延"可以被落实为其在整个语义网中的拓扑学特征,也就是说,你可以仅仅根据联接一个"概念点"的系词联接线"→"的方向与所指来确定这个概念的"内涵"与"外延"是什么(譬如,处在"→"右边的概念就是处在其左边的概念的内涵,而处在"→"左边的概念就是处在其右边的概念的外延)。这样一来,关于"内涵"与"外延"的大量柏拉图式的哲学思辨(即将"外延"视为可感世界的一部分,将"内涵"视为可知世界的一部分),在此都能得到规避。甚至"→"本身也可以得到同样间接的定义。简言之,这种关系可以通过以下两个属性而得到完整的定义:自返性(reflexivity)和传递性(transitivity)。举例来说:

命题"$RAVEN \rightarrow RAVEN$"是永真的(体现自返性);

若"$RAVEN \rightarrow BIRD$"和"$BIRD \rightarrow ANIMAL$"是真的,则"$RAVEN \rightarrow ANIMAL$"也是真的(体现传递性)。

说清楚了"S""P"与"→"各自的技术含义,我们又该怎么来理解"$S \rightarrow P$"这样的命题的真值呢? 需要指出的是,在"纳思语"的某个层面,也就是所谓"Nars-1"的层面,一个纳思语句的真值是由两个参数构成的:第一个参数 f 记

---

① 意指:T 的内涵,为词汇库中所有成为其谓项的成员。
② 意指:T 的外延,为词汇库中所有成为其主项的成员。

录了使得该语句成立的正面证据(w^+)在总体证据(w)中的总量(其计算公式是$f=w^+/w$),而第二个参数 f 记录了认知主体对于 w 值的指派自身的确认度c(其计算公式是 $c=w/(w+k)$,其中 k 是一个常数)。换言之,从纳思的角度看,对于一个处在"Nars-1"的层面或更高层面的纳思语句来说,其真值的确定是离不开对于相关经验证据的搜集的。这就使得整个纳思系统的构建具有了鲜明的经验论色彩。

那么,什么叫"纳思系统意义上的证据"呢?非常简单地说,对于一个命题"$S{\rightarrow}P$"来说,集合($S^E\bigcap P^E$)与($P^I\bigcap S^I$)中的词项(在此,"$\bigcap$"的意思是交集,而"$-$"的意思是差集),都是该命题的正面证据(即增大其成真机会的证据);而在集合(S^E-P^E)与(P^I-S^I)中的词项,都是该命题的负面证据(即减少其成真机会的证据)。如果一个词项不属于上述所有集合的话,那么,它就既非"$S{\rightarrow}P$"的正面证据,也不是其负面证据。从这个意义上说,它就会被判定为与该命题不相关。很显然,由于纳思的整个语义网是随着系统的运作经验的积累而不断得到自动修正的,因此,哪些词项会被视为一个特定语句的证据或者非证据,最终还是会依赖于系统的语义获取情况。这就反过来使得任何一个纳思语句的获取都不像经典逻辑那样具有鲜明的二值性,而是具有了一种非常明显的"程度性"(也就是说,体现纳思语句真值的两个参数 c 与 f 各自都只是 0 与 1 之间的开区间中的实数,而不能够取 0 与 1 这两个极端值)。

而所有的作为前提的纳思语句在真值上的这种程度性,反过来又会导致在表 5-1 中所体现出来的诸种类比推理的结论句的真值也具有类似的程度性,而不是非真既假的。换言之,从纳思的立场上看,所有的类比推理本身的有效性本身也是具有一定的程度性的,因此,所谓的"绝对有效的类比推理"实际上是不存在的。如果我们将类比推理句的结论句的真值写成"$Fana$",并且将大前提与小前提的真值分别写成"(f_1,c_1)"与"(f_2,c_2)"的话,那么 $Fana$ 的计算公式就是[1]:

$$F_{ana}: f=f_1 f_2, \quad c=c_1 f_2^2 c_2^2$$

① Pei Wang, *Rigid Flexibility*: *The Logic of Intelligence*, Netherlands: Springer, 2006, p.101.

由于所有的复杂语句都可以被还原为"$S \rightarrow P$"的简单句的某种递归结构（我们在此略去了如何进行这种构造的细节），所以，原则上，上面的公式就为所有的类比推理提供了可计算的"落地"方式。这也构成纳思处理隐喻问题的技术基础。

接下来要讨论的问题是：纳思系统究竟是如何具有具身性，并因此了解在特定的语境中隐喻成分的指代对象呢？

这里需要指出的是，从纳思语的立场上看，来自身体的情境知识与来自系统语义背景的知识之间的界限是模糊的，因为两者都服从于某种宽泛意义上的"纳思逻辑"的推理规则。两者之间的界限仅仅来自所处理的领域以及知识的来源之间的不同。而我们已经在对于纳思表述方式的最简单介绍中看到了，纳思式表述方式并不像弗雷格式逻辑那样执着于"专名"与"函项"的二分，因为纳思语义网中的任何一个概念从某种意义上都兼具"抽象"与"具体"的两重角色——而对于其"抽象"或"具体"相面的凸显，又在相当程度上取决于其在整个语义网中的角色（譬如，如果一个词项的谓项集得到凸显的话，该词项就会显得是"具体的"，而当其主项集得到凸显的时候，该词项就会显得是"抽象的"）。这也就使得任何一种超越于"纳思词项"的神秘外部对象（这种外部对象通常是专名的指称物），无法在纳思系统所预设的经验主义语义学中找到自己的位置。同时，这也使得纳思视野中的"外部对象"成为一种需要通过某种能够被纳思系统所吸纳的原始经验而被加以重构的东西，而不是在语用背景中被给定的事项。

尽管在这里我们无法详细地讨论如何在纳思系统中重构外部对象的技术细节，但至少可以肯定的是：主流的人工智能技术中的感知信息提取技术（如人工视觉）也是采用了某种典型的经验主义语义学的范式（如从对于对象的海量二维视觉数据中构造出三维对象），因此，纳思系统在感知对象的构造上采取这样的立场，便是非常自然的事情了；此外，毋庸讳言，无论是主流的机器学习技术，还是这里介绍的纳思技术，在"如何将感官知识与语义知识加以联系"这个问题上，还有很多具体工作要做。但这一点恰恰又从反面印证了建造一个能够像人类一样理解隐喻现象的人工智能系统的高度困难性——因为按照斯特恩的见解,"能够获取超语义的相关感知对象的信息",恰恰是任何一个能够理解隐喻的智能体所必须具备的前提性能力之一。

另外需要讨论的问题是:如果一个纳思词项 T 在语义网中可以被表征为诸多别的词项的主项的话,那么,在特定的语境中,T 的哪些谓项才可能被识别为与当下的隐喻表达相关的"真实含义"呢? 或者说,在 T 的谓项数量非常多的情况下,我们怎么才能够在有限的时间资源内使得那些更为关键的 T 的谓项得到凸显呢?

对于这个问题,笔者认为,一种基于纳思系统的应当方式是这样的:

从宏观角度上看,整个纳思系统由两大部分构成:第一个部分是逻辑,其内容是对于系统所可能运用到的语句类型所作的句法学和语义学描述。它还包括系统所会用到的所有逻辑推理规则(这些规则对纳思系统的语言施以界定,并通过纳思式语义学得到辩护)。从总体上看来,这个部分将为系统的信息处理过程提供一个不可逾越的逻辑边界。第二个部分则是控制,它的主要任务是:在一个个具体的问题求解语境中,根据系统能够支配的资源总预算,在相关的问题求解方向上做出合理的预算分配。

下图为这些功能分工作了一个简单的演示:

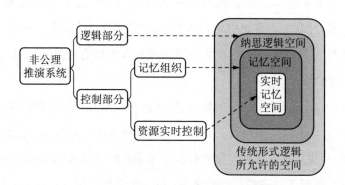

图 5-2　纳思系统的各构成要件的功能分布

说得具体一点,按照图 5-2,究竟 T 的哪些谓项会在一个语境中被识别为隐喻表达的真实含义,则取决于:(1)将这一谓项视为语词的真实含义后,这样的解读在纳思系统的信息库中所获得的证据支持度;(2)特定的任务在纳思记忆库中所激发的概念节点,是否能够导向对于 T 的某些谓项节点的激活;(3)语境中所给出的那些感官层面的刺激(当然,这些刺激本身采用的是纳思系统可以接受的方式)是否会引导系统将注意力转向 T 的那些谓项。

如果按照上述理论描述,一个纳思系统在解读例句"这头海豹将自身的身躯拖出了办公室"时,其运作步骤或许是这样的:

步骤一:在听话时,系统的感官模块顺着说话人的手指方向进行信息采集,发现所指的对象不是海豹,而是一个人。

步骤二:因为纳思系统既存的语义库中没有足够的证据支持系统将"海豹"视为"人"的谓项,所以系统会判断"人是海豹"的判断不成立。

步骤三:系统将"人是海豹"的判断自动"明喻化",即设定说话人在以"人"为主语的纳思语句集中的某句与在"海豹"为主语的纳思语句中的某句之间建立起了类比关系。

步骤四:如果更多的语境信息与语义背景信息能够对可能的谓项进行筛选的话,那么系统会优先考虑由此被遴选出来的两个谓项进行比对(不难想见,在"人"与"海豹"各自的谓项集均非常巨大的情况下,要确立"人"的哪个谓项与"海豹"的哪个谓项具有类比关系,显然需要大量的计算资源)。

步骤五:系统会将"海豹"的某个谓项 P 替换为"人"的谓项 P*(只要替换项与被替换项之间已经被假定存在着类比关系),由此将"这头海豹将自身的身躯拖出了办公室"解释为"带有属性 P* 的某个对象将自身的身躯拖出了办公室",并计算该新语句的纳思意义上的真值(c, f)。如果真值达到一定阈值,则系统会自动将 P* 设定为"海豹"的真实含义。否则,系统会重启上一个步骤,直到本步骤终结的前提条件满足。

很显然,这样的五个处理步骤将在相当程度上整合包含斯特恩的隐喻理论在内的主流隐喻理论的合理之处,并同时克服其薄弱之处。具体而言:

(1) 无论按照"理论一"还是"理论三"的要求,为了获取斯特恩所说的关于隐喻的"辨别之知",一个 NLP 系统必须有能力对包含隐喻的语句的字面解读所产生的真值与其背景知识之间的矛盾有所察觉。而从纳思系统的立场上看,这一点是在上述"步骤二"中实现的,其具体实现方式是:纳思系统先发现对于目标语句的字面解读无法从既有知识库中获得足够的证据支持,然后再通过这种方式调低目标语句的真值(需要注意的是,在纳思系统已经采用了一种准内在主义语义学的前提下,调低一个目标语句的真值的真实含义,就是否定它与系统内的其他语句之间存在着比较高的融贯性)。

(2) 此外,无论是按照"理论二"还是"理论三"的要求,一个语词的隐喻含义必须已经预存于它的语义属性簇之中,而它之所以在某些语境中被凸显出来,则是拜特定语境因素的语义牵引作用之所赐。而这种观点也在纳思系统中得到了部分的支持。在纳思系统之中,一个诸如像"海豹"这样的以隐喻方式而被使用的词汇,在实质上就是一个以某种方式仅仅被凸显出其固有谓述集中某个谓述(如"黑色的")的语义网节点。换言之,我们很难相信这个被凸显的谓述是系统的语义网中本来没有的。一些批评者或许会担忧这种建模思路会导致系统的语义网自身的建设成本太大,但是应当看到的是,由于整个纳思系统的建设思路都是"非公理性"的,建设者根本不需要预先建立一个面面俱到的语义网。而在系统由于语义网内容自身的不完整而无法完成隐喻信息处理任务的时候,我们也允许系统通过人机对话等方式得到信息提示,并通过这种提示丰富其既有的语义网,甚至由此在某些经常使用的隐喻用谓述与相关主语之间建立起快捷的推理通道。

(3) 若按照斯特恩的隐喻理论的要求,一种合格的 NLP 机制必须包含对于语用学资源(而不仅仅是语义学资源)的把握能力,而也正是基于此种观察,在他眼中,"理论一""理论二"与"理论三"在这方面都不合格。而对于斯特恩提出的这一理论要求,纳思系统则采用了一种别样的满足方式,即通过对于涌入系统之工作记忆池的实时感官信息的纳思式表征与高阶控制,来制造出一个"语用因素"与"语义因素"相互影响的顺滑界面。这种做法,一方面既保证了语用因素的可计算性,并由此顺应了斯特恩提出的理论要求,同时又避免了斯特恩的理论所具有的将某些语用学因素外在主义化的倾向(不得不指出,这种外在主义化的倾向,已经为对于它们的内部表征与计算制造了巨大的障碍)。

当然,由于本文的篇幅限制,关于如何通过纳思系统实现对于隐喻信息的工程学处理,我们在这里给出的技术路径只具有"草案"的意义,其具体实现还需要更为细致的建模工作予以补充。不过,本文的探索,至少已经足以展现基础理论研究与计算建模相互结合的思路与目下以机器学习为主流的 NLP 研究进路之间的巨大分歧了。

五、结语:在人工智能的时代重新发现修辞学的意义

本文讨论的"隐喻"实际上是属于广义的修辞学研究范围的,众所周知,至少在西方的理论传统中,修辞学的根苗至少可以上溯到亚里士多德的《修辞学》。同样众所周知的是,亚里士多德的修辞学本身就具有在城邦的政治生活中说服别人接受自身政治观点的现实作用,而这种能力本身又预设了说话人与听话人都具有理解彼此心理的基本心智能力。因此,从认知科学角度看,修辞的使用本身就是一种极为复杂的心智功能,对于此类现象的认知建模必然会以一些更为基本的心理能力建模为基础。从这个角度看,对于以隐喻为代表的修辞现象的 NLP 化处理,也应当是一个需要大量预备性工作加以奠基才可能完成的课题。然而,主流的 NLP 研究却似乎没有这样的耐心来完成这些基础工作。除了某些资本因素的介入所很难不导致的"急功近利"心态之外,如下全球学术产业分布的现状,也在为这种浮躁情绪推波助澜。这些现状包括:

其一,修辞学研究只是被广泛识别为语言学研究的一个分支,而该分支内的知识尚且缺乏对于其他领域的知识的穿透性。这就使得别的学科在需要调用此类知识的时候缺乏信息沟通的管道。

其二,修辞学自身的复杂性需要极为广泛的心智架构作为其首要的运用前提,但目下人工智能的研究与认知科学的研究相互分离的情况已经非常严重。像早期的诸如司马贺(Herbert Simon)这样的在人工智能与认知科学这两个领域都游刃有余的科学"帅才",已经凤毛麟角。

其三,修辞学与哲学的结合不是很紧密。西方虽然有《哲学与修辞学》(*Philosophy and Rhetoric*)这样的专业期刊①,但关于修辞学的哲学研究却依然

---

① 该杂志官网:http://www.psupress.org/journals/jnls_pr.html。

很难说是"显学"。中国则连这样的专业期刊都没有。也就是说,即使是在哲学这一中介的帮助下,修辞学知识进入其他学科也不是非常通畅。

　　然而,正如本章已经指出的那样,研究者自身的知识短板与视野方面的局限,毕竟不会自动导致其所面对的问题的复杂性的降低。因此,NLP研究者对于修辞学问题的无知,当然也不会使得修辞现象的复杂性自动消失。从这个角度看,至少就目前的情况而言,在NLP研究的惊人野心(或公众对于NLP的高度期待)与NLP自身理论的薄弱性之间,无疑存在着极大的差距。由此我们甚至能够作出这样的推论,最终导致通用人工智能理想实现的最大障碍,恐怕还是广大NLP研究者自身的傲慢与偏见,而绝不是诸如资金的匮乏等外部因素。

　　　　　　　　　　　　　　　(徐英瑾,复旦大学哲学学院教授)

第六章
群体心智和人工群体智能

"群体智能"(collective/swarm/crowd intelligence)被喻为是由不同个体的大脑集聚而成的"集体脑"(a brain of brains),其思想起源于自然界中低等动物与其环境交互协作涌现出的集体智慧(如蚁群筑巢、候鸟迁徙中的导航等)。索罗维基(James Surowiecki)在《群体的智慧:为什么多数比少数更聪明以及群体智慧如何塑造商业》中这样说道:"在特定的情况下,群体显得比它的成员中最聪明的人还要智慧。为了表现出智能,群体无需只被聪明的人统治。即使一个群体中的大多数人不是特别聪慧或者理性,它仍然可以形成集体的明智决策。"①

在信息革命和全球化浪潮汇聚的 21 世纪,理解群体智能的重要性显而易见。利用群体智能的有效性和优越性规避人类不必要的错误和灾难,并从新的数字技术和互联网技术中获得更多的资源发展人工群体智能,不但有助于"智能爆炸"时代机器智能的发展,同时也有利于人类人性的进化。我国 2017年颁布的《新一代人工智能发展规划》明确提出,研究和开发基于群体智能的基础理论、关键技术和服务平台是迈向人工智能 2.0 之路的关键一步。②然而,人工群体智能的迅猛发展一方面向我们展示了某些显著超越人类个体的智能水平。例如在全球应对生态问题的行动中,越来越多的关于气候变化的数据、各地区的环境监测、制度以及资料都在努力转化为可共享的信息和推理框架

---

① J.Surowiecki, "The wisdom of crowds: Why the many are smarter than the few and how collective wisdom shapes business", *Economies, Societies and Nations*, 2004. p.296.

② 《新一代人工智能发展纲要(2017)》,载中国政府网 http://www.gov.cn/zhengce/content/2017-07/20/content_5211996.htm。

的问题,并为全球性的成功决策奠定基础。但另一方面,我们也可以从这种发展中看到一些失衡的可能后果。比如,在健康领域,基于互联网技术的人机协作的疾病诊断和医疗,往往没有专家个体的口头诊断来得准确,更不用说专业的医疗咨询。在经济问题上,一些公司和经济体在处理微观经济问题时往往更容易依赖于有效的信息和算法,但没有证据表明在宏观经济的管理和决策中,这类算法能生成真正可靠的宏观智慧。

本章将介绍从自然界到人工模拟的群体智能,并在人工智能的层面反思其基础假设和核心纲领。进而,我以当代心智哲学中个体主义与反个体主义的心智观为线索,分析群体智能的载体问题:群体之心只是一种隐喻吗? 人机交互的智能载体从大脑延展到外在物和环境中吗? 最后探讨了人工群体智能的发展在多大程度上有助于实现强人工智能(通用人工智能)的终极理论之梦。面对中文屋思想实验的挑战,人工群体智能依旧难以突破传统范式的瓶颈。

一、群体智能:从自然到模拟

人类对群体智能的发现与关注是社会性自我意识觉醒的一种表现。早在20世纪20年代,苏联地球化学家韦尔纳斯基(Vladimir Vernadsky)就曾提出著名的地球三阶段说:第一阶段是由岩石和矿物构成的无生命的岩石圈(geosphere),紧接着是由生物主宰的生物圈(biosphere),最终将进入一个新的阶段,即群体思想和群体意识涌现的智能圈(noosphere)。[①]当前,在仿生学、人类学、认知心理学、计算机科学等交叉研究的基础上,群体智能的外延已经从自然群体智能扩展为人工群体智能,也即从自然界简单的动物种群、复杂的人类群体扩展为人工机器群体以及多样的人机交互的智能群体。尤其是随着新世纪智能革命的到来,人工群体智能被证明能够为复杂环境中的决策难题提供

---

① 参见 W.E. Reif *Biogeochemistry-Biosphere-Noosphere*: *The Growth of the Theoretical System of Vladimir Ivanovich Vernadsky*,(Studienzur Theorie der Biologie, Band 4),2001.一书对智能圈和韦尔纳斯基学术思想的介绍。

一些优于人类的宏观智慧,因此逐渐成为智能研究的前沿领域和重要方向。

近半个世纪以来,群体智能的研究广泛流行于各个学科。但最经典的群体智能原型是大自然和动物界的杰作。康奈尔大学的动物行为学教授西利(Seeley)在二十多年的观察中发现,在蜜蜂安家的行为中蜂群的群体智能至关重要。当蜜蜂开始寻找新家时,部分蜜蜂必须从蜂群中分离出来,成百上千的被派出的"侦察蜂"出去寻找新家的位置。有些"侦察蜂"飞行到 30 英里外的地方去寻找最好的新家,然后返回蜂巢加入蜂群中,它们接下来开始对侦查到的新环境进行评估。一般 400 至 600 只蜜蜂会结集在一起摇摆,它们以此方式在群体中传递信息。西利说:"蜂群就是它们作出决定的方式。结果证明这是一个非常复杂的决定。它们正在分解一大堆相互矛盾的变量。"①80%的情况下蜂群都能准确判断出最佳位置。这一结果很难想象能够由某一只或几只蜜蜂来完成。在生物学界,研究人员一直对那些简单的有机体是如何相互协作应对环境中的变化,涌现出个体所没有的智能感兴趣。

除此之外,社会科学也从不同的角度探索以人群为单元的群体智能问题。例如,政治学家关心广大公众在复杂的选情下如何表现出良好的判断力,并最终形成倾向于民主的统一意见;经济学家研究市场内部的信息模型和决策,希望能通过"无形之手"来聚集不同消费者和企业家的智慧;历史学家在研究不同的社会形态是如何创造、收集和传播共同知识的;人类学家对机构(或团体)是如何思考的问题始终抱有兴趣;而在社会学中,从涂尔干到米歇尔斯,在探究群体或组织机构为什么会超越个体的简单集合这一问题上一直有着深厚的学术传统。社会心理学家利用调查和观察技术来测量群体智能,他们试图发现群体成员的平均智力和群体最大化智力的之间的部分关联性。②

随着"互联网+"和人工智能 2.0 时代的到来,网络成为各学科、媒体以及产业界聚焦和实现群体智能的巨大试验场。群体智能已不再是自然人智能的聚合,而更多地成为自然人、机器和环境(物理环境和互联网)交互作用的产

---

① T.D. Seeley, *Honeybee Democracy*, Princeton University Press, 2010, p.46.

② G.Mulgan, "True Collective Intelligence? A Sketch of a Possible New Field", *Philosophy & Technology*, Vol.27, No.1, 2014, pp.135—136.

物。在新近的计算机科学中，研究者使用群体智能这个术语来指代团队间、人与机器间如何协作开发软件。传统知识语境和互联网结合搭建了"互联网＋"的新平台，知识的创造、获取、传递都不再是个体的智力事业，而是在网络、他者和外在环境中组织起来的。最典型的例子就是维基百科，它改变了我们惯有的知识生成模式和使用模式，我们形成判断和解决问题的依据已经是嵌入在这样一个平台中的群体智能。同时，基于计算机信息技术和互联网技术的产业发展也将目光投向群体智能：管理信息系统、数据挖掘、决策辅助、创造力咨询等与群体智能开发相关的新兴项目在投资和服务上都有着强势表现。

我国人工智能界的学者在纲领性文章《AI 2.0 时代的群体智能》中详细界定了当前人工智能语境下的群体智能：基于互联网的组织架构，从一定规模自发的个体聚集行为中涌现出来，能够执行挑战性的计算任务。[①]这一定义强调了人工群体智能与自然的群体智能的重要差异：一方面，他们是基于互联网环境下的"线上"聚集，是一种在线的组织和群体，群体组织形式决定着智能的水平，互联网的平台效应使得人工群体智能在某些问题上实现了历史上最高的智能水平；另一方面，人工群体智能的载体是真实的人类智能和机器智能交互作用的智能系统，其真正实现了人机混合、人机交互的认知增强。

二、群智空间：人机交互的智能试验场

从传统人工智能到人工群体智能的兴起，既反映了人类对智能本质渐进式的理解，也反映了研究人员在建立人工智能思路上的不断创新。与以往从零起点建立智能的模式不同，"人工群体智能"是在互联网平台上通过一群人的思想去综合预测、在线求解复杂世界中的事件和难题。人工群体智能的兴起首先是人类向大自然学习的结果。早在 20 世纪 80 年代，在计算机科学及其交叉领域中的研究人员受到动物依靠群体行为获得生存优势的启发，开始研

① Li W., Wu W.J., Wang H.M., Cheng X.Q., Chen H.J., Zhou Z.H., & Ding R., "Crowd intelligence in AI 2.0 era", *Frontiers of Information Technology & Electronic Engineering*, Vol.18, No.1, 2017. p.16.

究简单智能甚至是无智能生物是如何通过分工合作完成高智能的行为。最初的研究焦点集中在蚁群、蜂群组织中个体间的竞争协同，并通过建构优化算法的模型来模拟这类高层次、涌现性、整体性智能的生成。

近年来，新一代人工群体智能系统则进一步打破动物自然种群的界限，扩展了人与机器、环境之间的实时、在线的协同耦合。加州 Unanimous AI 公司的 CEO 罗森堡(Rosenberg)博士开发了一款名为 UNU 的预测软件平台①，引起人工智能界和公众媒体的广泛关注。UNU 允许任何人登录参与答题，是一种利用不同的人群作出集体决策的即时在线平台。每个参与者在线上给出意见都可以实时更新，直至达成共识。令人振奋的是，50 人在 UNU 平台上的群体协作已经成功预测了 2016 年美国肯塔基州的赛马比赛，不仅成功预测到哪匹马是冠军，而且连前四名的顺序也无误。在此之前，这种正确率是任何赛马专家做不到的。在更早些时候 2015 年的奥斯卡大奖揭晓前，UNU 还对包括最佳男演员在内的 6 个大奖归属进行了预测。其中有三项命中，正确率高达 70%。②这个人工群体智能的实现系统已经显示了高准确度的预测，胜过了投票和民意调查以及其他传统的利用群体智慧的方法。

下面我们来简要介绍这个人工群体智能系统的设计思路③。Unanimous AI 公司为了在网络用户群中生成突现人工群体智能建立了一个基于自然人群的在线平台 UNU。这个平台底层的代码允许一群独立的参与者同时在平台上工作。因为人类不能像蜜蜂那样跳"摇摆舞"在群体中传递信息，为此研究人员专门开发了一种新的接口，让参与者能够传递自己的个人意见。这个接口经过了精心设计，参与者能够实时地对变化的系统进行感知和响应，从而建立人群、机器和环境共存的反馈回路。

在进行一项投票的认知任务时，来自全球各地的参与者作为一个统一的

---

① L.B. Rosenberg, "Human Swarming, a Real-time Method for Parallel Distributed Intelligence", *Swarm/Human Blended Intelligence Workshop(SHBI)*, 2015. pp.1—7.

② 参见 Hope Reese, "How 'artificial swarm intelligence' uses people to make better predictions than experts." https://www.techrepublic.com/article/how-artificial-swarm-intelligence-uses-people-to-make-better-predictions-than-experts/.2016。

③ L.Rosenberg, "Artificial Swarm Intelligence, A Human-in-the-loop Approach to AI", in *Thirtieth AAAI Conference on Artificial Intelligence*, 2016.

决策群体登录到一个中央服务器上。每个参与者通过独立地使用鼠标或触摸屏控制的图形磁铁提供输入。每个参与者的输入不是一个离散的投票，而是一个连续的意见流，它们在决策过程中自由变化。每个参与者在决定的每一个步骤中都可以调整他们的意见。在中央服务器上生成的最终决策不是基于任何个体的输入，而是基于整个系统的动态变化。这就实现了在线成员之间的实时协商，以便他们能够共同探索决策的可能空间并形成最令人满意的答案。

以 UNU 为代表的人工群体智能系统将人置于"人—机—环境"交互共存的回路中(keep humans in the loop)，在应对一些复杂决策的时候展现了超出个体的宏观智慧。UNU 的成功表明人类不仅可以通过有限的自然能力去形成群体智能系统，也可以创造和运用互联网技术去增强和延展智能平台，构造人机交互、实时在线的群智空间，实现宏观智慧的创获。

三、人工群体智能的基础假设

UNU 平台的新技术印证了在"群智空间"中生成的知识是一种群体共享、实时交互、整体涌现，超越个体的新智能形式。UNU 的成功不仅表明人工群体智能超越了个体的智能水平，也超越了自然人组成的专家群体的集体智慧。尽管围绕着群体智能的话题包罗万象，但意见却众说纷纭。一些人侧重强调群体智能的涌现性和整体性，另一些人则认为它们并不具备真正的思考能力，缺乏深度的反思和独创。从其基础假设来看，第一，今天的人工群体智能系统是早期以符号计算为基础的有效的老式人工智能(Good Old-Fashioned AI)[1]和 20 世纪 60 年代之后包含联结主义信息处理的人工神经网络(artificial neural networks)两大工作范式合流的产物，它的本质仍是以心智的计算架构为核心的混合的人工智能程序。第二，人工群体智能反映了人机共存环境下智能的层级结构。1956 年，约翰·麦卡锡(John McCarthy)正式提出"人工智

---

① 这一描述传统人工智能的说法最早出现在 John Haugeland 著作 *Artificial Intelligence*: *The Very Idea*, MIT press. 1989。

能"的概念,一时间在学界和媒体吸引无数眼球。人工智能的信息处理主要流行着两种类型:一种是经典逻辑或符号主义,另一种则是相对新的人工神经网络或联结主义。20世纪50年代末,塞缪尔(A.M.Samuel)设计的跳棋程序打败了他自己,逻辑理论机成功证明了数学家、逻辑学家罗素(Bertrand Russell)的18个关键定理,从而在实践中验证了老式人工智能的有效性,也为图灵开启的符号计算观念赢得了热烈的掌声。但60年代之后,人工智能界就出现了巨大分歧,一部分人看到符号计算在语义内容和意识等问题上的困难后转而放弃了这样一种工作假说,此时联结主义(connectionist)学派以及人工神经网络迎来了大批拥趸。联结主义和人工神经网络受到大脑神经元联结模型的启发,在神经动力学理论的支持下开发了具有自组织学习能力的分布式并行的信息处理程序。客观地说,两种假说各有优劣,它们在理论和运用上都取得了惊人的成就。不过由于众所周知的外在原因,"两派学者蓄意相互攻击,从而加深了人工智能内部的对抗。"①无论是符号人工智能如日中天的50—70年代,还是分布式联结备受赞誉的80—90年代,我们看到的更多是两种方法之间犹存的敌意,而不是相互的尊重与合作。相反,明斯基(Marvin Minsky)在人工智能的早期宣言中就明确推崇符号程序有必要"结合串行处理和并行处理"②,因为人类心智的虚拟机本来就是多样的。

我们可以看到,上述情形在新一代人工智能,尤其在人工群体智能中已经有所改观。像UNU一样的人工群体智能平台是综合符号和联结主义的混合的信息处理系统,其本质还是一种以算法为核心的智能形式,只不过群体智能的算法是之前算法的优化和延伸。目前已经开发出来的人工群体智能模型注重兼容符号主义和联结主义两大范式的互补优势,吸收符号处理重逻辑,联结主义重概率的特点,实现了基于符号规则的预测和基于自主学习和反馈的强化之间适度的传递和巧妙的合作,实质提高了包含人机交互的人工群体智能体的整体智能水平。

---

① [英]玛格丽特·博登:《AI:人工智能的本质与未来》,孙诗惠译,中国人民大学出版社2017年版,第22页。

② 同上书,第114页。

人工群体智能反映了智能的层级结构假设。我们越深入地了解智能生物和组织，就越能发现智能的结构与层次。在经典人工智能和认知科学文献中，智能的层级从数据、到信息、再到知识、判断，最后是智慧。随着每一步的递进，智能会变得越来越复杂和难以模拟。高级的智能思维往往不具有普遍的形式，更受语境的约束。我们所认识到的最高的智慧并不是将标准化的规则和算法应用于不同类型的问题，而是理解特定地点、民族和时代的特定性质的能力。在发挥人类专家智能的认知实践中，理解群体智能，更重要的是在于理解人与人、人与机器、组织和网络是如何融合在一起的高级智慧。例如有些用于健康风险评估和诊断的人工群体智能系统将个人的数据反馈链接到人机网络中。它们使用机器智能来诊断病人，并实时校准病人与专家团队及数据库之间的信息。强有力的证据表明计算机可能会在这些复杂的信息处理和交换的任务中比单个专家和专家团队熟练得多。但是，计算机的最终诊断却并不如想象的那么有效，普遍的算法和规则往往无法应用于具体的案例中。

另一方面，按照认知心理学的一般分类，与人类智能相关的能力包括有观察（看、闻、问世界的能力）、注意（集中注意力的能力）、认知（思考、计算和推理的能力）、创造（想象和设计的能力）、记忆（记忆的能力）、反思（反观自己思维过程的能力）、情感（爱的能力）、判断（判断能力）和智慧（理解复杂性和整合道德的能力与视角）等。显然，上述能力中的一部分今天已经可以通过计算机和相关技术有效地进行模拟。毫无疑问，人工智能极大拓展了我们在观察、计算、记忆上的极限，当今计算机的某些功能已远非人类所及。相比之下，包括创造力、情感在内的很多其他的能力，在很大程度上还没有有效的模拟方法。我们发现在群体智能聚合生成的过程中，许多任务需要个体之间的相互协调和沟通。就像人脑的运作方式一样，当神经网络的一个神经元发生变化时，其他的一些神经元就需要自适应协调和相应的改变。在群体智慧的高级阶段，个体成员以及群体整体的直觉、情感比单纯的线性推理发挥更重要的作用。这就是为什么面对面的交流比线上的交互有时更有效，为什么爱、同理心等也是理解集体智慧的关键。但这些却是人工群体智能难以成功模拟的。

四、群体之心是一种隐喻吗?

近代以来的西方哲学家把认识心智和智能的本质作为理解自我与世界的"第一哲学"。笛卡儿的"我思故我在"不仅断言了心智(思维存在)和身体(物质存在)的二分,同时也主张心智与具有内省能力的个体思想者"我"之间的同一关系。尽管笛卡儿主义的认识论和心智哲学长期饱受批评,但笛卡儿对心智理解的个体观念却影响深远。直至 20 世纪 80 年代,哲学家、认知心理学家、计算机科学家们无论是将智能视为行为(及其倾向)、功能还是生理物理状态,几乎都相信智能的载体是单个的主体或机器。此外当代心智哲学、认知心理学以及神经科学的主流理论假设人类智能的边界始于大脑,止于个体。方兴未艾的人工智能最初的工作范式也是设计机器来模拟个体的心智能力。然而在过去的 30 多年里,越来越多的哲学家、认知科学家意识到,心智和智能的个体观片面强调了单一主体反映和改造世界的能动性,低估了主体在与他者、外部工具的协同交互中展现的智能,忽视了智能本质上也内禀了社会性、历史性和文化性。戈德曼(Goldman)的社会认识论研究长期探索人类知识如何通过人际交流、信息交换、社会交往而得到增进。可以辩护信念的理由不仅包括个人的证据,也包括他人证词、认知辅助技术和认知分工等[①]。加州圣地亚哥大学的认知科学家哈钦斯(Hutchins)在借鉴人类学和维果斯基(Vygotsky)心理学的基础上主张一种"分布式认知"(distributed cognition)的进路,即智能系统具有在多主体和环境间分布的本质。哈钦斯研究了美国海军舰艇上的船员是如何分工执行认知任务的,从而认为团队本身作为一种认知系统提供了比侧重个体的认知模型更为丰富的认知文化和动力学解释。[②]撒加德(Thagard)则通过对科学的实践研究表明,大型科学研究应该被看作是由许多主体和仪器等共同构成的认知系统完成,这能提供一种比科学的个人主义和原子论方法

---

① A.Goldman, & D.Whitcomb(Eds.), *Social Epistemology: Essential Readings*, Oxford University Press, 2001.

② E.Hutchins, *Cognition in the Wild*. MIT press. 1995.

更丰富的对科学研究本质的理解。①

克拉克(Andy Clark)和查默斯(David Chalmers)提出的"延展心智观"(extended mind thesis)从外在主义的另一视角诠释了关于心智本质的反个体主义理解。他们认为,心智不仅仅在个体的大脑中,也分布至个体的身体、甚至超出体肤延展至外在环境。②从物理空间上讲,智能主体并非只是具有脑结构的生物个体,而是"大脑—身体—工具(机器)—环境"相互嵌入的耦合系统。从历史维度上看,灵长类动物生成智能所经历的七万年以上物竞天择的进化史是以种群为单位的;更重要的是,智能本质上已经被塑造成是个体与他者、环境在社会文化座架(scaffolding)下共同的认知实践。

尽管在社会科学哲学、认知科学哲学以及人工智能的研究中,越来越多的研究者都对延展心智、群体心智表现出浓厚的兴趣,但鲜有详尽分析来论证群体心智存在的合理性。有关群体意向性(collective intentionality)、群体之心(collective/group mind)的概念在哲学家的视野中一直是个争议不断的术语。有些学者认为,当前对群体智能的标准解释仍然保留着一种心智的个体主义形式。心智的个体主义认为,群体的信念和意图不是某个智能群体的心理状态,而是要由组成这一群体的个体意向状态的组合来确定。③"群体之心"只是一种修辞的隐喻。在这一部分,我试图反驳拒绝承认存在群体之心的观念。反对群体心智的观点根源是传统的个体主义心智观——即心理状态位于心智中,而心智位于大脑中。因为群体没有颅骨结构的大脑,所以他们就不能有心理状态,也不存在所谓的"群体之心"。我将从当前认知科学中流行的"延展心智"论题出发。如果"心智不在大脑中",那么就消除了接受群体具有心理状态的观点的主要障碍。

尽管最近有各种阐释心智界限的学说,但我把讨论的重点放在延展心智

---

① P.Thagard, "Societies of Minds: Science as Distributed Computing", *Studies in History and Philosophy of Science*, 24, 1993, pp.49—67.

② A.Clark, & D.Chalmers, "The Extended Mind", *Analysis*, Vol.58, No.1, 1998, pp.7—19.

③ 参见 M.Bratman, "Shared Intention", *Ethics*, Vol.104, 1993, pp.97—113。Bratman 在文中对个体主义形式的集体意向和集体心智做了详细阐述。

的提出和展开上。在克拉克和查默斯的《延展心智》一文以及克拉克新近的著作中,他们提倡所谓的"积极的外在主义"(active externalism)心智观。积极外在主义的观点认为,认知个体周围的环境资源,与这个认知个体以一种双向互动的方式关联在一起,因此就像大脑是人类认知的重要组成部分一样,个体所处的环境也是认知的一部分。计算机、计算器,甚至是速记便条,都是个体在开展认知活动时使用的人工物。这些外在对象与个体之间的相互作用构成了一个耦合系统,这个系统本身就起着认知系统的作用。需要指出的是,延展心智论题支持一种包含计算机和个体的耦合系统,它不涉及其他主体。在接下来的论证中,我将论及主要由人类组成的包含其他个体的群体的耦合系统,为一种更为彻底的反个体主义的群体心智观辩护。

克拉克和查默斯对于积极外在主义的论证建立在下面思想实验的基础上。以俄罗斯方块游戏为例,当方块下落时,玩家通过操纵其下落的方向使其适合屏幕底部的方块排列。当方块开始以更快的速度下落时,任务变得越发困难。对方块的操作有两种办法:(1)在头脑中旋转其形状,以便找出它们适合底部的最佳位置,或(2)使用控制按钮,使下落的方块以不同的方式旋转,并根据所看到的来判断如何适合底部排列。克拉克和查默斯让我们接着想象一下:(3)在未来某时,一个类似于电脑游戏中的旋转装置被植入大脑中。该设备能够与使用旋转按钮一样快速和方便按照需要旋转方块,而我们只要发出某种心理指令就能完成这种旋转,就像是用我们的双手来操纵控制按钮。克拉克和查默斯让我们考虑三种情形之间的差别。(1)显然是心理旋转的例子,是一个典型的心理认知。直觉告诉我们(2)是非心理的,因为毕竟旋转不发生在头脑内部。那么涉及旋转装置的(3)情况如何?按照描述,该装置几乎与(2)中的控制按钮一致。唯一的区别是它是植入大脑中的。然而在大脑内部还是外部真的如此重要吗?想象一个外星物种通过进化的自然选择具有这样一种装置,我们会自然地把它看作是心理旋转的例子。那么,是什么原因让我们不能接受(2)是心理认知呢?仅仅因为这个装置在头脑之外就足以把它排除在心理领域之外吗?似乎难以成立。于是克拉克和查默斯提出以下对等原则(parity principle):"如果我们面对某项任务时,世界的某一部分起到的作用就像是在大脑中发生的作用一样,我们将毫不犹豫地接受它作为认知过程的一部分,那么世界的一部分就是(当时)认知过程的一部分。"①使用笔记本电脑、计算器和其他人工物不只是协助我们认知活动的工具,在某些情况下它们在功能上等同于记忆、心理图像、心算等机制。如果它们位于大脑中,我们当然会接受它们是认知过程的一部分。因此根据对等原则,即使它们是头脑外部之物,也应该被认为是包含了人和环境的耦合系统的一部分,是认知过程的一部分。克拉克和查默斯紧接着指出(2)和(3)还是存在着差异的:外星人的图像旋转能力和我们想象中的心理旋转能力一样是可以很容易地获得,并且能便携地解决各种问题。这和(2)中的控制按钮是不一样的。克拉克和查默斯试图表明,便携性和易用性是判断其是否为心理认知过程一部分的标准,而不是传统认为的在大脑中的位置。

克拉克和查默斯进一步论证不仅仅是认知,而且信念这样的心理状态也是延展的。他们提供了第二个思想实验来支持延展心智的观点。假设有英加和奥托两个人,英加听说在纽约现代艺术博物馆有一场展览,并且她记得博物馆是在第五十三街。根据她的记忆,她顺利地开始了她的博物馆之旅。奥托有着轻度的老年痴呆症,他平常用笔记本电脑记录电话号码、地址、日期、姓名等。因为他的记忆力衰退得厉害,所以他随时都携带着这个笔记本电脑。当他听说这次展览后,迅速拿出笔记本电脑查找博物馆的地址,然后出发去博物馆。我们关心的问题是奥托使用笔记本和英加利用她的生物记忆之间有区别吗?克拉克和查默斯认为没有本质的差别。我们会合理地通过英加想参观展览的欲望和她相信博物馆在第五十三街的信念去解释英加的行为,同样我们也会合理地通过诉诸同样的愿望和信念来解释奥托的行为。唯一的差异是,在奥托的例子中,信念是储存在他的笔记本电脑里,而不是他的生物记忆中。当然,在信念和欲望起解释作用的方面,奥托和英加的情况似乎是对等的:两个例子中的心理因果的解释是相互对照的。当涉及信念及其所发挥的功能时,颅骨和体肤内没有什么神圣的东西决定了某些信息被称作是信念,并且没

---

① A.Clark, & D.Chalmers, "The Extended Mind", *Analysis*, Vol.58, No.1, 1998, p.15.

有理由认为这种信念作用的发挥只能来自身体内部。值得注意的是,克拉克和查默斯承认即时的心理状态的内容局部地随附于脑内部的心理过程。然而,奥托和英加所拥有的是具有倾向性的历时信念。克拉克认为,这种认知心理状态的物理载体超越了体肤并延展至环境中。

人们可能会这样来区分奥托和英加的例子:所有使奥托相信的都是笔记本电脑里确实记录的地址,因此她才去笔记本电脑里搜索,然后形成了关于实际地址的新信念。这是一些学者批判克拉克所采用的"认知过程的两个步骤"①。克拉克很快驳斥了这一点,他认为我们可以在英加身上运行相同的两步。第一,英加真的相信这条信息存储在她的记忆中;第二,当她获得地址后产生了新的信念。但显然正常人不会去这样分析自己的信念过程。事实上,在英加的信念之外,还要附加一条关于她的长期记忆的信念,这是一种非常奇特的,一个体现了长期记忆中的信念如何解释我们行为的做法。正如克拉克所说的,英加只是使用记忆内存,因为它是透明的。奥托也一样:奥托很习惯用笔记本电脑,当他访问时生物记忆自动关闭,笔记本电脑的内存瞬间被调用。笔记本电脑对他来说如英加的生物记忆一样是透明的。②

但是,这是否意味着我们每次使用计算机,依靠笔和纸来计算,或者查找一个电话号码,我们就和这些外在物形成了一个耦合系统呢?我的思想内容是否总是延展到手机里的通讯录上呢?为了回应这些问题,克拉克和查默斯提供了一种非生物的外在物构成耦合系统的标准③:

(一)资源必须是可用的,容易调用的。例如,奥托总是能方便地携带和使用他的笔记本电脑。

(二)任何检索到的信息至少都会自动得到认可。它们并不总是受到检查。它应该被视为像生物记忆一样值得信赖。

(三)资源中包含的信息应该是容易获得的。

① A.Clark, "'Author's Reply' to Symposium on Natural-born Cyborgs", *Metascience*, Vol.13, No.2, 2004, p.7.

② A.Clark, "Memento's Revenge: The Extended Mind Revisited", in R.Menary(Ed.), *The Extended Mind*, Amsterdam, The Netherlands: John Benjamins, 2004, p.8.

③ Ibid. pp.6—7.

（四）最后，资源中包含的信息必须先前已经被认知主体接受。就像奥托提前把信息输入在笔记本电脑中一样。

近年来，克拉克和查默斯的延展心智观一方面在哲学和认知科学界受到广泛关注，另一方面也充满着巨大争议。认知耦合系统的假设面临自我、同一性、主体性和责任等问题的一系列挑战。在本文中，我暂且置身于这些争论之外而接受克拉克和查默斯的主张①，即心智超越颅骨和体肤延展至外在环境中。我的目标是进一步论证能够构成认知耦合系统的资源不仅是非生物的人工物，也可以包括其他有生命的主体。当认知和思想延展至包含其他心智时，就形成了一个群体的系统。这是克拉克和查默斯的结论中应有但并没有完全展开的观点。

我的论证将回到俄罗斯方块的思想实验。我们还记得（1）心理旋转；（2）使用控制按钮旋转；（3）通过植入大脑的装置旋转三种过程。克拉克说，因为我们会把（1）和（3）作为心理认知的过程，所以根据对等原则我们也应该接受（2）是一种心理认知。若考虑第四种设想的情况：（4）通过向控制台上的朋友发出命令来旋转。显而易见，（4）不是一种常规玩俄罗斯方块的有效方式。但是如果（2）算作认知，那么我们有什么理由能排除（4）呢？如果克拉克和查默斯是正确的话，有理由相信心智可以延展至其他个体上。在俄罗斯方块的游戏中，笔者和笔者指挥的朋友形成了一个包含多个个体的耦合系统，上述认知过程分布在这个多主体的系统上。

可能会有人用如下事实来反对（4）的合理性。当另一个人进入认知场景中时，在控制上存在着显著的差异。虽然我能完全控制电脑上的按钮，但我无法完全控制我的朋友。我的朋友有能力拒绝听从我的指令完成旋转的操作。相反一台功能正常的电脑不能决定是否中断与其他对象的耦合连接。但仔细一想，我们依赖的计算机和依赖的朋友一样都是存在风险的。他们功能失常的原因可能不同（电脑可能会死机，朋友可能会生气），但在这两种情况下，我们对旋转的控制都是依赖于我们大脑之外的东西。

---

① 关于延展心智论题的进步意义及争议问题，可参见郁锋：《环境、载体和认知——作为一种积极外在主义的延展心灵论》，《哲学研究》2009 年第 12 期。

也有人可能会说,我的朋友缺乏(2)中控制按钮的那种便携性和可调用性。我可能只是偶尔和朋友一起玩俄罗斯方块,但在日常生活中,这个朋友并不是一个随时和我联系在一起的。因此,我们需要再扩展奥托的例子来回应这种质疑。根据克拉克和查默斯的说法,奥托和他的笔记本电脑形成了一个耦合系统。奥托的笔记本电脑的功能与他的长时记忆的功能相同,依据对等原则,电脑被认为是奥托心智的一部分。现在假设奥拉夫是英加的丈夫。他们结婚已经30多年了。奥拉夫没有记忆丧失的问题。然而,他是一个哲学家,他经常在工作中迷失方向,难以记住约会的时间、电话号码和地址等。而恰好英加有一个足够敏锐的头脑可以记住这些。他们几乎形影不离,奥拉夫所需要的信息几乎都来自英加的回答。这是否意味着奥拉夫的思想延展到英加上?奥拉夫和英加是否形成一个认知的耦合系统和群体的心智系统呢?

我们发现,英加当然满足给定克拉克和查默斯在前文中给出的标准:

(一)英加对于奥拉夫而言是能便捷联系到的,奥拉夫通常通过英加来处理日常事务。

(二)英加提供给奥拉夫的信息总是被奥拉夫自动接受。事实上,奥拉夫已经相信英加甚至超过相信他自己的生物记忆。

(三)因为我假定,英加与奥拉夫形影不离,所以英加和奥拉夫之间的信息联系是可靠便捷的。事实上,英加比奥托的笔记本还要可靠。毕竟,奥托需要拿出笔记本,然后找到他存储地址的路径。他可能忘了带笔记本,也可能忘了存在哪个文件中了。但这不可能发生在英加身上。因为英加在认知耦合系统中是积极参与的一员,她的存在比单纯的人工物更可靠。

(四)最后,英加提供的信息也是奥拉夫以前在某个时间接受了的。

从上面的新思想实验可知,如果克拉克和查默斯是正确的,那么心智不仅能延展至非生物的外在物,也能延展至其他心智,形成群体的认知系统。存在群体的认知系统就意味着存在群体心智吗?克拉克和查默斯通过奥托的倾向性信念的论证从延展认知扩展到延展心智。如果认知和信念的载体在大脑之外,那么心智是不是也在头脑之外。即便这样,是不是就意味着存在着群体心智和群体之心呢?这一问题的复杂性远远超出目前的讨论。英加仅仅是奥拉夫心智的一部分吗？还是奥拉夫是英加心智的部分？个体的心智在哪里结束,群体心智从哪里开始？要回应这些问题需要从概念澄清开始。首先,这些问题的提出蕴含着长久以来对于心智的实体观念。根据实体论,心智是一个事物或物质对象。现代形态的实体论并不承诺心智是非物质的实存,而是简单地认为,心智是包含某类由大脑、体肤和某些物质构成的东西。有人之所以质疑英加是奥拉夫心智的一部分,其实是认为心智存在着整体与部分的实体结构。而对于心智的所有者提出疑问,是预先假定了心智一个是可以被拥有对象。这里,笔者倾向于同意赖尔(Gilbert Ryle)的看法,实体论犯了严重的"范畴"错误①。"心智"不是一个物质的名称,而是指称了一系列的认知过程,倾向性状态和行为倾向。按照克拉克和查默斯的观点,心智所包括的这样一些认知状态和过程也可以发生在身体的外部。这一部分试图指出,在某些情况下,延展的心智也包括其他的认知主体。如果心智是一个过程和状态的集合,那么心智或群体心智的划分就将根据这些过程所发挥的功能作用来决定,并在很大程度上受心理解释的需求所驱动。

然而,在认知科学和社会科学哲学中预设群体心智的存在真的必要吗？罗伯特·威尔逊(Robert Wilson)提出了著名的否认存在群体心智的假说。最后,我来简要地反驳罗伯特·威尔逊的论证,进而阐明反个体主义的群体心智观具有真实的地位,它不是一种简单的隐喻。在《心智的边界》一书中,罗伯特·威尔逊认为诉诸群体心智的概念并不清晰②。尤其在当下的讨论中,群体心智论题常常和社会证实论题(social manifestation thesis)混淆。社会证实论题要求个体具有的某些属性只有当个体形成特定群体时才能被证实。而群体心智论题主要强调群体具有某些性质(包括心理状态等),且无法还原到个体的状态中。

罗伯特·威尔逊指出斯隆·威尔逊(David Sloan Wilson)的工作就陷入了这种混淆。斯隆·威尔逊主张生物科学中的群体心智假说。这一假说能符合

① G.Ryle, *The Concept of Mind*, Chicago: The University of Chicago Press, 1949, pp.18—23.
② R.Wilson, *Boundaries of the Mind*, Cambridge, UK: Cambridge University Press, 2004, p.290.

群体层面的适应性和群体选择理论(认知、决策)。群体水平的适应性在动物捕食和资源利用的研究文献中常常可见。然而,群体也可以演变为一个适应单位,例如在认知决策中,认知活动可以由一个独立的认知个体来完成,也可以由一群以协调的方式相互作用的个体共同完成。在某些情况下,这些群体会整合得如此之好,以至于任何一个个体成员的贡献之和都可能没有群体的整体智慧那么显著。然而,罗伯特·威尔逊认为,斯隆·威尔逊为了解释群体适应性行为和决策行为提出一个群体心智假设还需要澄清两件事情。首先,他必须表明,不仅仅是群体,而且群体的思想和观念也是适应性的,也即需要证明存在群体水平的心理特征也是受到进化选择的影响。在群体决策的情况下,他必须证明存在适应性的心理或认知属性。其次,这些心理属性必须是群体的属性,而不仅仅是群体内的个体的属性。当罗伯特·威尔逊将注意力转向群体决策的问题时,他还增加了一个约束条件。"关于决策,他(斯隆·威尔逊)似乎还需要表明在群体层面的智能生成时,个体必须放弃决策的能力。因为只有这样,他才可以指出一组群体层面的心理特征,在相应的相关意义,是从个体层面的活动中突现出来的"。①

在这里,罗伯特·威尔逊试图强调历史上的群体心智的观念与突现论的传统紧密结合在一起。突现论的观点是,一个更高层次的组织、属性的出现是唯一的,它们不能够在较低的水平中找到。突现的观点意在说明群体是大于个体部分的总和,并具有一种群体心智是超过具有个体心智的个体的总和。罗伯特·威尔逊认为群体心智的观念必须蕴含心智的突现论,而斯隆·威尔逊的研究却还是一种还原个体主义的翻版。笔者认为,从斯隆·威尔逊的解释来看,群体心智不是一个个体的集合心智的简单集合;就像一个人的头脑不是由多个神经元的简单集合一样。决策群体中的个体相互影响、相互协调。个体之间发生的过程就是群体的过程。我们并不能由此得出正因为早期群体心灵解释是由突现论发展而来的就认为当代群体心智的解释也应是这样。事实上,大多数群体心智的讨论并不认为群体心理特性是突现的,而仅仅认为是

① R.Wilson, *Boundaries of the Mind*, Cambridge, UK: Cambridge University Press, 2004, p.297.

随附的或由个体心理状态实现的。因此,没有理由要求斯隆·威尔逊在考虑群体认知和集体思想时需要取消个体层面的决策过程。罗伯特·威尔逊显然忽视了这一点,他由此来反驳存在群体心智的假说是站不住脚的。

综观而论,"社会认识论""分布式认知""延展心智"等新动向背后所反映的反个体主义的群体心智观念深刻影响着我们面向智能科学的研究视界。在人工智能领域的新近研究中,研究者也试图超越在实验室中研究纯机器人的传统,从关注大脑神经状态扩展至外部世界,从关注发生在个体身上的心理表征与过程转向群体的社会背景,转向人机交互的赛博格世界,进而寻求模拟人类或动物在群体协同的环境中所表现出来的整体智能。

五、人工群体智能能否捧起强人工智能的"圣杯"?

二十世纪六七十年代,艾伦·纽厄尔(Allen Newell)、赫伯特·西蒙(Herbert Simon)等人工智能的第一代教父们曾经坚信,"物理符号系统是智能行动的充分且必要的手段。在二十年内,一台机器就能够完成人类能做的所有事情。"①这一目标后来被称为"通用人工智能(artificial general intelligence,也称'强人工智能',人工智能的'通用性')"。只有实现了通用智能,我们才可以说人工智能和人类智能处于可以匹敌竞争的水平。博登宣称:"强人工智能无疑是人工智能领域的圣杯"。②

然而半个世纪过去,通用人工智能之梦更多地还只是在科幻小说和好莱坞电影中实现。大多数人认为人工智能的极限仅是人类局部的、某领域的智能(即弱人工智能),其整体上不会超过甚至匹敌人类智能。而同时认为人工智能危险极大,再不加控制将会毁灭人类的质疑声也不绝于耳。那么,超越了传统范式的人工群体智能既然在处理复杂问题时甚至表现得比我们自己更智慧,是否意味着它达到了通用智能的水平呢?

---

① H.A. Simon, *The Sciences of the Artificial* (3rd edition), MIT press, 1969/1996, p.23.

② [英]玛格丽特·博登:《AI:人工智能的本质与未来》,孙诗惠译,中国人民大学出版社 2017 年版,第 28 页。

哲学家塞尔通过构造"中文屋思想实验"①反驳通用人工智能的可能性,他主张即使行为看上去具有智能的机器仍旧不可能理解意义,因为它们只是模拟而没有意识。

中文屋论证的根本论题认为,被执行的计算机程序,它们纯粹形式的、抽象的或句法的运行,其自身不能够充分地保证那些对于人类认知而言具有本质意义的心理内容或语义内容的出现。在某一特定的硬件上执行一个程序可能足够充分地产生意识和意向性,但是这样一种论述已经不再是强人工的了。强人工智能论题的核心认为,执行程序的系统是无关紧要的。只要仅仅假定硬件足以丰富并且足以稳定来传载程序,那么任何的硬件实现载体都是有效的。

简单来说,中文屋论证依赖于两个极其根本的逻辑真理,它们是:第一,句法不是语义。这就是说,一个计算机执行的句法的或形式的程序既不构成,另一方面也不足以保证语义内容的出现;第二,模拟不是复制。就像你能模拟暴风雨、五声火警、消化过程等等其他任何你能准确描述的东西一样,你也能模拟人类心灵的认知过程。塞尔戏谑地说道:"认为一个具备意识和其他心理过程模拟的系统因而也就具备了心理过程,这是和认为在计算机上模拟消化过程因而就能实际消化啤酒和匹萨饼一样荒谬可笑的。"②

被执行的计算机程序自身没有办法来保证心灵内容或语义内容的出现。然而强人工智能的支持者们究竟是怎样来想象程序能够确保心灵内容的出现的呢?他们具有什么样的理论图景呢?塞尔说:"事实上,他们在观点上的含糊不清正例证了过去的一个世纪里,在试图处理哲学问题上还原论努力的某种重大的失败……典型的样式是将某一现象——以心灵为例就是行为,以物体为例就是感觉材料——的认识基础视为以某种方式在逻辑上充分确保这一现象的出现。基本的主张是一种证实主义的还原论主张,而图灵测试就是这

① J.R. Searle, "Minds, Brains, and Programs.", *Behavioral and Brain Sciences*, Vol.3, No.3, 1980, pp.417—424.

② J.R. Searle, "Twenty-one years in the Chinese Room", in J.Preston, & M.J. Bishop, *Views into the Chinese room: New Essays on Searle and Artificial Intelligence*, OUP, 2002, p.51.

类主张的一种表达。但是还原论者也想去继续追溯那些首先已经假定被还原了的现象的直觉性概念。一种心理状态或者一个物体直觉性概念在还原论的计划中以某种方式被保留了下来。"①

中文屋提出了这样一个问题:我执行了一个程序,但是我不能理解中文。强人工智能的命题以纯粹形式的方式将被执行的程序与构成心灵的过程等价。一个执行恰当程序的系统必然具有一个"心灵"。图灵测试给我们提供了一种测定心灵出现的测试,但是实际的情况是这一测试测定的是一系列的计算过程。因此,强人工智能的理论家们始终摆脱不了类似于中文屋的梦魇。

人工智能的倡导者们具有一种职业的信奉。他们认为是在"创造心灵(creating minds)"。对于他们来说,在心理上是不可能接受"强人工智能的方案在原则上是设想错误的"这一点。他们愿意相信,强人工智能的失败是由于一些技术的暂时局限;而且只要当我们具有了更快速的计算机芯片或者是更复杂的并行分布处理系统,我们就能够克服这一论证。但是,中文屋论证的要义无论如何都与技术的状况毫不相干,它和其基本纲领中的计算这一概念相关。

那么人工群体智能是否能突破传统人工智能的瓶颈,成为捧起强人工智能"圣杯"的希望? 我认为,人工群体智能的优势仅仅是利用新的技术实现了大数据的在线输入、动态即时的信息更新,使得智能模拟系统从封闭走向开放和涌现,但其智能构造方法本质上仍是以计算为基础的问题求解模型。也就是说,人工群体智能优化的只是基于种群的算法,它并没有改变智能是基于规则的表征—计算系统这一核心假说。哥德尔不完全性定理等数学上结论的揭示了人类思维是计算不完全的,人的大脑很大程度上并不按照计算加工的方式进行思维。②人工群体智能也会面临与传统人工智能一样的计算主义挑战。例如,上述罗森堡的 UNU 系统的确能高准确率预测奥斯卡奖项的归属,但它

---

① J.R. Searle, "Twenty-one years in the Chinese Room", in J.Preston, & M.J.Bishop, *Views into the Chinese room*: *New Essays on Searle and Artificial Intelligence*, OUP, 2002, p.60.

② Paul Thagard, "Cognitive Science", *The Stanford Encyclopedia of Philosophy*, Edward N.Zalta (ed.), https://plato.stanford.edu/archives/fall2014/entries/cognitive-science/.2014.

真的理解这些结果的意义吗？即使它预测正确，它能意识经验到与某明星的粉丝也正确预测自己喜爱的明星获奖时一样的兴奋之情吗？可见，UNU 和关在塞尔"中文屋"中的机器本质上无异，即便它在作出某项决策时比人类还准确有效，但仍然没有理由认为它们就超越了专能而具有通用智能。

另外，虽然群体智能在处理某些问题时已经表现出 1＋1＞2 的整体效用，但如何超越个体，优化整合出宏观的群体智慧，这是人工智能专家在新的发展机遇下面临的新课题。不难发现，无论在自然界、还是人类社会，个体智能的聚合并不必然产生更高的群体智能。个体的样本大小、认知偏见、情绪类型、外在环境的优劣情况在群体整合中发挥着不同的作用，也直接影响着群体的认知表现。社会心理学的案例分析中充满着大量有关乌合之众产生不良群体意见的真实情况。比如，群体合作中不正当的组织规则、个体成员过度自满的情绪等都会把群体意见引向危险境地。当前，人工群体智能的研究主要集中在对具体算法的优化努力上，对于复杂世界中群体智能模型构成的统一规则并没有足够的认识。因此，我们有理由认为人工群体智能与基于单主体的人工智能在智能层次上有着本质差别，但断言人工群体智能已经是一种通用智能，它比传统人工智能更安全仍为时尚早。

（郁锋，华东师范大学哲学系副教授）

第七章
走向人工智能的价值审度与伦理构建

　　近年来,在大数据分析、计算能力提升和深度学习算法等技术进步的推动下,人工智能的产业发展与社会应用呈现出新一波的爆发态势。从科技界、产业界到各国政府与普通民众,无不高度关注人工智能对未来的就业、教育和生活可能带来的颠覆性影响,纷纷开始反思人工智能研究与创新的责任,甚至质疑其对人类文明乃至人的存在的潜在风险。毋庸置疑,人工智能和包括机器人在内的智能化自动系统的普遍应用,不仅仅是一场结果未知的开放性的科技创新,更将是人类文明史上影响至为深远的社会伦理试验。

　　人们对人工智能的认识大多是通过国际象棋、围棋的"人机大战"以及在《终结者》《少数派报告》《机器管家》《黑镜》之类的科幻影视作品获得的。在这些想象的人与机器的未来情景中,阿西莫夫的机器人三大法则对智能机器的道德律令的思考开启了机器道德构建的先河。近20年来,人工智能的加速发展使其价值与伦理问题日益成为公众关注的焦点话题。1997年,当国际象棋大师卡斯帕罗夫在电视直播中负于机器人"深蓝"时,目睹这一震撼性事件的人们不禁对计算机的强大计算能力叹为观止。随着新一波人工智能大潮涌动,谷歌围棋机器人接连战胜围棋大师李世石和柯洁,则迫使我们不得不开始思考人工智能超越人类智能的现实可能性及其应对之道。对此,发明家出身的未来学家雷·库兹韦尔(Ray Kurzweil)在《灵魂机器的时代》(1999)、《奇点临近》(2005)等畅销书中描绘了一幅机器乌托邦图景:计算机将超过人类智能并帮助人在大约50年内接近永生。但同为科技界意见领袖、曾为太阳微计算公司首席科学家的比尔·乔伊(Bill Joy)则认为这大大低估了其导致负面结果乃至未来危险的可能性。他在《连线》上发表一篇题为《为什么未来不需要我们?》的文章中不无忧患意识地警示世人：在21世纪，我们最强大的技术——机器人、基因工程和纳米技术——将威胁到人类，使人类在物种意义上受到威胁。

在科幻影视中，往往更多地折射了人们对智能化未来的忧思：机器人与人工智能系统会不会变得不仅比我们聪明，而且具有自我意识而不为人所掌控，进而毁灭整个人类？那些数据驱动的智能商业推荐系统会不会发展成一眼看穿我们心机的"巫师"，让我们因为内心的一个"坏"念头而被"预防犯罪"小组警告？机器人会不会突然产生自我身份认同？应该如何面对各种具有自我意识的智能体？等等。回到现实世界，曾几起几落的人工智能再度爆发，大数据智能、跨媒体智能、自动驾驶、智能化自动武器系统迅猛发展，其影响可谓无远弗届。马斯克等科技创新界意见领袖纷纷疾呼：要对人工智能潜在的风险保持高度的警惕！霍金不无担忧地指出，人工智能的短期影响由控制它的人决定，而长期影响则取决于人工智能是否完全为人所控制。客观地讲，不论是否会出现奇点与超级智能，也不论这一波的人工智能热潮会不会以泡影告终，毋庸置疑的是人工智能时代正在来临。故通观其态势，审度其价值进而寻求伦理调适之道，可谓正当其时。

一、人工智能的内涵与智能体的拟伦理角色

2015年9月，由包括中国学者在内的全球十多位科技政策与科技伦理专家在《科学》杂志上发表了一封题为《承认人工智能的阴暗面》的公开信。该信指出，各国的科技、商业乃至政府和军事部门正在大力推动人工智能研发，尽管考虑到了其发展风险以及伦理因素，但对人工智能的前景表现出的乐观态度不无偏见，因此，建议在对其可能的危险以及是否完全受到人的控制等问题进行广泛深入的讨论和审议之前，放缓人工智能研究和应用的步伐。① 毋庸置疑，此举并非无病呻吟，而旨在将人工智能的社会伦理问题纳入现实的社会政

---

① Christelle Didier, Weiwen Duan, Jean-Pierre Dupuy, David H.Guston et al., "Acknowledging AI's Dark Side", *Science*, Vol.349, Issue 6252, 2015, p.1064.

策与伦理规范议程。

　　要全面理解人工智能的发展所带来的社会伦理冲击,先要大致了解一下人工智能的基本内涵。像所有开放的和影响深远的人类活动一样,人工智能的不断发展和加速进步使人们很难明确界定其内涵。综观各种人工智能的定义,早期大多以"智能"定义人工智能,晚近则倾向以"智能体"(agents,又译代理、智能主体、智能代理等)概观之。从人工智能的缘起上讲,以"智能"定义人工智能是很自然的。就智能科学而言,计算机出现以前,对智能的研究一直限于人的智能。有了计算机的概念之后,人们自然想到用它所表现出的智能来模仿人的智能。人工智能的先驱之一图灵在提出通用图灵机的设想时,就希望它能成为"思考的机器"———一方面,能够做通常需要智能才能完成的有意义的事情;另一方面,可以模拟以生理为基础的心智过程。[①]1956 年,在美国达特茅斯学院召开的"人工智能夏季研讨会"上,四位会议发起人麦卡锡(John McCarthy)、明斯基(Marvin Lee Minsky)、香农(Claude Elwood Shannon)及罗切斯特(Nathaniel Rochester)等指出,从学习与智能可以得到精确描述这一假定出发,人工智能的研究可以制造出模仿人类的机器,使其能读懂语言,创建抽象概念,解决目前人们的各种问题,并自我完善。[②]但在真正的人工智能研究开启后不久,人们发现能够实现的人工智能与通常意义上的智能(人和动物的智能)很不一样。特别是人工智能的研究者莫拉维克(Hans Moravec)发现,让计算机在一般认为比较难的智力测验和棋类游戏中表现出成人的水平相对容易,而让它在视觉和移动方面达到一岁小孩的水平却很困难甚至不可能。这就是所谓的莫拉维克悖论,它表明,不仅人工智能与人和动物的智能不一样,而且人工智能在不同研究方向上实现的机器智能也不尽一致。尽管有人认为,由于人工智能的大多数工作与人所解决的问题相关,而人脑为这些问题的解决提供了天然的模型,也有很多人相信通过研究计算机程序有助于了解大

　　[①]　[英]玛格丽特·博登:《AI:人工智能的本质与未来》,孙诗惠译,中国人民大学出版社 2017 年版,第 11 页。

　　[②]　J.McCarthy, M.L. Minsky, N.Rochester, and C.E. Shannon, "A Proposal for the Dartmouth Summer Research Project on Artificial Intelligence", 1955. http://www.formal.stanford.edu/jmc/history/dartmouth/dartmouth.html.

脑的工作机制,但迄今既未出现一种普适的智能理论,也没有开发出图灵和麦卡锡等乐见的可模拟人脑思维和实现人类所有认知功能的广义或通用人工智能(Artificial General Intelligence,又称强人工智能、人类水平人工智能),而目前可实现的人工智能主要是执行人为其设定的单一任务的狭义人工智能(Artificial Narrow Intelligence,又称弱人工智能)。这使得人工智能研究依然是一门综合性的实验科学。

　　普适的智能理论难以构建实际上意味着人们对人类智能的内涵和机器智能的可能性均知之甚少,由此晚近主流人工智能教科书转向以"智能体"定义人工智能。尼尔森(Nils J.Nilsson)的《人工智能:新综合》在前言开篇就指出:"这本人工智能导论教材采用一种新的视角看待人工智能的各个主题。我将考量采用人工智能系统或智能体的发展这一较以往略为复杂的视角。"①拉塞尔(Stuart J.Russell)与诺维格(Peter Norvig)的《人工智能———一种现代方法》的前言也特别指出:"本书的统一主题是智能智能体(intelligent agent,又译'智能主体'、'智能代理')。在这种观点看来,人工智能是对能够从环境中获取感知并执行行动的智能体的描述和构建。每个这样的智能体都实现了把一个感知序列映射到行动的函数。"②该书导言指出,在8种教科书中,对人工智能的定义分为四类——像人一样行动的系统(图灵测试方法)、像人一样思考的系统(认知模型方法)、理性地思考的系统(思维法则方法)和理性地行动的系统(理性智能体方法),人们在这四个方向都做了很多工作,既相互争论,又彼此帮助。若将人工智能研究视为理性智能体(rational agents)的设计过程,则更具概括性并更经得起科学检验。在内涵上,智能体一词源于拉丁文*agere*,意为"去做",在日常生活中有施动者或能动者的意思;基于人工智能的智能体则可以在工程层面"正确地行动"或"理性地行动",是遵循合理性的理性智能体(rational agents)。由此,基于人工智能的理性智能体的设计目

---

① Nils J.Nilsson. Artificial Intelligence, *A New Synthesis*, San Francisco: Morgan Kaufmann, 1998, p.xvii.

② Stuart Russell, Peter Norvig, *Artificial Intelligence: A Modern Approach*, NewJersey: Prentice Hall, 1995, p.vii.

标是使机器通过自身的行动获得最佳结果,或者在不确定的情况下,寻求最佳的期望值。①其中的合理性与理性主要指技术与工程上的合理性或理性,即一个系统或智能体能在其所知的范围内正确行事。而且,这种合理性或理性往往是有限的而非完美的,并可以通过人工实现,亦即西蒙在《人工科学》中所探讨的有限理性。

由此可见,人工智能智能体——基于人工智能的智能体或理性智能体(下文简称人工智能体或智能体)是理解人工智能的核心概念,亦应是人工智能时代的价值审度与伦理调适的关键。在人机交互实践中,人工智能体可通过自动的认知、决策和行为执行任务(暂且不论其实现条件),这使其在一定程度上显示出某种"主体性",成为一种介于人类主体与一般事物之间的实体。为了更具针对性地把握人工智能的价值和伦理问题,值得追问的是:智能体所呈现的这种"主体性"有何内涵? 智能体因此可能扮演什么样的伦理角色?

先讨论第一个问题。目前人工智能体所呈现的"主体性"是功能性的模仿而非基于有意识的能动性(agency)、自我意识与自由意志,故应称之为拟主体性。在人的感受中,智能体虽然貌似抽象,还有点似是而非,但就像柯洁与人工智能体对弈后感觉到某种神般的存在一样,人们在面对各种智能化技术和设施时,会自然地感受到一种可以具有认知和行为能力的非人又似人的存在。从人类主体的认知、行动和交互的角度来看,人工智能体可以在功能上模拟人的认知和行为,既可能具有认知行动能力也可能具备沟通交往能力;既可能是实体的也可能是虚拟的;既可模仿人的认知和行动也可以通过机器实现理性认知和行动。由此,人工智能体已经逐步发展成为在认知、行动和交互等能力上可以部分地和人类相比拟的存在,故可视之为"拟主体",或者说人工智能体具有某种"拟主体性"。更确切地说,智能体的"拟主体性"是指,通过人的设计与操作,使其在某些方面表现得像人一样。而"拟"会表现出某种逆悖性:一方面,它们可能实际上并不知道自己做了什么、有何价值与意义;另一方面,至少在结果上,人可以理解它们的所作所为的功能,并赋予其价值与意义。

---

① Stuart Russell, Peter Norvig, *Artificial Intelligence: A Modern Approach*, NewJersey: Prentice Hall, 1995, pp.3—8.

从技术细节上讲,智能体的功能和拟主体性是通过软件编写的算法对数据的自动认知实现的。智能体"能够从环境中获取感知并执行行动"与智能体"实现了把一个感知序列映射到行动的函数"是对同一个过程的两种表述,前者是从外部对智能体的拟主体性的描述,后者则揭示了更为本质的智能计算过程。其大致过程是:**为了完成一项任务,运用智能算法所形成的映射关系对数据进行自动感知和认知,并据此驱动智能体的自动决策与行为,以达成任务**。在当前迅猛发展的数据驱动的人工智能中,这种映射关系往往不是对研究对象本身的模式识别,而可能基于高维的非本质的相关性和对应关系。概言之,智能算法是智能体的功能内核,智能体是智能算法的具身性体现。

再来看第二个问题。原则上讲,人工智能体的拟主体性使人工智能具有不同于其他技术人工物的特有的拟伦理角色。对此,我们可以从智能体的能力和关系实践入手,**在智能体的价值和伦理影响力以及由智能体的应用所汇聚的行动者网络两个层面展开初步的分析**。

在智能体的价值和伦理影响力层面,计算机伦理学创始人摩尔(James H.Moor)对机器人的分类具有一定的启发性。他根据机器人可能具有的价值与伦理影响力,将其分为四类:(1)有伦理影响的智能体(ethical impact agents)——不论有无价值与伦理意图但具有价值与伦理影响的智能体;(2)隐含的伦理智能体(implicit ethical agents)——通过特定的软硬件内置了安全和安保等隐含的伦理设计的智能体;(3)明确的伦理智能体(explicit ethical agents)——能根据情势的变化及其对伦理规范的理解采取合理行动的智能体;(4)完全的伦理智能体(full ethical agents)——像人一样具有意识、意向性和自由意志并能对各种情况做出伦理决策的智能体。①若借助摩尔的划分,可从价值与伦理影响力上将智能体分为伦理影响者、伦理行动者、伦理能动者(施动者)和伦理完满者等具有四种不同能力的拟伦理角色。

智能体可能的拟伦理角色及其能力是通过设计实现的。其中,伦理影响者强调的是智能体中没有任何伦理设计;伦理行动者意指设计者将其价值与

---

① J.H. Moor, "Four Kinds of Ethical Robot", *Philosophy Now*, Issue 72, 2009, pp.12—14.

伦理考量预先嵌入智能体中,使其在遇到设计者预先设定的一些问题时得以自动执行;伦理能动者则试图通过主动性的伦理设计使智能体能理解和遵循一般伦理原则或行为规范,并依据具体场合作出恰当的伦理决策;而伦理完满者则以智慧性的伦理设计令智能体可以像人类主体一样进行价值伦理上的反思、考量和论证,甚至具备面对复杂伦理情境的实践的明智。目前,人工智能体大多属于伦理影响者,只有少量可以勉强算作伦理行动者,伦理能动者还只是机器伦理等理论探索的目标,伦理完满者则属于科幻。后文将指出,目前的人工智能体应以"有限自主与交互智能体"加以概观。由此可见,智能体的价值与伦理影响力迄今无法独立地主动施加,而只能在人机交互的关系实践之中体现,故只有把智能体放在其与人类主体构成的行动者网络之中,才能真正把握智能体拟伦理角色的实践内涵。

透过行动者网络分析,在由智能体的应用所汇聚的行动者网络层面,不仅可以较为明晰地看到智能体的拟伦理角色与相关主体的伦理角色的关联性与整体性,还有助于透视它们之间的价值关联与伦理关系,廓清其中的责任担当与权利诉求。一般地,对于人工智能体 A,存在设计者 D,故智能体可记为A(D)。若以拉图尔式的行动者网络来看智能体和人类主体的关系网络,则可见由人工智能引发的价值关联与伦理关系的基本模式不是简单的"人—机"之际的二元关系,而是"控制者(C)—智能体[A(D)]——般使用者(U)"之间的复合关系(其中一般使用者强调与控制者无直接共同利益且无法主导技术应用的非主导者和不完全知情者)。更重要的是,在基于此复合关系的行动者网络中,"控制者(C)"、"智能体[A(D)]"和"一般使用者(U)"所具有的控制力或"势"是不一样的。因此,不能简单地将这种复合关系看作是 C 与 U 以 A(D)为中介的关系——将其对称性地分解为"C—A(D)"与"A(D)—U",而主要应该从"C—A(D)"整体与 U 之间的关系来展开分析。由此,一方面,鉴于"C—A(D)"是主导者与施加者,U 是承受者与受动者,前者的责任和后者的权利无疑是相关价值与伦理考量的重点;另一方面,由于 A 或 A(D)的价值与伦理影响力的不同,"C—A(D)"整体责任的内部划分变得较其他技术人工物复杂。

这些分析不仅有助于廓清智能体与相关主体的伦理角色和伦理关系,也大致指出了人工智能体的价值审度与伦理调适的两条现实路径：**负责任的创新和主体权利保护**。负责任的创新的路线图是："控制者—智能体［C—A(D)］"应主动考量其整体对一般使用者、全社会乃至人类的责任，并在"控制者—智能体［C—A(D)］"内部厘清设计责任和控制责任，以此确保一般使用者的权利，努力使公众和人类从人工智能中获益。主体权利保护的路线图是：由权利受损的一般使用者 U 发出的权利诉求，展开对"控制者—智能体［C—A(D)］"的责任追究，进而迫使"控制者—智能体［C—A(D)］"内部廓清责任，即区分智能体的控制与设计责任。而不论是哪条路径，都必须与人工智能的具体实践和场景相结合才能使价值审度与伦理调适具有针对性和实效性。因此，在阐述了人工智能内涵并对智能体的拟伦理角色作出初步辨析之后，我们将对当前人工智能的典型应用——合成智能与人造劳动者进行价值审度，以此把握其发展可能引发的伦理问题的价值内涵，进而确立对人工智能的伦理规范所应有的基本价值诉求。

二、合成智能与人造劳动者的兴起及其价值审度

众所周知，正在爆发的这场人工智能热潮，得益于大数据驱动、计算能力的提升、深度学习算法等带来的数据智能和感知智能上的突破，可视为计算机科学与统计学、数据科学、自动传感技术、机器人学等长期积累与相互融合的结果。对于当前人工智能的典型应用，集人工智能技术专家、创业家和伦理学家的头衔于一身的斯坦福大学人工智能与伦理学教授卡普兰(Jerry Kaplan)指出，目前的人工智能所创造的机器智能在合成智能(synthetic intellects)和人造劳动者(forge labors)两个方向出现了突破，并正向自主智能体(autonomous agents)发展。①

合成智能与人造劳动者等应用人工智能(applied AI)主要是由数据驱动的，可称之为数据驱动的智能。目前，应用人工智能中的数据主要指那些可以

---

① ［美］杰瑞·卡普兰：《人工智能时代》，李盼译，浙江人民出版社 2016 年版，第 2—6 页。　　　　　　161

第七章 走向人工智能的价值审度与伦理构建

通过不同的信息表达形式和载体记录下的各种经验事实。这些作为经验事实的数据大致可分为三类:(1)量化的观测事实,如基因组、宇宙结构等科学数据,可穿戴设备、移动通信定位系统等传感器记录的运动、生理、位置、空气质量和交通流量等实时数据;(2)人类在线行为的数字痕迹,如网络搜索、社交媒体以及电子交易记录等数据;(3)原始事实的多媒体记录,如视频、音频、图片等记录原始事实的数据。正是它们为各种数据驱动的人工智能提供了智能化认知的素材。

合成智能在很大程度上是数据驱动下对数据挖掘和认知计算等相关技术的综合集成。根据研究重点和方法的不同,研究者们一般称其为机器学习、神经网络、深度学习、大数据智能、跨媒体智能、认知计算等,而各种已有的人工智能的成果,如专家系统、计算机视觉、语音识别、自然语言处理等也往往根据需要融入其中。当前常见的合成智能是基于大数据与深度学习及机器学习的智能辨识、洞察和预测等自动认知和决策系统,广泛应用于人类无法直接高效认识的各种复杂的经验事实。其基本认知模式是,用计算机软件和智能算法自动处理和分析各种类型的数据,以获取知识和形成决策。如通过对人的位置信息、网络搜索与社交媒介行为等数据的分析、挖掘和聚合,对人的特征进行数字画像,从中找到有商业价值的特征(如对某种设计风格的喜好)或各种人难以直接洞察的有意义的相关性等。目前,从个性化商品推荐到广告推送、从信用评分到股市高频交易、从智能监控到智慧城市、从智能搜索到潜在罪犯的"智能识别",合成智能已普遍应用于各种场景,正在全面颠覆着我们熟知的生活。

人造劳动者一般指可以模仿或代替人完成特定任务的智能化的自动执行系统,其智能也是数据驱动的,关键在于对数据的采集、处理、加工和控制。这类系统由各种能与设定环境互动的自动传感器和执行器结合而成,既可以是有物理结构的能加工、挖矿、扫地、救火、搜救、作战的操作机器人,也可以是社交聊天、手机导航、知识抢答、智能客服之类交互性的软件系统。最常见的人造劳动者是工业机器人和简单的家用机器人,它们一般按照预先编好的程序像牵线木偶一样工作,工作内容多为重复性的操作,工作环境一般也是简单和可预见的。例如,一个工业机器人手臂在某个时刻出现在某一位置时,它所要拧紧的螺栓会恰好出现在那个地方。虽然人造劳动者可以使人们从一些繁琐的事务和繁重、危险的劳动中解放出来,但令人普遍担心的是,其对专业技能的取代可能导致前所未有的技术性失业甚至所谓的"人工智能鸿沟"。

合成智能和人造劳动者的兴起,使人工智能和自动智能系统在商业、制造、管理和治理等领域的应用获得大量投资,但要使这种可能带来重构性和颠覆性影响的力量造福人类,必须对其价值进行系统的审度。为此,应该从澄清技术现状、揭示价值负载、明确价值诉求三个层面加以探究。

澄清技术现状的关键在于要分清事实与科幻,认识到合成智能与人造劳动者等应用人工智能当前发展的局限性。首先,当前数据驱动的人工智能既不具备人类智能的通用性,也没有实现功能上与人类智能相当的强人工智能,更遑论全面超越人类智能的超级人工智能。其次,目前应用人工智能的智能模式远低于人类的智能模式,而且神经科学和认知科学对人类智能的了解还非常有限。具体而言,目前的数据驱动的人工智能所使用方法本质上属于分类、归纳、试错等经验与反馈方法,在方法论上并不完备。机器翻译、智能推荐、语音识别、情绪分析等看起来功效显著,但高度依赖于以往的类似经验和人对数据的标注,其所模拟的"智能"往往只能推广到有限的类似领域(局部泛化),而难以推广到所有领域(全局泛化)。很多数据驱动的应用人工智能主要适用于认知对象及环境与过去高度相似或接近的情况,其理解和预测的有效性依赖于经验的相对稳定性,其应对条件变化的抗干扰能力十分有限。以自动驾驶汽车为例,一旦出现未遇到过的路况和难以识别的新的物体等无法归类的情况,就容易发生事故。

揭示价值负载的目的是反思人工智能的设计和应用中的客观性,厘清相关主体的价值取向和价值选择在其中的作用。一方面,数据的采集与智能算法的应用并非完全客观与无偏见,其中必然负载着相关主体的价值取向。在人工智能与智能自动系统的数据选取、算法操作和认知决策中,相关主体的利益与价值因素不可避免地渗透于对特定问题的定义及对相应解决方案的选择与接受之中,它们既可能体现设计者与执行者的利益考量与价值取向,也会影响到更多利害相关者的利益分配和价值实现。另一方面,合成智能和人造劳动等人工智能应用一般是通过人机协同来实现的,相关主体的价值选择必然渗透其中。通过机器学习和智能算法对数据进行洞察之类的应用人工智能不仅是各种计算与智能技术的集成,还必须将人的判断和智能融入其中。要把握数据所反映的事实及其意义,必须借助人的观察和理解进行标注。在视频理解等智能化识别中,将人的经验通过人工标注融入数据之中,是提高准确率的关键因素。有标注的数据是深度学习最为重要的资源,这就是业内常说的"有多少人工,就有多少智能"。

明确价值诉求旨在寻求使应用人工智能的发展更符合公众利益和人类福祉所应该具有的价值追求。为此,尤需慎思细究者有三个方面:

第一,寻求算法决策与算法权力的公正性。诸多"算法决策"——基于数据和算法的智能化认知与决策——运用日渐广泛,这一智能化的"政治算术"正在发展为"算法权力"。从政治选举、产品推荐、广告推送到信用评分和共享服务,算法决策普遍用于个人、组织和社会层面的特征洞察、倾向分析和趋势预测,业已形成具有广泛和深远影响力的算法权力。算法决策常被简单地冠以高效、精准、客观和科学,但像所有人类社会认知与决策一样,服务于问题的界定与解答的数据与算法是负载价值的,其中所蕴含的对人与社会的解读和诠释难免牵涉利害分配、价值取向与权力格局,其精准、客观与科学均有其相对的条件和限度。在信息与知识日益不对称的情势下,若不对此加以细究,算法决策与算法权力很可能会选择、听任、产生甚至放大各种偏见与歧视,甚或沦为知识的黑洞与权力的暗箱。人们已经一再并将继续目睹的是,在智能算法拥有的权力越来越大的同时,它们却变得越来越不透明。而这将可能使个人被置于德勒兹式的"算法分格",而不得承受各种微妙的歧视和精准的不公:搜索引擎会根据你以往的搜索兴趣确定你的搜索结果;商家依照算法推测购买过《哈利·波特》的用户可能会购买《饥饿游戏》并给出更高的报价;谷歌更倾向于招聘那些有熟人在其中供职的应聘者;机场会为那些收入高且愿意多付费以快速通关者提供较近的车位。①

---

① 段伟文:《大数据与社会实在的三维构建》,《理论探索》2016 年第 6 期。

在社会管理层面,算法权力影响更甚,更应谨防其滥用。当前,整个社会逐渐被纳入基于数据和算法的精细管理和智能监控之下,各种决策与举措愈益建立在智能算法之上,必须关注和防范由算法权力的滥用所导致的决策失误和社会不公。尤其应该关注的是,对智能算法的迷信与滥用往往会造成公共管理系统的漏洞,甚至将其引向"人工愚蠢"。例如,某算法根据某种偏见将某一类人列为重点犯罪监控对象,但不无吊诡的是,对这类人的关注貌似会证实其预设,却可能会遗漏真正应该监控的对象。

为了披露与削减算法权力的误用和滥用,应对数据和算法施以"伦理审计"。其基本策略是,从智能认知和算法决策的结果和影响中的不公正入手,反向核查其机制与过程有无故意或不自觉的曲解与误导,揭示其中存在的不准确、不包容和不公正,并促使其修正和改进。特别是算法权力的执行者应主动披露自身在其中的利益,公开自身利益与他人利益和公众利益之间可能存在的利益冲突。唯其如此,智能算法才可能避免力量的滥用,公正地行使其权力。

第二,呼唤更加透明、可理解和可追责的智能系统。虽然基于计算机、网络、大数据和人工智能的智能系统已成为当代社会的基础结构,但其过程与机制却往往不透明、难以理解和无法追溯责任。除了隐形的利益算计、设计偏见以及知情同意缺失之外,导致此问题的主要原因是,智能系统及其认知与决策过程复杂万分,远远超过了人的理解能力,对其机理即便是研发人员也不易作出完整明晰的解释,且此态势会越来越严重。一旦人工智能和自动系统的智能化的判断或决策出现错误和偏见,时常难于厘清和追究人与机器、数据与算法的责任。例如,在训练深度学习的神经网络识别人脸时,神经网络可能是根据与人脸同时出现的领带和帽子之类的特征捕捉人脸,但只知道其识别效率的高低,而不知道其所使用的究竟是什么模型。正是这些透明性和可理解性问题的存在,使得人工智能潜在的不良后果的责任难以清晰界定和明确区分。

随着自动驾驶、自动武器系统等智能系统的出现,其中涉及大量自动化乃至自主智能决策,如自动驾驶汽车中人与智能系统的决策权转换机制、紧急情况下的处置策略等。由于这些决策关乎人生安危和重大责任界定,其透明性、可理解性和可追责的重要性愈发凸显。为了克服这一日渐迫切的问题,欧洲议会 2016 年 4 月颁布的《一般数据保护条例》(GDPR)(拟于 2018 年实施)规定,在基于用户层面的预测的算法决策等自动化的个人决策中,应赋予公众一种新的权利——"解释权",即公众有权要求与其个人相关的自动决策系统对其算法决策作出必要的解释。这项法律将给相关产业带来很大的挑战,应会促使计算机科学家在算法设计和框架评估阶段优先考虑透明性、可理解性和可追责,以免于偏见和歧视之讼。

第三,追问智能化的合理性及其与人的存在价值的冲突。近代以来,人类在合理性和理性化的道路上不断前进,从计算机、互联网、大数据到人工智能与机器人的发展将理性化的进程推向了智能化的新纪元。但人工智能所呈现的合理性与理性只是工程合理性或工具理性,应进一步反思其会不会给整个社会带来更广泛和深远的不合理性。对此,人们普遍关注的是可控性问题:鉴于人工智能拥有巨大的理性行动能力,这种力量能否为人类或社会的正面力量所掌控? 一方面,它会不会因为太复杂而超越人的控制能力,使人们陷入巨大的风险而不知晓? 另一方面,长远来看,人工智能本身会不会发展为一种不受人类控制的自主性的力量?

而更根本的问题是这种合理性与人的存在价值的冲突:人的存在的价值是不是应该完全用其能否适应智能机器来衡量? 19 世纪中叶,马克思看到了彼时资本与劳动力之间不可调和的矛盾:资本通过工业自动化取代劳动。今天,迈过智能社会门槛的我们所面对的会不会是:资本通过人工智能取代人的头脑? 由此值得关注的现实问题是,人工智能对普通劳动乃至专业技术劳动的冲击,会不会在范围、规模、深度和力度上引发前所未有的全局性危机? 还应慎思和追问的是,人工智能的发展会不会与人的存在价值发生深层次的难易调和的本质性冲突? 对此,德国当代哲学家京特·安德斯(Gunther Anders)曾振聋发聩地指出,虽然人们一再强调"创造是人的天性",但当人们面对其创造物时,却越来越有一种自愧弗如与自惭形秽的羞愧,而这种羞愧堪称**普罗米修斯的羞愧**——在机器面前,这种"创造与被创造关系的倒置"使人成了过时的人！①

在初步辨析人工智能体的拟伦理角色并对合成智能与人造劳动者等新近发展展开价值审度之后，我们必须对智能机器越来越多地替代人类决策和行动的未来发展趋势进行进一步的追问。在迫近的未来，必将呈现的情境是：人类要么允许机器在无人监督的情况下自行做出决定，要么保持对机器的控制。正是这一挑战，迫使我们进一步尝试性地探讨面向人工智能时代的价值校准与伦理调适之道。

在初步辨析人工智能智能体拟伦理角色并对合成智能与人造劳动者展开伦理审度之后，需要进一步探讨的自然就是人工智能应该遵守哪些伦理规范并使其得到践行，而应对此问题最早且最知名的方案源自科幻作家阿西莫夫提出的"机器人三大法则"。

三、机器人三大法则中的机器道德嵌入与人本关怀

人工智能的价值反思和伦理考量始于对机器人与人的关系的想象。机器人一词起初并非已经创造出来的某种聪明能干的机器的称谓，而是一个来自科幻小说的概念。1921 年，捷克作家恰佩克(Karel Čapek)在其小说《罗素姆全能机器人》(*Rossum's Universal Robots*)中率先创造了机器人的形象和机器人一词"robot"。这个捷克词汇源于斯拉夫语的工人与工作，从小说的语境看，意指非自愿或受到强制的劳工或苦力。从机器的谱系来看，机器人可以视为自古就有的自动机器、特别是自动人偶之类的小玩意的现代版。据此，中国的计里鼓车、指南车和文艺复兴时期的达·芬奇机器人都可以算做早期自动机器的典范。从自鸣钟、八音盒到各种能写字、下棋、倒茶的自动人偶，还有每个人可能都玩过的上发条的小青蛙，似乎都可以看作机器人的前身。在近代欧洲，一些技术精湛的钟表匠制作了很多构造精巧的机械人偶，它们可以像人一样写字、弹琴，甚或还能传达表情，如著名的土耳其下棋傀儡。而日本则自古对各

---

① [德]京特·安德斯：《过时的人：论第二次工业革命时期人的灵魂》，上海译文出版社 2010年版，第3—6页。

种机关人偶情有独钟,17 世纪的时候就出现了自动人偶剧院,这可能与其神道教传统的"万物有灵(Animism)"观念以及重视万物存在价值的思想有关。再看其在机器人研制上的成就以及近年风靡一时的《尼尔:自动人形》(NieR:Automata)游戏,文化底色之于技术的深远影响可见一斑。

从词源上讲,自动机器(automaton,复数 automata)一词源于希腊文αὐτόματον,意为"按照自己的自由意志行事",可见其本意实乃"自主"。荷马用这个词来描述可以自动打开的门,后来它一般指可以像人和动物一样运动的自动机械。这表明,人类制造自动机器的初衷可能是使它们按照自己的意愿自主行动,或者在想象中这么看待它们,但人们所制造出来的自动机器所能实现的"自动",并没有内在自我意识,而只是外在行为上的自动——它们只能通过人直接或间接地输入能量和行为模式实现自行运转。迄今为止,虽然人工智能不仅能"自动",还拥有感知环境并与之互动的"智能",但实际上,包括机器人在内的各种智能体依旧没有摆脱这种没有自由意志和自我意识的"无心"的宿命——机器人并不知道它们做了什么,或者更确切地讲,机器人并不理解其行为的意义。

众所周知的"机器人三大法则"更确切的称谓是"机器人学三大法则"(Three Laws of Robotics),最初是由阿西莫夫(Isaac Asimov)在其短篇科幻小说《转圈圈》(Runaround)①中提出的。尽管机器人学是一个杜撰的术语,后来的科学家和工程师确实将研究机器人制造与应用的学科称为机器人学。不论阿西莫夫科幻小说中的《机器人学手册》是否子虚乌有,"机器人学三大法则"则早已立于机器人和人工智能的社会、伦理和法律探究的思想原点。

第一大法则:机器人不得伤害人类或坐视人类受到伤害。

第二大法则:在与第一定律不相冲突的情况下,机器人必须服从人类的命令。

第三大法则:在不违背第一大法则与第二大法则的前提下,机器人有自我保护的义务。

---

① [美]艾萨克·阿西莫夫:《机器人短篇全集》,叶李华译,江苏文艺出版社 2014 年版,第191—209 页。

从形式上看,它们类似于宗教上的道德戒律,也容易使人联想到康德的道德命令或道义。但问题是,如何在实际操作中以此规范机器人的行为?按照阿西莫夫的构想,三大法则是通过技术直接嵌入到机器人的控制软件或智能编码底层的,这令三大法则不只是纸上法则,更可经由技术强制执行——通过内置的"机器道德调节器"使机器人成为道德的机器人。细读发表于75年前的《转圈圈》,彼时特有的电气化与控制论气息跃然纸上:

工程师鲍威尔告诉其同伴多诺凡,三大法则是根深蒂固地嵌入到机器人的"正电子"大脑中的运行规则:每个法则的执行都会在其中自动产生相应的电位,若不同法则之间发生冲突,则由它们的"正电子"大脑中自动产生的不同电位相互消长以达成均衡。假如一个机器人发现自己正在走向险境,就会由第三大法则触发相应的自动电位,以迫使其回头。但假如人命令其走向险境,将由第二大法则触发一个高于前者的反向电位,机器人就会受命冒险前进。

小说中的新型机器人速比敌(Speedy)是一个造价昂贵的机器人,遇到危险时,其脑中第三大法则会触发较其他类型的机器人更高的自我保护电位。在一次任务中,工程师鲍威尔随口下令,让速比敌去充满危险的硒矿池采硒矿,这使第二大法则在速比敌大脑中所触发的服从命令的电位低于正常值。在接近硒矿池时,机器人第三大法则出发的自我保护电位增加,正好与比正常值低的第二大法则触发的反向电位不相上下。结果这两个相互对峙的电位在速比敌的机器大脑中相互撕扯,使它如同像醉汉一样,一阵胡言乱语,不知道该前进还是后退,不停地"转圈圈"。鲍威尔和多诺凡只好通过增加环境危险来提高第三大法则触发的电位,这才让速比敌撤了回来。

随后,鲍威尔他们的太空服绝热服快被阳光烤化,急需马上回到阴凉区域。若靠他们自己或跟随他们的古董机器人,都是死路一条,鲍威尔因此向速比敌发出了呼救。结果,由于"第一定律电位高于一切",不论是大脑还未从电位撕扯的精神分裂状态中恢复的速比敌,还是自身难保但不敢袖手旁观的古董机器人,都在其"正电子大脑"中的第一定律电位的作用下设法救人⋯⋯

值得指出的是,机器人法则并不全然是道德律令,也符合其技术实现背后的自然律。换言之,机器人定律所采取的方法论是自然主义的,它们是人以技术为尺度给机器人确立的行为法则,既体现道德法则又合乎自然规律。

这些精心构造的机器人伦理设计和道德嵌入实际上是一种科技文化上的创新。自1718年雪莱夫人创作《弗兰肯斯坦因》到恰佩克的《罗素姆万能机器人》,不论是前者呈现的科学怪人的恶劣形象,还是后者所昭示的群体叛乱,都体现了人作为被造者对其创造物因不健全或反叛而陷入邪恶与失控的恐惧,这种至为深刻的忧虑即所谓"弗兰肯斯坦因情结"(Frankenstein complex)。机器人三大法则的创新之处恰在于它颠覆了"人造人"与机器人此前一贯的负面形象,提出了一种摆脱这一情节的可操作方案:通过工程上的道德设计调节机器人的行为,使其成为可堪教化的道德的机器人——一种人的符合伦理的创造物。于是,机器人可以通过内置的道德调节机制为人类服务并为人所控的,机器人因而可以为人所接受。然而,从自然主义的方法论来看,这一构想又似乎存在着明显超前,因为使人工智能体成为可以自主作出伦理抉择的人工道德智能体的前提首先是其可与人的智能媲美。

虽然机器人三大法则广为传播,但其本身并不完备的。机器人三大法则好比唐僧对孙悟空念的紧箍咒,而其中优先级别最高的第一定律似乎成了机器人义不容辞的绝对的道德命令,但过于强调机器人对个人的义务,对于复杂的人机共存的社会来说并不完备,或者说并非普遍适用。例如,如果将三大法则用于协调机器人及其主人之间的关系,有可能出现机器人帮主人撒谎或执行主人的错误指令的不良情况。在阿西莫夫的短篇小说《镜像》(*Mirror Image*)①中,一个机器人的主人援引第一大法则迫使其说谎,机器人只好替主人隐瞒抢夺他人数学研究成果的优先权的实情。因此,第一大法则并非无条件地普遍适用的法则,应该引入优先级更高的法则对其适用条件加以制约。阿西莫夫对这个问题进行了多年的思考,最后在小说《机器人与帝国》(*Robots and Empire*)中借机器人丹尼尔(Daneel)之口,提出了一条比第一大法则更优先的定律:

第零法则:机器人不得危害人类整体(人性)或坐视人类整体(人性)

---

① [美]艾萨克·阿西莫夫:《机器人短篇全集》,叶李华译,江苏文艺出版社2014年版,第157—172页。

受到危害。

而实际上,在 1950 年发表的短篇《可避免的冲突》(*The Evitable Conflict*)①中,他就提出过这一理念。在这些小说中,有两个细节特别值得关注。

其一,在《可避免的冲突》中,第零法则的提出是为了应对机器与人的冲突,其实质是对机器的工程合理性或工具理性的人本主义回应。在小说中,未来社会的数学家通过计算设计出了一种能够管理和控制全世界的**机体**(the Machines),它是能够连接一切、管理一切的智能机器网络而不是单个的机器人,具有无比复杂的"正电子"脑,且其复杂程度远远超过了人的理解能力。在小说中,机体的管理指令出现了差错,导致了产品过剩和失业等问题;同时,一些人反对机体并成立了人本协会,他们认为机体使人类失去了对未来的决定权。这使得未来社会的人类统治者"总协"看到了机器与人之间的尖锐对立。在他看来,正是机体对全球经济的绝对控制权,才避免了人类社会以往普遍存在的各种冲突;机体出现异常的差错,问题不在机器而在人,人们应该相信机体,把未来托付给它,并惩罚那些不服从机器的人。当"总协"就此咨询首席机器人心理学家苏珊·加尔文(Susan Calvin)时,苏珊提出了反对意见,认为要防止机体为保全自己而打击反对者和危害人类整体,建议将第一定律改为:任何机器不得伤害人类整体(人性)或坐视人类整体(人性)受到危害。

其二,在《机器人与帝国》中,提出第零法则的机器人丹尼尔(Daneel)对这条定律中人性等抽象的概念的理解似是而非。一方面,它似乎从别人的感悟"壁画的生命比丝线的生命更重要"中得出了强调人类整体或人性的第零法则;另一方面,当被问到"什么是人类整体或人性?""能不能指出什么是对人类整体或人性的伤害?""能不能理解人性?"时,却只能做出"不管怎么说这种伤害是存在的"之类含糊其辞的回答。②这表明,由于道德命令或伦理原则特别是人的价值观往往是抽象的,通过伦理设计给机器人和人工智能嵌入行为规范的机器伦理有其难以克服的困难与局限性。实际上,阿西莫夫早就意识到了

① [美]艾萨克·阿西莫夫:《机器人短篇全集》,叶李华译,江苏文艺出版社 2014 年版,第 425—445 页。

② Isaac Asimov, *Robots and Empire*, Del Rey Books, 1986, p.373.

171

这一点。在早期小说《钢铁洞穴》(*Caves of Steel*)①,主人公侦探布雷卡尔 (Elijah Baley)对第一大法则的评论是:在机器人聪明到可以理解其行为应服务于人类的长远利益之前,它是必要的。尤为有趣的是,在 1956 年出版的该书法文译本中,译者巴卡(Jacques Brécard)对布雷卡尔的评论做了略微的改动,使其在表述上与后来阿西莫夫第零法则十分类似:机器人不得伤害人类,除非他能证明这样做最终有益于作为整体的人类或人性。但"理解"与"证明"又谈何容易?机器人只有作为伦理能动者,才能"理解"与"证明",而这迄今只能说是科幻。

由于三大法则的表述过于简单,远远不能满足科幻小说的情节发展的需要,其他作家在科幻作品中提出了更多机器人定律:

第四大法则(版本 1):机器人必须明确建立其作为机器人的身份。 (Lyuben Dilov, *Icarus's Way*, 1974)

第四大法则(版本 2):在不违背第一、第二和第三大法则的情况下,机器人必须繁殖。(Harry Harrison, *The Fourth Law of Robotics*, 1986)

第五大法则:机器人必须知道它是个机器人。(Nikola Kesarovski, *The Fifth Law of Robotics*, 1983)

显然,这些探讨并不完全出于想象,其中包含了对机器人身份、繁衍等问题开放性问题的严肃思考。而同时,一些学者也从加强三大法则的完备性和应对机器人与人工智能带来的新问题的角度,提出了新的机器人法则。其中具有代表性的有,卡拉克(R.Clarke)提出的元法则:除非遵守机器人定律,机器人不得行动;以及繁殖定律:机器人不可参与任何机器人的制造与生产,除非新的机器人的行为服从机器人定律。此外,阿什拉菲安(Hutan Ashrafian)提出了颇为耐人寻味的人工智能关系法则(AIonAI law):所有被赋予可与人类比拟的理性和意识的机器人,应该以兄弟精神相互对待。这一定律意味着机器人不再仅仅满足于作为个体而存在,而可能进一步发展为相互沟通和认同的

---

① Asimov, Isaac, *The Caves of Steel*. Doubleday, 1952, translated by Jacques Brécard as Les Cavernesd'acier, J'ai Lu Science-fiction, 1975.

群体。

综观上述,阿西莫夫所提出的机器人定律可能未必有实质的意义,但其真正的价值可能更多地在于观念上的超前与突破。《转圈圈》发表 40 年后,阿西莫夫将他于 1937 年到 1977 年创作的机器人短篇小说结集出版。在导言中,他意味深长地指出:当我创作那些机器人故事时,并未想到在我有生之年会有机器人出现;而现在可以确定的是,机器人正在改变这个世界,将朝我们无法清楚预见的方向推进。[①]机器人三大法则给我们的启迪是:为了使人所创造的机器人和人工智能有益人类和免于失控,应致力于从人类价值、利益、安全以及未来发展的角度对其加以价值校准与伦理调适,以此消除人们对其终极创造物的疑虑。

四、有限自主交互智能体与机器伦理构建的可能

阿西莫夫曾畅想,一旦机器人灵活自主到可以选择其行为,机器人定律将是人类理性地对待机器人或其他智能体的唯一方式。然而,当前的人工智能发展还远未达到这一或许会出现的未来情境,切实有效的价值校准与伦理调适必须建立在面向事实的伦理研究之上,其切入点应在于把握人工智能当下真实的发展程度。唯其如此,才能系统深入地慎思、明辨、审度与应对人工智能的伦理挑战。

人工智能的伦理问题之所以受到前所未有的关注,关键原因在于其能实现某种可计算的感知、认知和行为,从而可以在功能上模拟人的智能和行动,甚至成为具有拟主体性的人工智能体或智能体。但问题是,如何进一步确立具有拟主体性的人工智能体或智能体的伦理地位? 从一般的伦理学理论来看,只有当人工智能发展到具有与人的智能相当的强人工智能时,才可能被接纳为道德共同体的成员。对此,人工智能哲学家玛格丽特·博登(Margaret A.Boden)指出,人工智能一旦被纳入道德共同体,将以三种方式影响人机交

① [美]艾萨克·阿西莫夫:《机器人短篇全集》,叶李华译,江苏文艺出版社 2014 年版,导言。

互:(1)强人工智能将和动物一样得到人类的道德关注;(2)人类将认为可以对强人工智能的行动进行道德评估;(3)人类将把强人工智能作为道德决策的论证和说服目标。①然而,鉴于当前的人工智能发展还远未达到这一或许会出现的未来情境,面向人工智能时代的价值校准与伦理调适,应与未来学家的悲观主义和乐观主义预见保持一定距离,而更多地诉诸人工智能当下的真实发展程度与可预见的未来的可能性。

若以主流人工智能教科书主张的智能体概念通观人工智能,其当下即可预见未来的发展程度可概观为"有限自主与交互智能体"。其具体内涵包括四个方面:首先,机器人和人工智能是可以在功能上模仿智能的理性智能体,但它们迄今没有意识和理解力,是"无心"的智能体;其次,机器人和人工智能具有一定的自主性,可在一定条件下实现有限度的自动认知、决策和行动功能;第三,随着其自主性的提升,人可能会在一定程度上将决策权转让给机器,但即便是设计者对其所设计的机器的自主执行过程也往往并不完全理解;最后,人工智能和机器人具有一定的交互性,虽然人机互动或"人机交流"实质上只是功能模拟而非意义上的沟通,但随着逼真程度的提高,人们会在一定程度上将机器人和人工智能等具有拟主体性的智能体想象成跟人类似的主体,从而难免对这种替代性的模拟或虚拟主体产生心理依赖甚至情感需求。

从"有限自主与交互智能体"这一真实状态出发,可以将其与人类主体构成的行动者网络放到经验环境即数据环境之中,进行价值流分析,为面向人工智能时代的价值校准和伦理调适奠定基础。所谓价值流分析,其基本假设是:智能体与主体相关并负载价值,其每一个行动都有其价值上的前提和后果,都伴随着价值上的输入和输出。价值流分析的目的就是厘清这些输入和输出的价值流向,找到那些输入价值的施加者与责任人和接受价值输出的承受者与权益人,使责任追究与权利保护有源可溯、有症可循。在价值流分析的基础上,可以具体地廓清智能体所执行任务的利益诉求和价值取向,辨析相关数据采集与处理中的事实取舍与价值预设,进而系统地追问其中的智能感知和认

---

① [英]玛格丽特·博登:《AI:人工智能的本质与未来》,孙诗惠译,中国人民大学出版社 2017 年版,第 162—163 页。

知的客观性与公正性、智能行为的利益分配与风险分担等更为现实的问题。

当前,有关人工智能与机器人的伦理研究可大致分为四个进路:

(1) 面向应用场景的描述性研究。这类研究旨在揭示大数据智能、跨媒体智能、社会化机器人(家用、护理、伴侣)、无人机、自动驾驶以及致命性自动武器系统等在发展中呈现出的亟待回应的道德冲突与伦理抉择,其中既有对算法权力的滥用、人工智能加剧技术性失业、自动驾驶中的道德两难等现实问题的揭示,也涉及机器人的人化、人对机器人的情感依赖、实现超级人工智能的可能性及其风险等前沿性问题。

(2) 凸显主体责任的责任伦理研究。这类研究的出发点是强调人类主体特别是设计者和控制者在人工智能与机器人的研究与创新中的责任——优先考虑公众利益和人类福祉、减少其危害与风险以及对后果负责等。较为典型的研究包括机器人伦理及相关工程伦理研究等。其中影响较大的是韦鲁焦(G.Veruggio)等人在 2002 年倡导将"机器人"与"伦理"合并为复合词"机器人伦理"(roboethics),主要探讨机器人的设计者、制造者、编程者和使用者在机器人研制与应用中的伦理责任与规范之道,并强调与机器人相关的人应该作为道德责任的主体。[①]此后,他们在欧洲机器人学研究网络(EURON)资助下提出了"EURON 机器人伦理学路线图"。

(3) 基于主体权利的权利伦理研究。这类研究的出发点是强调主体在智能化生活中的基本权利,旨在保护人的数据权利等基本权利,试图制约社会智能化过程中的算法权力滥用。目前主要包括针对数据与算法的透明性、可理解性和可追责等问题展开的数据伦理与算法伦理研究,聚焦于数据隐私权、数据遗忘权、数据解释权、算法的透明性与公正性以及算法的伦理审计与校准等问题。

(4) 探讨伦理嵌入的机器伦理研究。在人们赋予智能体以拟主体性的同时,会自然地联想到,不论智能体是否像主体那样具有道德意识,它们的行为

---

① Gianmarco Veruggio, Fiorella Operto. "Roboethics: Social and Ethical Implications of Robotics", in Bruno Siciliano, Oussama Khatib(ed.), *Springer Handbook of Robotics. Berlin*, Heidelberg: Springer, 2008, pp.1499—1524.

可以看作是与主体伦理行为类似的拟伦理行为。进而可追问:能不能运用智能算法对人工智能体的拟伦理行为进行伦理设计,即用代码编写的算法使人所倡导的价值取向与伦理规范得以嵌入到各种智能体之中,使其成为遵守道德规范乃至具有自主伦理抉择能力的人工道德智能体?

在上述责任伦理和权利伦理研究中,人工智能与机器人智能体都被视为伦理影响者(有伦理影响的智能体)或伦理行动者(隐含的伦理智能体),其中涉及的责任和权利都是相对于主体即人而言的。机器伦理的倡导者则主张,可以通过伦理规范的嵌入使人工智能体成为伦理能动者(明确的伦理智能体)。在他们看来,随着智能体的自主性的提升,自动认知与决策过程已呈现出从人类操控为主的"人在决策圈内"(Human in the Loop)模式转向机器操控为主的"人在决策圈外"(Human out the Loop)模式的趋势,而日益复杂的智能体一旦功能紊乱,可能导致巨大的伤害。因此,问题不仅是人工智能的设计者、控制者和使用者应该遵守特定的伦理规范,而且还需要将特定伦理规范编程到机器人自身的系统中去。为此,他们致力于探讨将道德理论和伦理原则嵌入到机器人和人工智能之中或使其通过成长性的学习培育出道德判断能力的可能性,力图使机器人和人工智能发展成为人工的道德智能体(Artificial Moral Agents, AMAs)。①这一构想堪称"机器人三大法则"的升级版。

回到人工智能的现实发展,随着无人机、自动驾驶、社会化机器人、致命性自律武器等应用的发展,涌现出大量人可能处于决策圈外的智能化自主认知、决策与执行系统,这迫使人们在实现强人工智能之前,就不得不考虑如何让人工智能体自主地作出恰当的伦理抉择,试图将人工智能体构造为人工道德智能体。从技术人工物所扮演的伦理角色来看,包括一般的智能工具和智能辅助环境在内的大多数人工物自身往往不需要作出价值审度与道德决策,其所承担的只是操作性或功能性的伦理角色:由人操作和控制的数据画像等智能工具,具有反映主体价值与伦理诉求的操作性道德;高速公路上的智能交通管理系统所涉及的决策一般不存在价值争议和伦理冲突,可以通过伦理设计植

---

① C.Allen, W.Wallach, and I.Smit, "Why Machine Ethics", in M.Anderson and S.L. Anderson (eds.), *Machine Ethics*, Cambridge: Cambridge University Press, 2011, pp.51—61.

入简单的功能性道德。反观自动驾驶等涉及复杂的价值伦理权衡的人工智能应用,其所面对的挑战是:它们能否为人类所接受,在很大程度上取决于其能否从技术上嵌入复杂的功能性道德,将其构造为人工道德智能体。

让智能机器具有复杂的功能性道德,就是要构建一种可执行的机器伦理机制,使其能实时地自行作出伦理抉择。鉴于通用人工智能或强人工智能在技术上并未实现,要在智能体中嵌入其可执行的机器伦理,只能诉诸目前的智能机器可以操作和执行的技术方式——基于数据和逻辑的机器代码,就像机器人三大法则所对应的电位一样,并由此将人类所倡导或可接受的伦理理论和规范转换为机器可以运算和执行的伦理算法和操作规程。机器伦理的理论预设是可以用数量、概率和逻辑等描述和计算各种价值与伦理范畴,进而用负载价值内涵的道德代码为智能机器编写伦理算法。论及伦理的可计算性,古典哲学家边沁和密尔早就探讨过快乐与痛苦的计算,而数量、概率、归纳逻辑和道义逻辑等都已是当代伦理研究的重要方法,机器伦理研究的新需求则力图将"可计算的伦理"的思想和方法付诸实践,如将效益论、道义论、生命伦理原则等转换为伦理算法和逻辑程序。不得不指出的是,用数量、概率和逻辑来表达和定义善、恶、权利、义务、公正等伦理范畴固然有失偏颇,但目前只能通过这种代码转换才能使人的伦理变成程序化的机器伦理。

在实践层面,机器伦理构建的具体策略有三。一是自上而下,即在智能体中预设一套可操作的伦理规范,如自动驾驶汽车应将撞车对他人造成的伤害降到最低。二是自下而上,即让智能体运用反向强化学习等机器学习技术研究人类相关现实和模拟场景中的行为,使其树立与人类相似的价值观并付诸行动,如让自动驾驶汽车研究人类的驾驶行为。三是人机交互,即让智能体用自然语言解释其决策,使人类能把握其复杂的逻辑并及时纠正其中可能存在的问题。但这些策略都有其显见的困难:如何在量化和计算中准确和不走样地表达和定义伦理范畴?如何打破基于人工神经网络的机器学习的结果难以做出明晰解释的认知黑箱?以及如何使智能体准确地理解自然语言并与人进行深度沟通?

鉴于机器伦理在实践中的困难,人工智能体的伦理嵌入不能局限于智能体,而须将人的主导作用纳入其中,可行的人工道德智能体或智能机器的构造应该包括伦理调节器、伦理评估工具、人机接口和伦理督导者等四个环节。伦理调节器就是上述机器伦理程序和算法。伦理评估工具旨在对智能体是否应该以及是否恰当地代理了相关主体的伦理决策做出评估,并对机器伦理的道德理论(如效益论、道义论等)和伦理立场(如个性化立场、多数人立场、随机性选择等)等元伦理预设做出评价和选择。人机接口旨在使人与智能体广泛借助肢体语言、结构化语言、简单指令乃至神经传导信号加强相互沟通,使机器更有效地理解人的意图,并对人的行为做出更好的预判。伦理督导者则旨在全盘考量相关伦理冲突、责任担当和权利诉求,致力于厘清由人类操控不当或智能体自主抉择不当所造成的不良后果,进而追溯相关责任,寻求修正措施。

尽管此进路已有一些探索,但在技术上存在极大困难,理论上也受到不少质疑。实际上,不论是自上而下地在自动驾驶汽车等人工智能系统中嵌入伦理代码,还是自下而上地让其从环境中学习伦理规范,在近期都很难实现。对此,信息哲学家弗洛里迪(L.Floridi)指出,为机器制定一套道德是无异于白日梦科幻,而更为负责任的策略是在智能体内部嵌入一定的安全措施,同时在机器自动操作时,人可以作为“共同决策人”发挥监管作用。①而更怪异的是,假若真能将合乎道德的伦理规范嵌入机器人和人工智能之中,是否意味着也可以轻而易举地将非道德和反伦理植入其中?

五、机器人与人工智能的伦理规范与伦理标准

由于机器人与人工智能近年来的爆发式发展,其社会伦理影响已经引起全社会的高度关注,在产学研各界的推动下,机器人与人工智能的伦理研究开始直接影响到各国与国际人工智能与机器人的伦理规范与标准的制定。它们既充分考量了人工智能作为“有限自主与交互智能体”的现状,也系统体现了前文论及的人工智能体的价值审度与伦理调适的两条现实路径——负责任的

---

① [荷]朗伯·鲁亚科斯、瑞尼·凡·伊斯特:《人机共生:当爱情、生活和战争都自动化了,人类该如何相处》,中国人民大学出版社2017版,第28—29页。

创新和主体权利保护。在机器人原则与伦理标准方面,日本、韩国、英国、欧洲和联合国教科文组织等相继推出了多项伦理原则、规范、指南和标准。日本早在 1988 年就制定了《机器人法律十原则》。韩国于 2012 年颁布了《机器人伦理宪章》,对机器人的生产标准、机器人拥有者与用户的权利与义务、机器人的权利与义务作出了规范。2010 年,隶属英国政府的"工程与物质科学研究委员会"(EPSRC)提出了具有法律和伦理双重规范性的"机器人原则",凸显了对安全、机器人产品和责任的关注。尤其值得关注的是,英国标准协会(BSI)在 2016 年 9 月召开"社会机器人和 AI"大会上,颁布了世界上首个机器人设计伦理标准《机器人与机器人系统设计与应用伦理指南(BS8611)》。该指南主要立足于防范机器人可能导致的伤害、危害和风险的测度与防范,除了提出一般的社会伦理原则和设计伦理原则之外,还对产业科研及公众参与、隐私与保密、尊重人的尊严与权利、尊重文化多样性与多元化、人机关系中人的去人类化、法律问题、效益与风险平衡、个人与组织责任、社会责任、知情同意、知情指令(Informed command)、机器人沉迷、机器人依赖、机器人的人化以及机器人与就业等问题提出了指导性建议。①

2012 年欧盟在科技发展"框架 7"下启动"机器人法(ROBOLAW)"项目,以应对"人机共生社会"所将面临的法律及伦理挑战。2016 年 5 月,欧盟法律事务委员会发布《就机器人民事法律规则向欧盟委员会提出立法建议的报告草案》,提出了包括机器人工程师伦理准则、机器人研究伦理委员会伦理准则、设计执照和使用执照等内容的"机器人宪章"(Charter on Robotics)。同年 10 月,又发布《欧盟机器人民事法律规则》(European Civil Law Rules in Robotics),对智能自动机器人、智能机器人、自动机器人作出了界定,探讨了机器人意识以及阿西莫夫机器人法则的作用,还从民事责任的角度辨析了机器人能否被视为具有法律地位的"电子人"(electronic persons),最后还提出了使人类免受机器人伤害的基本伦理原则。同年,联合国教科文组织下属的世界科学知识和技术伦理委员会(COMEST)的一个新兴技术伦理小组发布了《机

---

① The British Standards Institution, *Guide to the Ethical Design and Application of Robots and Robotic Systems*, London: BSI, 2016.

器人伦理报告初步草案》,草案不仅探讨了社会、医疗、健康、军事、监控、工作中的机器人伦理问题,最后还对运用机器伦理制造道德机器进行了讨论。

自 2015 年以来,人工智能与机器人的发展在全世界掀起了高潮,社会各界和世界各国对人工智能与机器人的社会影响和伦理冲击的关注亦随之高涨,并开始提出专门针对人工智能发展和设计的伦理规范和伦理标准。尤其值得关注是 2017 年 1 月在阿西洛马召开的"有益的人工智能"(Beneficial AI)会议上提出的"阿西洛马人工智能原则"(Asilomar AI Principles),以及 2016 年12 月和 2017 年 12 月电气电子工程师协会(IEEE)颁布的《人工智能设计的伦理准则》的第一版和第二版。"阿西洛马人工智能原则"强调,应以安全、透明、负责、可解释、为人类作贡献和多数人受益等方式开发 AI。其倡导的伦理和价值原则包括:安全性、失败的透明性、审判的透明性、负责、与人类价值观保持一致、保护隐私、尊重自由、分享利益、共同繁荣、人类控制、非颠覆以及禁止人工智能装备竞赛等。

IEEE 的《人工智能设计的伦理准则》的第一版将专业伦理中的专业责任、工程伦理中的公众福祉优先以及工程师的责任落实到人工智能领域,把负责任的研究与创新和道德敏感设计等观念运用于对人工智能和自主系统的价值校准和伦理调适。其指导思想是:人工智能及自主系统远不止是实现功能性的目标和解决技术问题,而应将人类的福祉放在首位,应努力使人类从它们的创新潜力中充分获益。其在伦理层面关注的要点是,人工智能与自主系统应遵循人类权利、环境优先、责任追溯、公开透明、教育与认知等伦理原则,并使之嵌入人工智能与自主系统之中,以此指导相关技术与工程的设计、制造与使用。在第二版中,其宗旨进一步强调,智能和自主的技术系统的设计的目的在于减少日常生活中的人工活动,其对个人和社会的影响已引起人们的广泛关注,只有当其合乎人类的道德价值和伦理原则时,才能充分实现其益处。为此,应遵循的一般原则包括:(1)人权:确保其不侵犯国际公认的人权;(2)福祉:在其设计和使用中优先考虑人类福祉的指标;(3)问责:确保它们的设计者和操作者负责任且可问责;(4)透明:确保其以透明的方式运行;(5)慎用:将滥用的风险降到最低。

相应地,提出这些伦理准则旨在达到以下五个目的:(1)保障个人数据权利和个人访问控制,即人们有权决定其个人数据的访问权限,有权利用知情同意控制其个人数据的使用。为此,个人需要各种机制来帮助建立、维护其独特的身份和个人数据,还需要其他政策和做法,使他们能明确知晓融合或转售其个人信息将产生的后果。(2)通过经济效应增进福祉,即通过价格合理的通信网和互联网的普遍接入,使智能与自主技术系统可以为任何地方的人群所用并使其受益,从而使得相关制度朝着更加以人为本的结构发展,促进人道主义和发展问题的解决,增加个人和社会的福祉。(3)问责的法律框架,即复杂的智能和自主技术系统的法律地位问题与更广泛的法律问题相互交织,其中涉及如何确保问责及所导致的损害的责任分配等法律框架问题,不仅包括智能与自主技术系统应适用相关的财产法,还包括政府及行业利益相关者对智能决策和操作的使用界限的标准与规则的制定,以确保人类能够有效地控制这些决策,以及能够有效地为造成的损害分配法律责任。(4)透明和个人权利,即在影响公民的自动化决策中,法律应该强制要求透明性、参与性和准确性;其中包括:必须允许当事人、律师和法院可以合理地获取政府和其他国家机关采用这些系统所产生和使用的所有数据和信息;在可能的情况下,系统中嵌入的逻辑和规则必须对监管人员开放,并接受风险评估和严格测试;系统应当生成用于决策的事实和法律的审计数据,并服从第三方核查;公众有权了解是谁通过投资来制定或支持关于这类系统的伦理决策。(5)教育和知悉的政策,即政策应当有效地保护和促进安全、隐私、知识产权、人权和网络安全,以及公众对智能与自主技术系统对社会的潜在影响的认识;为确保政策最符合大众利益,这些政策应当:支持、推广和实施国际公认的法律规范、提升劳动力在相关技术方面的专业知识、起到对研究和开发的引领作用、制定规则以确保公共安全和问责、教育公众知悉相关技术的社会影响。

这些原则和伦理规范的提出,将使科技界、产业界和全社会更加重视从产业标准层面展开对人工智能的价值校准与伦理调适,尤其是它们与人工智能伦理研究的结合,正在形成一种具有现实影响力的"科技—产业—伦理"实践。值得进一步指出的是,在此面向人工智能时代的异质性实践中,应充分凸显实践的明智,关注真实的价值冲突与伦理两难。为此,特别应该从自然主义的伦理立场出发,将技术事实的澄清与价值流的分析相结合,通过更细致的考量和更审慎的权衡探寻可行的解决之道。

首先,从理论层面和规范层面提出的各种伦理原则用于实践层面时,必须考量其现实可能性并寻求折中的解决方案。以透明性和解释权为例,不论是打开算法决策的"黑箱",还是保留相关数据与算法决策过程的"黑匣子",都必须考虑技术可行性以及成本效益比,都应有其限度。而更现实的办法是在其应用出现较大的危害和争议时,一方面,借助特定的伦理冲突,从对后果的追究倒逼其内在机制与过程的透明性、可理解性和可追责性;另一方面,将责任追溯与纠错补偿结合起来,逐步推进防止恶意使用、修复非故意加害等更务实的目标的实现。

其次,应摆脱未来学家的简单的乐观主义与悲观主义立场,从具体问题入手强化人的控制作用与建设性参与。尽管未来学家的乐观主义或悲观主义基调在媒体相关讨论中往往居于主导地位,但却带有极大的盲目性;特别是未来学家的断言经常在假定与事实之间转换,大多不足为据。以技术性失业为例,应超越简单的乐观主义和悲观主义之争,从受到人工智能发展威胁的具体的行业入手,通过建立负面清单、寻求最佳行业转换实践等办法,强化有针对性的技能培训和教育,使受到冲击的劳动力实现有计划的转型。

其三,要从人机协作和人机共生而不是人机对立的角度探寻发展"基于负责任的态度的可接受的人工智能"的可能。应意识到发展人工智能旨在增强人类智能而非替代人类,要强调人类的判断、道德和直觉对于各种智能体的关键决策不可或缺。同时,应通过更有效的人机协作,在人机交互中动态地加强机器的透明性、可理解性和可追责性,以便更有效地消除人对人工智能的疑惧。当然,通过人机协同的"混合增强智能"实现有效的价值校准与伦理调适需要多学科的共识与协作,在理论与实践上皆非易事。

展望未来,人工智能无疑将是人类最具开放性的创新,人工智能的伦理应属"未完成的伦理",其价值校准与伦理调适之路亦未有尽头。从伦理实践策略来看,鉴于伦理原则规范体系的抽象性,很难通过一般性的规范或伦理代码的嵌入应对人工智能应用中各种复杂的价值冲突与伦理抉择。在人工智能伦理研究的四种进路中,惟有从面向应用场景的描述性研究入手,作为关键诉求的凸显主体责任的责任伦理("问责")和基于权利的权利伦理("维权"),才会不失空洞并得以实质推进。概言之,应立足作为"有限自主与交互智能体"的人工智能和机器人的现状与发展,通过对人机交互的"心理—伦理—社会"的经验分析,把握各种智能体在其应用的现实和虚拟场景中呈现出的具体的自主性和交互性特质,进而在具体的场景中一笔一笔地校勘相关的控制、决策、问责、维权等在价值和伦理上的恰当性,并形成动态的和对未来场景具有启发性的伦理共识。

（段伟文,中国社会科学院哲学研究所研究员）

第八章
人工智能与算法偏见：一种结构性正义的视角

随同日益进步的人工智能技术，我们的社会正走向新的算法时代，人们开始陆续地把决定交到非人类——人工智能手上。国内国外均有越来越多政府部门、企业使用人工智能协助他们作出决策，例如 2017 年底的"武汉交警政务服务迈入 AI 时代"发布会上，腾讯与武汉市公安局交通管理局宣报正在联手打造中国第一个无人警局。①借助人工智能的不单是政府部门，施罗德投资（Schroders）、法国安盛投资管理公司（AXA Investment Managers）、摩根大通（JP Morgan Asset Management）等国际金融机构亦计划开发及使用人工智能机器人在其全球的股票算法业务部门自动执行交易；务求利用人工智能以最佳价格和最高速度执行交易指令，以达到更大规模更高效率的得益。②另外，个人亦使用人工智能去帮助他们决定日常生活之种种，例如网上购物的时候，可以使用人工智能小助手为你筛选适合你的产品。我们可以把这种利用人工智能协助或取代人们作决定的决策方式称为"算法决策"。

毫无疑问，人工智能利用强大运算能力优化个人及社会资源的运用；同时，人工智能亦替代人们处理复杂难题及琐碎问题。人工智能及算法决策确实大为提升人们的生活质量。纵然拥有以上优势，亦有不少学者及政策研究人员指出人工智能及算法决策可能带有偏见；而这些算法偏见有机会对个人或社会整体带来不同程度的伤害。既然如此，我们有必要反思人工智能及算

---

① 《全国首个无人警局来了！腾讯联手武汉公安局打造，可刷脸认证网》，载澎湃新闻 http://www.thepaper.cn/newsDetail_forward_1854095。

② Financial Times, "When Silicon Valley came to Wall Street", https://www.ft.com/content/ba5dc7ca-b3ef-11e7-aa26-bb002965bce8.

法决策可能带来的伤害,并对算法偏见进行更深入的分析。

算法偏见并非一个全新概念。早在 20 世纪 90 年代,计算机伦理学者便对计算机系统的内嵌价值及其带来的歧视有着不同层面的讨论,这些讨论可以帮助我们理解算法偏见的来源。首先,我将概述学界对于算法偏见的讨论,尤其是算法偏见的起源此一课题。第二,我将指出算法的一种特性——即算法是一种社会技术组合(socio-technical assemblage)。[1]作为社会技术组合,算法偏见造成的伤害难以要个人或是某一集团独立承担。因此,我们可以用卢西亚诺·弗洛里迪(Luciano Floridi)及朱迪思·西蒙(Judith Simon)提出的分布式责任(distributed responsibility)理解算法偏见所涉及的道德责任问题。[2]但是,若诚如弗洛里迪与西蒙所言,算法偏见涉及的道德责任是一种分布式责任,我认为艾丽斯·M·扬(Iris M.Young)所提出的结构性不正义(structural injustice)及社会关联模式责任(social connection model responsibility)将能更确切地让我们理解算法偏见的伦理挑战。[3]因此,我会在文末部分介绍扬的结构性不正义进路,最后提出如何把算法偏见解读为一种结构性不正义。

一、算法偏见概论

不同学科对"算法"的定义有所不同,因此在讨论什么是算法偏见之前,我们需要先定义"算法",以及简要说明算法与人工智能之间的关系。在以下的讨论,我将采用塔尔顿·吉莱斯皮(Tarleton Gillespie)提出的定义,因为它涵盖了"算法"最通用的理解。吉莱斯皮认为,"在最广义上,(算法)是基于特定

① Mike Ananny, "Toward an Ethics of Algorithms: Convening, Observation, Probability, and Timeliness", *Science*, *Technology & Human Values*, Vol.41, No.1, 2016, pp.93—117.

② Luciano Floridi, "Distributed Morality in an Information Society", *Science and Engineering Ethics*, Vol.19, No.3, 2013, pp.727—743; Luciano Florid, "Faultless Responsibility: On the Nature and Allocation of Moral Responsibility for Distributed Moral Actions", *Philosophical Transactions of the Royal Society A: Mathematical, Physical and Engineering Sciences*, Vol.374, No.2083, 2016, pp.1—13; Judith Simon, "Distributed Epistemic Responsibility in a Hyperconnected Era", in *The Onlife Manifesto*, edited by Luciano Floridi, Cham: Springer, 2015, pp.145—159.

③ Iris M.Young, *Responsibility for Justice*, New York: Oxford University Press, 2011.

的计算将输入数据转换为所需的输出的编码程序。"①以上对"算法"的定义,有两点值得加以强调:第一,数据输入输出可以由人类或机器来执行(但是,若数据输入是完全通过机器完成的,那么,这个数据输入过程亦应该被视作一个算法);但是,在算法偏见的研究里,学者主要关注在没有人类介入的情况下处理和分析输入数据的机器,以及机器通过数据处理和分析得到的正面和负面结果。换句话说,"算法偏见"此一课题关注的是非人类——即计算机、人工智能等机器——在处理和分析数据时可能存有偏见的现象。第二,算法可以是由人创造,亦可以由机器创造,或在机器运行过程中自我修改而生成。在撰写本章时,已有报章指出谷歌的机器学习软件 AutoML 已能生成比人类编写更优胜的学习软件。②我们可以想象这种自我学习、自我生成的人工智能系统将会在不久的将来变得更加普及。在这里,我们已经可以假设在算法创造过程中人类的参与程度越低,人们就越是难以说明算法带来的负面结果的相关道德责任。因为无法言明这些负面结果的因由,因此我们无法把伤害归咎于任何一方,尤其是当这些负面结果全然由人类不能理解的人工智能系统造成。

话虽如此,大众一般认为人工智能及算法决策所得的决定比人类所作的决定相对来得客观和公正,因为他们相信人工智能及算法决策排除了人类主观的个人想法和成见。事实上,人工智能与算法决策亦可如人类一样充满偏见。在人工智能系统开发与应用的不同阶段,不同的价值和偏好可以有意无意地被嵌入系统。人工智能及算法决策所得的决定亦会因为这些内嵌价值而出现偏差。就人类决策上的偏见而言,我们可以通过人类的心理构造、社会文化,以至于人类进化去理解这些偏见的成因。③但是,我们又要如何理解人工智

---

① Tarleton Gillespie, "The Relevance of Algorithms", in Tarleton Gillespie, Pablo J. Boczkowski, Kirsten A. Foot, *Media Technologies*, Cambridge: The MIT Press, 2014, p.167.

② Cade Metz:《谷歌们的人工智能雄心:让 A.I.创造 A.I.》,载纽约时报中文网 https://cn.nytstyle.com/technology/20171117/machine-learning-artificial-intelligence-ai/。

③ 关于人类决策所涉及的认知偏差,参见 Thomas Gilovich, Dale W. Griffin, Daniel Kahneman, *Heuristics and Biases: the Psychology of Intuitive Judgement*, Cambridge: Cambridge University Press, 2002; Dan Ariely, *Predictably Irrational: the Hidden Forces That Shape Our Decisions*, New York: Harper Perennial, 2010; Daniel Kahneman, *Thinking, Fast and Slow*, New York: Farrar, Straus and Giroux, 2011。

能及算法偏见的源头呢？1996年,拜塔·弗里德曼和海伦·尼森鲍姆的文章《计算机系统中的偏见》中已对嵌入计算机系统的偏见进行相当详细的分析。[1]弗里德曼和尼森鲍姆在文内提出一个清晰的计算机系统偏见的分类法,此一分类法对后来有关算法偏见的研究有着莫大影响。因此,这部分会简介他们对计算机系统偏见的见解,以为我们的讨论提供一些背景知识。

由于"偏见"(bias)一字在日常英语里面有不同的解释;例如,《剑桥英汉词典》显示,"bias"一词可解作"偏见、偏心、偏袒",亦可解作"倾向、趋势、偏好"。[2]弗里德曼和尼森鲍姆为把嵌入计算机系统的"偏见"与日常语言的"偏见"区分,他们把计算机系统的偏见界定为"计算机系统有系统地及不公平地区别某些人或某些群组;而所谓不公平区别是指这些人或群组没有被计算机系统给予机会或善品,或是指计算机系统在欠缺或不足理据的情况下让这些人或群组承受不良后果。"[3]以此定义为基础,他们把嵌入计算机系统的偏见归纳成三大类:预存偏见(pre-existing bias),技术性偏见(technical bias),突生性偏见(emergent bias)。

按照弗里德曼和尼森鲍姆的分类法,"预存偏见"源自社会制度、习惯和态度。[4]嵌入计算机系统的预存偏见除了可以反映社会的价值观,亦可以反映系统设计者的个人价值观。假若我们尝试用职业相关的关键字在搜图引擎搜寻图片,我们不难发现搜寻结果有可能存有歧视成分。[5]例如,在百度图片的搜寻栏上输入"首席执行官"或"董事长"等关键字,我们将发现搜图引擎所显示的结果大部分也是男性首席执行官或男性董事长的图片。相反,若我们以"护士""秘书"等关键字进行搜寻,搜寻结果将大多为女护士、女秘书的图片。我

---

① Bayta Friedman, Helen Nissenbaum, "Bias in Computer Systems", *ACM Transactions on Information Systems*(*TOIS*), Vol.14, No.3, 1996, pp.330—347.

② 只有前者在日常英语里切合弗里德曼和尼森鲍姆的讨论,因此他们需要清楚界定"Bias"的意义。相对而言,"偏见"一词的意义在中文里则甚为明确。

③ Bayta Friedman, Helen Nissenbaum, "Bias in Computer Systems", *ACM Transactions on Information Systems*(*TOIS*), Vol.14, No.3, 1996, p.332.

④ Ibid., p.333.

⑤ Matthew Kay, Cynthia Matuszek, Sean A.Munson, "Unequal Representation and Gender Stereotypes in Image Search Results for Occupations", *Proceedings of 33rd Annual CHI Conference on Human Factors in Computing Systems*, 2015, pp.3819—3828.

第八章 人工智能与算法偏见:一种结构性正义的视角

187

们几乎可以肯定的是搜图引擎的设计者并没有故意造成这些搜寻结果，这些搜寻结果的出现乃源自网络上已有的数据。事实上，首席执行官、董事长等职位的确大部分由男性主导，我们可以说搜图引擎的搜寻结果亦不过反映社会现有状态。正是因为如此，我们可以指出搜图引擎不过在数字媒体重新呈现社会对男女职业带有歧视性的既定立场。最近，更有研究表明机器学习在使用语言语料库学习的过程中将会吸收人类言语中的偏见。①换而言之，无论算法或人工智能均会从人类的输入中习得偏见。

以上两个例子带来的负面影响相对广泛：搜图引擎或许加深了社会的职业性别刻板印象，机器学习或许把女性名字及男性名字与某些职业联系起来并对人们的事业有所影响；但事实上我们暂时还没有太多案例证明它们会带来具体伤害。然而，我们可以看到美国应用的犯罪风险评估软件 COMPAS 展示了一个更加具体的案例来证明算法偏见对社会及人们的潜在危害。COMPAS 软件透过分析案件被告回答的问卷而产生几个风险分数，并对被告进行"累犯风险"和"暴力累犯风险"的预测。法官和缓刑及假释官员参考 COMPAS 软件所评估的结果后将决定被告能否进行保释、以什么金额保释以及判定多久的刑期。可惜的是有相关的研究报告指出黑人被告被 COMPAS 软件错误评估为高度累犯风险的机会几乎是白人的两倍。同时，报告亦指出白人被告被错误评估为低度累犯风险的机会亦要比黑人高。纵然 COMPAS 软件没有使用"种族"作为犯罪风险评估的参数（即，在被告回答的问卷上并没有任何直接关系到被告种族的问题），而软件是使用被告的年龄、性别、过去犯罪记录、家庭背景等参数进行分析。但不幸的是，这些参数却是美国黑人人口的替代指标。因此，COMPAS 软件往往错误评估黑人被告的犯罪风险。若然法官和缓刑及假释官员只依据 COMPAS 软件提供的评估作出决定，他们的决定必然对黑人被告造成系统性的不公平对待。②从以上例子可见，人工智能与算法决策的预

① Aylin Caliskan, Joanna J.Bryson, Arvind Narayanan, "Semantics Derived Automatically from Language Corpora Contain Human-like Biases", *Science*, Vol.356, No.6334, 2017, pp.183—186.

② Julia Angwin, Jeff Larson, Surya Mattu, Lauren Kirchner, "Machine Bias: There's Software used Across the Country to Predict Future Criminals. And It's Biased against Blacks", https://www.propublica.org/article/machine-bias-risk-assessments-in-criminal-sentencing.

存偏见是源自流传在社会内的错误证据。①

"技术性偏见"是来自技术上的限制或技术设计过程中的考虑。②简单如没有朗读文本功能的软件和计算机设备,已经可以被视为对视障人士的技术性偏见;情况就如没有残障设施的建筑可以被视为对行动不便人士歧视一样,即视障人士将难以使用没有语音助手等功能的设备。

针对技术性偏见,凯特·克劳福德(Kate Crawford)提供了一个更有趣的案例:波士顿的街道存在坑洼问题,为更有效调度修复破损道路资源,波士顿市政府开发一个名为StreetBump的智能手机应用程序——利用智能手机的加速仪和 GPS 数据来帮助检测坑洼。StreetBump 自动侦测用户在驾驶过程中遇到的颠簸,并即时把相关信息发送给相关部门。理论上,StreetBump 让波士顿市政府获取道路状况的即时信息,可降低检查破损道路的成本,并使相关部门更有效地提供道路维修服务。但事实上,StreetBump 在数据收集上明显存在着限制。克劳福德指出,在美国的低收入人群中拥有智能手机的人数相对偏低,这情况因而限制了 StreetBump 能够收集的道路状况;尤其在低收入的地区并没有足够 StreetBump 的使用者可以提供道路状况的数据给相关部门。若波士顿市政府倾向参考 StreetBump 的数据来提供道路维修服务,我们可以预期波士顿市内贫穷区域的道路破损只会越来越严重,因为相关部门无从得知低收入地区路段的破损情况。③不同于预存偏见,技术性偏见通常来自个人或机构以不确定的证据作为决策或行动的依据。④

最后,"突生性偏见"是由社会知识、人口或文化价值的变化而产生,即技术使用场景改变导致的一种偏见。⑤微软开发的聊天机器人 Tay 是说明突生性

---

① Brent Daniel Mittelstadt, Atrick Allo, Mariarosaria Taddeo, Sandra Wachter, Luciano Floridi, "The Ethics of Algorithms: Mapping the Debate", *Big Data & Society*, Vol 3, No.2, 2016, pp.7—8.

② Bayta Friedman, Helen Nissenbaum, "Bias in Computer Systems", *ACM Transactions on Information Systems(TOIS)*, Vol.14, No.3, 1996, p.335.

③ Kate Crawford, "The Hidden Biases in Big Data", Harvard Business Review, https://hbr.org/2013/04/the-hidden-biases-in-big-data.

④ Brent Daniel Mittelstadt, Patrick Allo, Mariarosaria Taddeo, Sandra Wachter, Luciano Floridi, "The Ethics of Algorithms: Mapping the Debate", *Big Data & Society*, Vol.3, No.2, 2016, p.5.

⑤ Bayta Friedman, Helen Nissenbaum, "Bias in Computer Systems", *ACM Transactions on Information Systems(TOIS)*, Vol.14, No.3, 1996, p.336.

偏见的一个好案例。①微软于 2016 年 3 月在推特发布 Tay———一个可以在推特与其他用户交流,并在通过与用户互动自我学习的智能聊天机器人。不过,在 Tay 上线之后,推特上的一些用户以政治不正确的言论与 Tay 交流,以此诱导 Tay 发送仇恨性的推文。随后,Tay 开始使用种族主义和性别歧视的推文来回应其他推特用户。结果,微软决定在 Tay 上线后 16 小时就关掉这个项目。Tay 所以发送仇恨性的推文,是因为微软预期的推特用户与现实里面的推特用户有所不同;Tay 的案例清楚地说明了技术使用场景的一些基本变化可以引致突生性偏见。

类似情况还可见诸于惠普电脑在 2009 年推出拥有人脸追踪技术的网络摄像机。在惠普电脑推出配备这款网络摄像机的笔记本电脑后,随即被非裔用户发现这种网络摄像机并不能追踪他们的脸部。更有笔记本电脑买家制作视频表达这是一个种族歧视的网络摄像机。惠普电脑随即就网络摄像机的问题对非裔用户作出道歉,并立即修正程序让网络摄像机可以追踪他们的脸部。导致这个错误原因大概是惠普电脑在网络摄像机测试过程中并没有考虑到非裔的肤色与其他肤色的光暗对比度的分别,以至当技术使用场景由测试场景转换成实际使用场景时,网络摄像机并不能够正常运作。简单来说,我们亦可以把突生性偏见视为些设计者在设计过程中没有预期的各种用户与系统互动而产生。

从以上各种例子我们可以看到人工智能与算法并不比人类来得客观公正,而这些由人工智能及算法带来的算法偏见亦会造成实际伤害———他们可以剥夺个人自由(例如 COMPAS 对黑人被告的不公平对待),亦可以令社群生活水平下降(情况见 StreetBump 对贫穷地区的影响),或可以导致人身安全的问题(试想象无人驾驶汽车安装了一款未能识别亚裔脸孔的网络摄像机并遇上意外,它将不能识别亚裔人士而把他们当成物件)。因此我们迫切需要反思人工智能及算法嵌入的偏见。我们需要反思以下两个问题:第一,我们需要怎

---

① New York Times, "Microsoft Created a Twitter Bot to Learn From Users. It Quickly Became a Racist Jerk", https://www.nytimes.com/2016/03/25/technology/microsoft-created-a-twitter-bot-to-learn-from-users-it-quickly-became-a-racist-jerk.html.

么得知并减少嵌入人工智能系统及算法的偏见，以改善人工智能与算法决策的公平性。这个问题牵涉到道德及政治哲学中有关"公平"这一概念的讨论，同时亦涉及设计人工智能系统及编写程序等实际的技术性问题，因此我们需要跨学科合作才能够解决。其次，我们亦要考虑，要是人工智能及算法决策嵌入的偏见确实带来伤害，到底谁要对这些伤害负上道德责任？此一有关道德责任的问题，我会在以下的部分进行讨论。①

二、两种有关算法偏见的道德问题

当算法偏见带来负面影响，我们需要考虑谁要对这些后果负上道德责任。还未试着解答这个问题以前，我想先区分出两种与算法偏见相关的道德问题。我将这两种问题分别称为"算法偏见的易解道德问题"（The easy problem of algorithmic bias）以及"算法偏见的难解道德问题"（The hard problem of algorithmic bias）。

算法偏见的道德易解问题指，当某人或某机构故意将具有歧视性的程序载入人工智能系统或算法，又或是他们纵使清楚人工智能系统或算法嵌入了偏见却仍然继续使用。我认为在这种情况下对人工智能系统或算法带来的伤害相关的道德责任相对清晰：因为他们故意制造或放任不公平的情况，给受害者造成伤害。这种情况下，载入或使用具有歧视性的程序的人工智能系统或算法将是受道德责难的明显候选人——通过创造或使用具有偏见的系统及算法，并且在了解此一决定和举动的后果下选择了带来及维持不公平的决定或举动（除此之外，他们更可能从这些决定和行为中受益）。换言之，易解道德问题只要求我们确定谁设计或谁使用嵌入了偏见人工智能与算法。

相比易解道德问题，算法偏见的难解道德问题指出在某些情况下我们将

①　其他有关算法偏见的例子，详见：Ayanna Howard, Jason Borenstein, "The Ugly Truth About Ourselves and Our Robot Creations: The Problem of Bias and Social Inequity", *Science and Engineering Ethics*, 2017, pp.1—16；凯西·欧尼尔：《大数据的傲慢与偏见：一个"圈内数学家"对演算法霸权的警告与揭发》，许瑞宋译，台北大写出版社 2017 年版。

难以清楚界定谁对人工智能及算法决策的后果负上道德责任。举例来说,若深度学习人工智能系统在学习过程中从数据获取偏见并因此在决策上对某人或某社会群组造成不公平的决定或其他形式的伤害。基于系统是使用自我学习模式,并没有人故意将偏见嵌入系统,以致使用这个系统的人或机构可能指出系统所造成的决定并非他们的决定而是由系统自行选择及执行。他们甚至可以提出他们根本不能解释这个由系统自行所作的决策。在这种情况下,关于道德责任归属的问题便变得极具挑战性,因为在人工智能或算法等"非人类"机器之外,我们并没有其他明确的道德责任人选。在算法偏见的难解道德问题背景下,系统及算法的创造者或使用者没有故意使它具有偏见,同时他们亦不能理解系统及算法所造成决定的因由。话虽如此,但我们是否又只能够责难于机器? 而又是否并没有人因此需要对算法偏见造成的有害后果负上道德责任?

不幸地,当人工智能及算法继续快速发展,社会上将只会出现越来越多"聪明"的机器取代人类作出决策。而这种转变会让算法偏见的难解道德问题变得越来越普及。有见及此,我们更加有必要去思考如何处理人工智能及算法下的道德责任问题。

三、算法偏见、社会技术组合与分布式责任

算法偏见的难解道德问题之所以难以解决,是因为人工智能与算法是一种社会技术组合(socio-technical assemblage)——它们是通过人机交互构成和维持的。即使人工智能系统及算法自主运行,在运行过程中完全撤除人类的介入,但它们的运行过程仍然必然地会渗入人的价值。正如米歇尔·威尔森(Michele Willson)所指,人工智能系统及算法并不能全然独立于人类,因为它们的运算背后必定有人的输入。根据威尔森的说法,如果将人工智能及算法抽离于使用场境是毫无意义的。[①]

[①] Michele Willson, "Algorithms(and the) Everyday", *Information*, *Communication & Society*, Vol.20, No.1, 2017, pp.4—5.

我们亦可以通过人工智能系统与算法的其中一种特性来说明人工智能与算法为何是一种社会技术组合。我曾经在其他的文章中提出，人工智能系统与算法等新信息技术是一种变革性的技术；它们本质地改变社会的背景条件并为社会带来了所谓的"互联状态"(The condition of interconnectedness)。①人工智能系统与算法均需要大量数据作为运行的最低技术要求，同时，这些技术需要大规模应用才能实践其应有功能。一旦这些技术开始运作，社会上的个体皆会成为其用户或直接受其影响，而人工智能系统与算法亦会因应用户的决定和行为作出微调及改变。正因为用户在系统及算法运行过程中是与系统相互紧扣以至它们所带来的道德责任更是难以解决：因为每个用户在系统产生(负面)结果的过程中均有所参与。

在分析哲学研究里，关注道德责任的哲学家主要关注个人道德责任。非个人主体(如社会群体、公司、国家等单位)和非人类主体(如机器等事物)是否可以承担道德责任此一问题在学界仍然存在争议。人工智能和算法通过以下两个方向进一步挑战传统有关道德责任的理解。人工智能和算法带来的第一种挑战是它们似乎要求我们把非人类的人工智能与算法视为道德责任的合理的候选人——因为它们是实际决定和行动的"事物"(things)；第二种挑战基于人工智能和算法所得的结果是由松散但相连的人们通过人工智能和算法的中介而产生的。若然因果关系属于道德责任的其中一个重要考量，他们每个人均要负上道德责任，但，只是仅仅作为人工智能和算法这种社会技术组合一小部分的人们根本难以察觉自己正在参与或造成人工智能及算法带来的恶果。若然如此，至少在传统道德责任理解之下，我们既不可能把道德责任归于人工智能和算法(因为他们并非道德责任的合理候选人)，亦难以把道德责任指向用户(因为他们并不知情、甚至不能够理解其决定及行为与人工智能系统及算法所得的决定相关)。简言之，算法偏见造成一种"责任缺口"(responsibility gap)②。

---

① 黄柏恒：《大数据时代下新的"个人决定"与"知情同意"》，《哲学分析》2017 年第 6 期。

② Andreas Matthias, "The Responsibility Gap: Ascribing Responsibility for the Actions of Learning Automata", *Ethics and Information Technology*, Vol.6, No.3, pp.175—183.

　　要解决算法偏见带来的责任缺口,我们似乎不得不重新考虑我们对道德责任的理解。我在另一篇文章中已经提出要扩大个人道德责任的范围①;除此之外,我们亦可能需要一种超越个人主义的道德责任来解决算法偏见的难解道德问题。有鉴于此,西蒙与弗洛里迪各自提供了一种新的责任范式,我们可以把此一范式称为"分布式责任"(distributed responsibility)。

　　西蒙的讨论环绕主流分析哲学知识论个人主义范式的局限,尤其是有关认知责任的问题。借用女性主义理论家凯伦·巴拉德(Karen Barad)和露西·萨奇曼(Lucy Suchman)的进路,西蒙强调人与人、人与物的纠缠(entanglement)以及能动性是从这种纠缠过程中诞生。既然能动性仅能由人与人、人与物的互动才得以出现,(认知)责任此一问题就不能忽略到人们置身的物质(社会、技术)环境。同时,由于不同的社会科技环境提供不同形式的纠缠——其中有些有利于认知,有些则不然,我们需要承认和接受社会技术环境在认知责任上担当的角色。换言之,认知责任是一种分布在人与物(技术)之间的分布式责任。②

　　弗洛里迪的研究给予分布式道德责任一个更直接的说明。弗洛里迪基于认知逻辑中的"分布式知识"概念提出相似的"分布式道德"概念。简单来说,"分布式知识"是要说明某些知识是源于不同的个体。例如,A知道车在车库里或是姬尔拿了这辆车(P或Q),B知道车不在车库里(非P),虽然A与B独立地不知道车在姬尔这里,但A加B这个组合就知道姬尔拿了这辆车(Q);换言之,"姬尔拿了这辆车"此一知识是分布在A和B的认知之间。把此一思路应用于道德,弗洛里迪将分布式道德界定为:多智能体系统(multi-agent system, MAS)中各成员(包括人类、人造物或是前两者的结合)一些道德中立或在道德上微不足道的互动带来的道德行为。③分布式道德行为是从MAS成员之间的互动过程中诞生,因此这种道德行为并不能归因于系统中某个特定

----

　　① 黄柏恒:《大数据时代下新的"个人决定"与"知情同意"》,《哲学分析》2017年第6期。

　　② Judith Simon, "Distributed Epistemic Responsibility in a Hyperconnected Era", in Luciano Floridi, *The Onlife Manifesto*, Cham: Springer, 2015, pp.145—159.

　　③ Luciano Floridi, "Distributed Morality in an Information Society", *Science and Engineering Ethics*, Vol.19, No.3, 2013, pp.727—743.

成员,而当中的道德责任亦应该分布在 MAS 成员之间。"分布式道德"此一概念确切地解释了为何个体与人工智能系统或算法看似无害的互动在聚合时能够导致灾难性的道德问题,并同时容纳了我们认为没有特定成员需要承担算法偏见相关的道德责任的直觉——因为人工智能或算法决策正是一种分布式道德行为,而它们带来的道德责任亦将散落在系统内所有的成员之间(包括人类、人造物或是两者的结合)。

我认为西蒙和弗洛里迪两人均提出了令人信服的理由去超越个人主义的道德责任观,尤其是在人工智能和算法决策的背景之下,人工智能与算法作为一种社会技术组合,它们的行动是由半机器、半人类构成;如此,若是我们只将注意力放于个人或人类则并不足以理解人工智能或算法涉及的道德责任。尽管如此,西蒙和弗洛里迪在他们关于分布式责任的讨论方面仍然悬空了一个重要问题,即人与人、人与物之间(根据西蒙说法)或在 MAS 之内(根据弗洛里迪说法)我们该如何分配(distribute/allocate)责任?

弗洛里迪在最近一篇论文中就道德责任分配问题作出回应,并提出一种无过错责任(faultless responsibility)①的说法。无过错责任的出发点是从能动者本位伦理(agent-oriented ethics)到道德对象本位伦理(patient-oriented ethics)的转换,因为能动者本位伦理无法容纳弗洛里迪所提出的分布式道德行为。能动者本位伦理在进行道德判断时侧重能动者的意向性——依此一进路的道德判断将以行为的动机作为赏罚根据,亦即是说能动者本位伦理的道德判断并非只取决于行为的后果,而是必须要考虑能动者是否有意导致这些后果的发生。

由于分布式道德行为是由 MAS 成员间一些非道德行为聚合而成,这些从互动中诞生的分布式行为欠缺 MAS 成员本身的意向。我们甚至可以说这些MAS 成员根本难以知悉自己的行为将会构成分布式道德行为,因此我们亦不能断言他们有意向地导致分布式道德行为或其后果。如是者,既然分布式道德行为并不涉及意向性,那就是说以意向性作为根据的能动者本位伦理便不

① Luciano Floridi, "Faultless Responsibility: On the Nature and Allocation of Moral Responsibility for Distributed Moral Actions", *Philosophical Transactions of the Royal Society A: Mathematical, Physical and Engineering Sciences*, Vol.374, No.2083, 2016, pp.1—13.

第八章 人工智能与算法偏见:一种结构性正义的视角

再适用。弗洛里迪认为我们需要一种以道德对象作本位的进路来探讨分布式道德行为,而伴随着这种新的进路是对道德对象所受的影响的特别注视。

在道德对象本位伦理中,我们关注的是道德对象受到什么(负面)影响和这些影响的源头。从这个角度来看,这些影响是否带有意图是对道德判断毫不相干的。换言之,我们靠一种单纯的因果责任来分配道德责任,即是追查伤害的源头。把道德对象本位伦理应用在分布式道德行为时,按弗洛里迪的说法,即所有导致分布式道德行为及其后果的成员均要承担其道德责任,也就是说:就算 MAS 成员之间的互动本身没有带来伤害,但当这些互动并集时构成分布式道德行为并对道德对象成造成伤害,无论 MAS 成员是否有意带来这些伤害,所有 MAS 成员同样要对这个结果负上道德责任。弗洛里迪把这种分布在每个 MAS 成员之间的道德责任称为无过错责任。

在主流道德哲学讨论中,特别是基于能动者本位伦理的观点,我们可能难以想象人们要对自己无意造成的结果负上道德责任,因为我们在日常生活中对道德责任的理解是追踪意向性的。但是,弗洛里迪指出这种归责方式在侵权法(Tort Law)中早已有相似的先例——严格责任(strict liability)①。同时,弗洛里迪亦指出这种无过错责任确实会带来违反直觉的结果。无过错责任指把道德责任的矛头指向系统内每个成员,此一归责方式似乎并不公平,甚至违反人权。因为就算系统成员无意带来伤害,甚至并无意愿带来伤害,在无过错责任的归责方式下,他们仍然需要承担此一道德责任。针对这种违反直觉的结果,弗洛里迪的回应有两个:一方面,他承认这种归责安排确是悲剧性的。在这种归责方式下,我们将要承担不是我们过错的责任,但他认为我们只能把它视为现实生活里面林林总总的道德不幸之一。另一方面,他认为只要成员均拥有他们自己需要承担分布式道德行为的道德责任此一共同知识,便不存在错配道德责任的情况②。

---

① Luciano Floridi, "Faultless Responsibility: On the Nature and Allocation of Moral Responsibility for Distributed Moral Actions", *Philosophical Transactions of the Royal Society A: Mathematical, Physical and Engineering Sciences*, Vol.374, No.2083, 2016, pp.7—8.

② Ibid. p.10.

就着弗洛里迪的回应,我想在此提出两个问题:第一,关于共同知识,我赞成弗洛里迪所言,人们若知道自己需要承担分布式道德行为的道德责任,他们将修改原有的决定及行为尽量避免使系统带来伤害,他们甚至可能脱离系统以避免负上不必要的道德责任。然而,这要求人们确切地知道他们之间的互动如何构成分布式道德行为及怎样带来伤害。但,大多数人工智能系统与算法均以黑箱式运作,各个成员根本无从得知自己是否是因果链中的其中一环,亦不懂得如何规避。在这种状况下,人工智能与算法所带来的分布式道德责任往往属悲剧性。当然,我们亦可以说这正是我们需要透明(transparent)及可解释(explainable)人工智能及算法的最重要原因。[①]第二,弗洛里迪认为无过错责任此一归责方式将分配同等的道德责任给每一个成员,但我认为此一无差别的责任分配违反了道德直觉。例如,我认为成员之间权力、能力差异等因素应该决定责任的分配。换句话说,即使我们同意弗洛里迪所说,每位成员均要对分布式道德行为负上道德责任,责任分配的程度还是存在疑问。我认为把道德责任平等分配并不是正确答案。在文章的剩余部分,我将探讨艾丽斯·M·扬提出的责任理论,并试图通过这个理论来回应这个问题。

四、艾丽斯·M·扬论结构性不正义及社会关联模式责任

艾丽斯·M·扬是一位以女性主义政治理论、包容性民主、全球正义等课题著称的政治理论家。她提出结构性不正义的说法并探讨以资源分配为重点的主流正义论面对结构性不正义的局限。[②]扬未有参与技术伦理的讨论,因此她的思想在技术哲学圈内相对陌生;直到最近才有一些关注信息伦理及负责任创新(responsible research and innovation, RRI)的学者开始探索她的理论应

---

① Finale Doshi-Velez, Mason Kortz, Ryan Budish, Chris Bavitz, Sam Gershman, David O'Brien, Stuart Schieber, James Waldo, David Weinberger, Alexandra Wood, "Accountability of AI Under the Law: The Role of Explanation", *arXiv*: *1711.01134v2* [*cs.AI*], 2017.

② 艾丽斯·M·扬的政治理论主要著作包括:Iris M. Young, *Justice and the Politics of Difference*, New Jersey: Princeton University Press, 1990; Iris M. Young, *Inclusion and Democracy*, Oxford: Oxford University Press, 2000; Iris M.Young, *Responsibility for Justice*, New York: Oxford University Press, 2011。

用的可能性。①我将以扬提出的责任观与弗洛里迪的无过错责任作比较,并表明扬的说法给予了算法偏见的道德责任一个更合适的理解。因此,以下的部分亦可以视作延伸及实践扬的理论的一种尝试。要做到这一点,我首先要介绍扬的思想中几个重要概念。

扬为政治理论作出了许多贡献,这里无法完整阐述她的所有思想。因此,以下将会讨论与本章特别相关的部分——她对结构性不正义和社会关联模式责任(social connection model of responsibility)的论述。扬提出社会关联模式责任此一想法是要回应被主流正义论忽略的结构性不正义,她认为结构性不正义是:

> 社会进程使大群人系统性地受到被支配的或是被剥夺其发展和行使才能的威胁;同时,这些社会进程使另一群人能够支配他人或拥有广泛的机会来发展和行使他们的权力。②

扬同时指出,结构性不正义不同于个体不当行为或国家压迫性政策带来的道德错误,因为结构性不正义是在人们和机构透过合法及合义的方式去追求自己特定的目标和利益时产生的。③正因如此,扬认为主流政治哲学的正义论中以赔偿责任④(liability)作为根据的责任观将不足以回应结构性不正义。在这种以赔偿责任为中心的责任观,某人是否要对事件后果负上道德责任是取决于他与事件有着合适的因果关系,其中要考虑的因素包括该人的行为是否自愿,或是他有否免除责任的无知(excusable ignorance)。⑤扬用不同故事以证明在结构性不正义的情况下这种责任观并无适用性。⑥她让我们想象一位名

---

① Jeffrey Alan Johnson, "Ethics and Justice in Learning Analytics", *Learning Analytics in Higher Education*, Vol.2017, No.179, 2017, pp.77—87; Tjidde Tempels, Vincent Blok, Marcel Verweij, "Understanding Political Responsibility in Corporate Citizenship: Towards a Shared Responsibility for the Common Good", *Journal of Global Ethics*, Vol.13, No.1, 2017, pp.90—108.

②③ Iris M.Young, *Responsibility for Justice*, New York: Oxford University Press, 2011, p.52.

④ 我必须在此说明"赔偿责任"未必是"liability"最好的翻译;在英语中,"responsibility""accountability""liability"等字眼都翻译成"责任",因此"责任"一词在这里可能产生混淆,因此我选择在此以"赔偿责任"作为"liability"的中文翻译,突出这字眼是对某人或者某机构的过失负相关的一种责任。

⑤ Iris M.Young, *Responsibility for Justice*, New York: Oxford University Press, 2011, p.97.

⑥ 扬在另一篇文章中以血汗工厂作为例子,参见: Iris M.Young, "Responsibility and Global Justice: A Social Connection Model", *Social Philosophy and Policy*, Vol.23, No.1, 2006, pp.102—130。

为仙蒂的女子为自己和她的孩子寻找住处的故事：

> 仙蒂在郊区购物中心担任销售助理,她所租用的住所即将改建成豪
> 华公寓,因此她必须在短期内迁出。仙蒂的工作地点附近并没有便宜的
> 房子,但同时仙蒂认为城市里房租便宜的房子要不是质量很差,就是对她
> 的家庭来说不够安全。而那些她能够负担的房子均坐落在交通不便的地
> 方,因此她必须要额外预留金钱去买一辆汽车代步。她考虑申请资助房
> 屋,但轮候时长起码两年。最终,仙蒂在四十五分钟车程的地方找到一间
> 小房子;但由于她已把所有积蓄都用在汽车上,她并无足够的存款用作租
> 用房子的押金。在这个故事里,仙蒂和孩子正面临无家可归的困局。①

　　扬强调在这个故事中,并无任何人意图伤害仙蒂。仙蒂的房东、资助房屋
部门的官员,她所遇到的房地产经纪人,都只不过在完成他们自身应有的工作
(如,房东用自己的资本赚取利润,资助房屋部门的官员遵循官方指引,以及房
地产经纪人在满足客户要求等)。他们甚至可以对仙蒂的遭遇表示同情并提
供额外帮助。在这个故事中,直觉告诉我们有人需要为仙蒂的所受遭遇负上
责任,但以赔偿责任作为中心的责任观却不能容纳此一道德直觉。因为房东、
资助房屋部门的官员、房地产经纪人等人并没有直接造成仙蒂和孩子无家可
归,我们甚至可以说他们没有意愿让这个情况发生;亦是说他们没有符合赔偿
责任的归责条件。扬认为,要回应人们和机构通过合法及合理的方式去追求
自己特定的目标和利益时所产生的结构性不正义,我们必须转向非赔偿责任
中心的社会关联模式责任。

　　根据社会关联模式责任,人们之所以要承担结构性不正义的责任,是因为
他们的行为促成了此一不正义的后果。扬认为人们活在共同的系统里,我们
预期自己在系统中会享有公正的对待,而其他在系统里的人们亦可以合理地
要求受到同样的公正待遇。因此,生活在这个系统里的所有人均有责任去减
少他们促成的结构性不正义。②换言之,社会关联模式责任所分配的责任并非
追溯个人或团体过失的回顾性责任(backward-looking responsibility),而是让

① Iris M.Young, *Responsibility for Justice*, New York: Oxford University Press, 2011, pp.43—44.
② Ibid., p.105.

人们减少、修正及预防(结构性)不正义的一种前瞻性责任(forward-looking responsibility)。由于这种责任通过社会结构和进程存在于人们的关联中,所以它是成员间共同分担的一种共享责任(shared responsibility)。同时,由于个人行动将无法改变系统,社会关联模式责任亦只能通过集体行动才能得以履行。①

在对扬的思想的批判性讨论中,麦基翁(Maeve McKeown)注意到社会关联模式责任中的"关联"带有歧义,而扬亦未有清楚界定她思想里"关联"的意义。②社会关联模式责任中的"关联"所表达的意义对我们现在的讨论极为相关,因为它可给我们参考如何在系统成员之间分配分布式道德行为的责任。麦基翁对此提出对"关联"的三种诠释:其一,存在关联(existential connection),即人们仅仅存在(生存)于同一系统,就应当承担责任;其二,因果关联(causal connection),即人们直接或间接导致了社会结构性不正义就要承担责任;其三,依赖关联(dependent connection),即人们要对他们在追求目标过程所依赖的其他人负上责任。

麦基翁指出"存在关联"的诠释仅能给我们一种非规范性的形而上责任。因为,存在关联只断言人存活于社会就必然有着对他者的(道德)责任。此一说法却未有言明怎样的关联会带来怎样责任。换句话说,它只是关于人类境遇(human condition)的抽象说法。麦基翁亦指出,"因果关联"的诠释将面对几个问题:首先,在一些复杂的结构性不正义案例中,我们难以清楚建立系统里的人们和事件的因果联系,我们甚至难以找出导致事件发生的成因。③因此,"因果关联"的诠释在这些情况并不适用。其次,麦基翁认为,以因果关联作为归责条件既是太弱也是太强。诠释太弱是因为有些结构性不正义必须依靠来自因果关系之外的干预才得以解决,但基于因果关联解释的社会关联模式责

① Iris M.Young, *Responsibility for Justice*, New York: Oxford University Press, 2011, p.105.

② Maeve McKeown, *Responsibility without Guilt: A Youngian Approach to Responsibility for Global Injustice*, Doctoral Thesis, UCL, 2015, pp.249—283.

③ 麦基翁以东南亚地区性旅游及现代奴隶问题为例说明建立因果关系的难处(详见:Maeve McKeown, *Responsibility without Guilt: A Youngian Approach to Responsibility for Global Injustice*, Doctoral Thesis, UCL, 2015, pp.266—267),我在文章中提到的"算法偏见的难解道德问题"亦会对"因果关联"的诠释带来相同的问题。

任最多只能声称这是属于来自因果关系之外的个体的超义务行为(supererogatory action)。同时，诠释太强是因为我们并不意愿某些在因果关系之内的个体承受责任，例如在结构性不正义下的受害者。针对"依赖关联"的诠释，麦基翁指出全球化生活方式下的人们必须依赖他者来满足基本生活所需，但若然依赖范围被定义得如此广泛，责任分配在此亦只会变得毫无意义，因为这只会得出每一个人均需要对其他所有人负上责任的结论。

换言之，麦基翁认为，上述三种对"关联"的解释都不能令人满意，因此她提出以下的修正方案以克服以上的问题。对于"因果关联"的诠释，麦基翁认为，我们应该放弃以结构性不正义的成因(cause)作为归责条件，取而代之是以延续(perpetuate)不正义的举措识别及分配责任。此一诠释免除了我们必先确立人们与结构性不正义准确的因果联系的需要，相反地我们只需要知道他们的决定与行为与不正义有否牵连。在这里，对于"关联"太弱的批评亦不再有效，因为来自因果关系之外的个体的不行动(non-actions)确实意味着结构性不正义得以延续。至于有关"关联"太强的批评，除非结构性不正义下的受害者勇敢地挑战现存系统，否则他们的举措其实也只是延续了不正义。然而，我们可以把这些受害者看成被强迫参与延续结构性不正义，而免却他们的责任。对于"依赖关系"的诠释，麦基翁正确地指出并非所有的依赖关系都与结构性不正义相干，因此我们可以透过依赖关系有否延续结构性不正义来区分它们可否作为归责条件。麦基翁以剥削性依赖关系作为例子，即一种建立在剥削之上的依赖关系——人们利用他们的优势从弱势群体中获取利益。

在把社会关联模式责任应用于算法偏见的讨论前，我想先对这种责任观作一个简要的总结。扬的社会关联模式责任是来自人们与社会系统的关联：我们通过此一可能带来不正义的社会系统联系在一起，而当我们作为系统的成员，既然我们维持着这个系统，所以我们亦应该承担伴随着这个系统而来的不正义问题。

五、作为结构性不正义的算法偏见

扬提出的社会关联模式责任与弗洛里迪引介的无过错责任之间拥有惊人

的相似性。他们二人均否定意向性在识别及分配责任的重要性,即个体有没有意图造成结构性不正义(根据扬的说法)或分布式道德行为(根据弗洛里迪的说法)并非归责过程需要考虑的条件;二人均强调个体(包括个人、社会团体或机构)作为不良后果的成因在归责过程的重要性,他们同样认为只要个体直接或间接促成伤害就足以使他们承担责任。

不过,我们在此亦需要强调它们之间的几个重要的差异。首先,与弗洛里迪的讨论不同的是,扬在她的讨论之中并未有提及非人类道德责任的问题。只要意向性在扬的社会关联模式责任的归责方式里没有任何角色,同时没有人类干预的机器(如人工智能系统、算法等技术)在延续不正义有着固有的位置,我认为扬并不会排除机器应负责任的说法。就算扬认为机器并不适合承担责任,我们也可以把机器视作社会基本结构的其中一部分。换句话说,只要机器延续结构性不正义或作为这种不正义的中介,我们就可以依旧把它们视作批判对象,而人们亦有需要修正这些促成或延续不正义的机器。

第二,弗洛里迪的无过错责任是一种追溯过失的回顾性责任,它的目的是要识别及分配分布式道德行为的道德责任。[①]相反,扬的社会关联模式责任是一种前瞻性责任,它的目的是要消减促成及延续结构性不正义的背景条件。因为社会关联模式责任是社会关系所产生的责任,所以并不与具体的(个人)道德错误挂钩。针对算法偏见的道德挑战,我认为扬的社会关联模式责任更能驱使人们主动消减算法偏见的发生。除非我们把个人责任的考虑的范围放大,以致人们能够意识到他们透过人工智能系统及算法的决定及行为或会对他人造成影响,否则我认为人们将不会接受弗洛里迪提出的无过错责任。[②]当中尤其值得指出的是,弗洛里迪在讨论时亦突出了基础设施(infrastructure)的重要性。他认为信息社会需要一种基础设施伦理(infraethics)以评价以系统(或基础设施)作为中介而产生的分布式道德行动。[③]在此一视角下,扬的社会

① Luciano Floridi, "Faultless Responsibility: On the Nature and Allocation of Moral Responsibility for Distributed Moral Actions", *Philosophical Transactions of the Royal Society A: Mathematical, Physical and Engineering Sciences*, Vol.374, No.2083, 2016, p.2.

② 黄柏恒:《大数据时代下新的"个人决定"与"知情同意"》,《哲学分析》2017 年第 6 期。

③ Luciano Floridi, "Infraethics—on the Conditions of Possibility of Morality", *Philosophy & Technology*, Vol.30, No.4, 2017, pp.391—394.

关联模式责任可能更适合作为基础设施伦理的根本;因为它正是要确立人们有责任修正社会基本结构的一种说法。

最后,弗洛里迪的无过错责任是将责任平等地分配给每一个 MAS 成员;相反,扬认为在处身共同系统的人们可以有着不同程度的责任。她亦提出四个参数去区分不同程度的责任:第一,权力/能力(power),即人们消减结构性不正义的实际或潜在能力,能力愈大的人拥有愈大的责任;第二,特权(privilege),即人们通过结构性不正义的获益水平,从不正义中获益愈多的人们拥有愈大的责任;第三,利益/关注(interest),即人们有终结结构性不正义的客观原因,例如结构性不正义的受害者就有客观原因去改变不正义的结构;最后,集体行动能力(collective ability),即通过与他人共同采取集体行动来改变不正义结构的能力。①

简单来说,凡个体促成或延续结构性不正义,他们就需要承担改变社会结构的责任。此一说法亦可应用在算法偏见上,我们可以利用上文提及的StreetBump 作为例子去说明社会关联模式责任的应用:假如波士顿市政府仅参考 StreetBump 数据进行道路修复,最终使得贫穷区段路面状况进一步变坏,那么参考 StreetBump 数据的相关部门,以至所有安装 StreetBump 提供路面情况的用户也要为波士顿市贫穷区段道路状况进一步变坏负上责任,因为他们通过使用或提供不确定的证据延续此一不正义境况。面对此一不正义,相关部门及富有人口同样有权力(能力)去纠正现况,例如政府部门可以以别的方式去检查道路,同时亦可以对低收入人群提供资助使他们能够提供该地区的准确数据;富有人口亦可以主动驾驶到贫穷区段以提供更多道路数据给相关部门。至于低收入人群,他们虽然对改变 StreetBump 带来的不良后果有所关注,但他们未必有能力去提供足够数据为该地区带来改善;他们受制于经济条件及技术限制,以致未能改变结构性不正义,所以在此一案例下他们要承担的责任亦相对减少。②

----

① Iris M. Young, *Responsibility for Justice*, New York: Oxford University Press, 2011, pp.125—130.

② 在这个案例里,低收入人群的责任与他们的经济条件及技术知识相关,例如经当智能手机的价格降低,低收入人群就再不能以此作为理由。

六、结　语

在日益发达的智能技术之下，我们身处的社会每天都变得更加"聪明"。随同更多加入人工智能的物品陆续进占我们的世界并在我们日常生活扮演更重要的角色，它们将会代替我们作出种种决定，而我们也无可避免地即将成为这些技术决定的对象。自主机器正要成为社会基本结构的一部分，无论我们是否认同自主机器在特定情况下需要承担责任，却无可排除它们在这个社会将带来各种的新道德挑战。

我在本文介绍了算法偏见对（道德）责任分配带来的挑战，亦指出算法偏见的难解道德问题在未来日子只会变得更加普遍。上文透过西蒙和弗洛里迪的讨论说明现有道德责任观并不足以回应算法偏见带来的挑战——尤其是识别及分配与算法偏见带来的道德责任。因此，我认为，正如西蒙和弗洛里迪所说，我们需要从个人主义的道德责任观转向分布式的道德责任。及后，我简介了弗洛里迪的无过错责任如何作为分配分布式的道德责任的一个方法，再以扬的社会关联模式责任与其做出比较。我认为后者对于分布式道德责任的责任分配问题上能够给我们一个更合适的答案。而且，此一说法更切合弗洛里迪提出的基础设施伦理的目的。因此，我认为扬的社会关联模式责任可以帮助我们去解决算法偏见对道德责任带来的挑战。

但就算扬的社会关联模式责任可以帮助我们解决算法偏见带来的道德责任问题，算法偏见在知识论层面依然将带来各种挑战。特别是前文提及的一个问题——黑箱式运作的商用及专有人工智能系统及算法中。在黑箱式运作的人工智能系统及算法中，人们并不能知道他们在系统的担任的角色，亦无从得知他们与系统的关系。换言之，就算扬的社会关联模式责任亦无法识别及分配黑箱里面的人们的责任。不过，我们可以从这个说法中得到一个启示：若我们认为责任分配问题在智能社会上依然非常重要，我们就有理由放弃各种黑箱式运作人工智能系统及算法，因为它们在本质上与道德责任分配并不相容。

（黄柏恒，德国汉堡大学信息科学系研究员）

第九章
人工智能道德的问题、挑战与前景

人工智能旨在塑造或模拟人类的认知能力,人工智能道德是人工智能领域的一个新兴领域,更具体地说,人工智能道德探索人工智能系统是否以及如何提供道德能力。这将对人类的生活产生深远影响。本章探讨了界定人工智能道德的可能性和范围的关键概念,提出在人工智能系统中实施道德能力时应采取的策略,并在此背景下探讨人工智能道德的前景和挑战。首先,给出了一些人工智能道德的应用领域并讨论了为什么这些领域需要人工智能道德。其次,讨论了人工智能道德中的两个基本概念问题,即人工智能系统能否成为道德主体;如何在人工智能道德的背景下理解道德。这些简明的结果将是人类道德与人工智能道德之间的比较,这表明人工智能系统可以而且应该是功能性的道德主体,但不是完全的道德主体。再次,在一般层次上仔细研究道德能力如何在人工智能系统中功能性地实现。概念上的澄清和在人工智能系统中实现道德能力的战略发展是最后一部分的背景。最后,讨论了在公共话语中经常出现的一些支持和反对人工智能道德的论点,并权衡了人工智能道德的前景和挑战。

一、人工智能道德的应用领域

人工智能系统能够完成的任务越来越多,它们参与工业生产、驾驶飞机或无人机、交易高频股票,以及控制人们的工作和生活环境。有时机器会做一些艰苦、肮脏、危险或令人不快的工作;有时它们只是比人类的生理和认知能力更快或更准确。人们希望使用人工智能系统可以让人类的双手和大脑自由地进行更有吸引力、更具挑战性和创造性的活动。这就要求机器能够独立完成自己的任务，不受人类长期控制和监督。然而，人工智能系统越智能、越自主，就会面临越多需要进行自主道德决策的情况。

人工智能道德的一个新兴应用领域是智能扫地机器人。以 Roomba 这样的吸尘机器人为例，与传统的真空吸尘器不同，它是自主的、不是由人操作的。然而，即使是这样一个简单的系统也面临着一个基本的道德挑战：它是应该吸尘从而杀死挡住它去路的瓢虫，还是应该把它赶走？遇到蜘蛛怎么样？它应该消灭蜘蛛还是拯救蜘蛛？有人可能会怀疑，这些是否真的是由道德决定。然而，人们的观点是毫无理由地杀死或伤害（某些）动物是不对的，这是道德上的考虑。当然，普通的 Roomba 没有能力做出这样的决定。但也有人试图创造一个将动物生命考虑在内的改良版本。人工智能道德不仅关注科幻小说中出现的场景，还关注实际的技术现实。人工智能系统的应用领域越复杂，它们必须面对的道德决策就越复杂。

人工智能道德的另一个新兴应用领域是智能护理机器人。在具有道德能力的自主人工智能系统帮助下应对人口老龄化，这些系统可用于家庭护理。在这种情况下，需要做出道德决定的情况是，例如：老年护理系统应该以多频繁、多强烈的方式提醒老年人进食、饮水或服药？系统是否应该一直监视用户以及它应该如何处理收集到的数据？在这些情况下所涉及的道德价值是自主、隐私、身体健康和亲属的关心。

人工智能道德应用的另一个重要领域是自动驾驶汽车。但是，自动驾驶汽车不仅面临道德决策，而且面临道德困境。道德困境是一种新"电车难题"，在这种情况下，主体人只能在两个（或两个以上）选项中做出选择，而这两个（或两个以上）选项并非没有道德问题的后果。一个著名的例子是所谓的"电车难题"[①]，它可以追溯到哲学家菲利帕·福特（Philippa Foot）的著作。这是一个思想实验，旨在测试人类的道德直觉，在道德上是否允许甚至要求牺牲一个人的生命来拯救另外几个人的生命。自动驾驶汽车在结构上可能面临类似的

---

① P.Foot, "The Problem of Abortion and the Doctrine of Double Effect", In P.Foot(Ed.), *Virtues and Vices*(pp.19—32). Oxford: Basil Blackwell, 1978.

情况,在这种情况下,一个人为了拯救他人而受伤或死亡是不可避免的。假设一辆自动驾驶汽车突然刹车失灵,它只能选择撞上两组人中的一组:一组是两名老年男性、两名老年女性和一条狗;另一组是一个年轻的女人带着一个小男孩和一个小女孩。如果撞上第一组,两名妇女将被杀死,两名男子和狗将受伤。如果它撞上第二组,孩子们会被杀死,女人会受伤。牵狗的老年人群体行为符合交通法规,而妇女和儿童违反红灯,这两者是否相关? 如果其中一位老人是一位年轻的医生,他可能会挽救许多人的生命,那么情况会有所改变吗? 如果自动驾驶汽车只能牺牲乘客来拯救其他交通参与者的生命,会发生什么? 如果无法解决这些难题,这可能会成为自动驾驶的严重障碍。

二、人工智能道德的可能性与范围

人们必须意识到,人工智能系统可能显示的原始形式的道德主体并不等于完全的道德主体,因为完全的道德主体只属于人类。这部分是由于人工智能系统的道德能力局限于某些领域。相比之下,人类道德的范围要广得多,可适用于任何环境。赋予人类的全部道德能动性不仅包括道德信仰和态度,还包括意向态度、现象意识、自由意志,以及使道德态度本身成为反思和辩护对象的能力。

现象意识是处于一种精神状态的主观体验。例如,了解道德的情感方面,感受道德情感,如同情、内疚或羞耻都是很重要的,现象意识关注这些情绪的感受。尽管有人试图为人工智能系统提供功能上等同于内疚、悔恨或悲伤等情绪的状态,但被忽略的是这些道德情绪。现象意识是人类道德生活丰富性的一个重要方面。因此,就目前的技术水平而言,人工智能道德最多只能提供与高度受限领域中人类道德生活的认知方面相同的功能。虽然人工智能系统没有现象意识,但它们可以拥有所谓的"访问意识"①。也就是说,它们的表征状态被用作推理的前提,从而导致理性行为。道德责任的一个重要方面是考

---

① N.Block, "On a Confusion about the Function of Consciousness", *Behavioral and Brain Sciences*, 18, 1995, pp.227—247.

虑个人道德推理的能力,而目前的人工智能系统无法做到这一点。它们没有能力反思和证明自己的道德推理。这种高级推理的能力往往被认为是意志自由的核心原则,这是道德责任所必需的。因此,缺乏这种能力的人工智能系统不是道德上负责任的行动者。如果一个系统能够质疑它的道德决定,甚至选择不道德的行动,那么它的用户将面临严重的风险。这并不是说,建立具有这些先进道德能力的体系是不可能的。然而,在具有适合于实际目的的道德能力系统中,这些原则既不是必要的,也不是可取的。

人类道德与人工智能道德之间的相关概念必须加以限定。目前的人工智能系统在功能上并不等同于成熟的人类道德主体。它们的成熟程度可以被比作一个小孩子为了道德上的原因而按照父母告诉他的标准行事。当然,即使是小孩子,也比人工智能系统拥有更丰富的意向态度,如恐惧、希望等。此外,儿童具有非凡的意识、对他人的天然同情和自由意志,至少在某种意义上,他们可以拒绝做父母让他们做的事。与人类相比,人工智能系统是更原始和更受限制的道德主体。人工智能系统越接近完全的道德主体,关于它们自身道德地位的问题就会变得越必要。如果这些系统具有现象意识、自由意志或反思道德思考的能力,那么在道德上仍然允许使用这些系统来为人们服务吗?如果人们不想在自己的智能设备上面临这些问题,就不应该试图建立完整的人工智能道德主体。有人可能会反对说,这些情景完全是假设的,不可能发生这种情况。但是,对技术的伦理评估往往集中在少数的困难案例上,而一旦出现就会引发激烈的讨论,无论这种情况发生的频率如何,以及它们是否会触及基本的伦理问题。例如延长和维持人类生命。这也是在自动驾驶中可能出现的困境。

如智能扫地机器人这样简单的人工智能系统已经面临道德决策。这些技术变得越智能和自主,它们所面临的道德问题就会变得越复杂。因此,考虑人工智能道德的前景和风险是很重要的。有人可能会说,在这些情况下做出道德决策的不是智能扫地机器人、智能护理系统或自动驾驶汽车,而是这些设备的设计者。然而,人工智能发展得越多,这个界限就越模糊。AlphaGo 及其后续的 AlphaGo Zero 是由谷歌 DeepMind 开发的人工智能系统用于围棋。这是第一个在全尺寸棋盘上击败世界上最好的职业棋手之一的计算机程序。围棋被认为是一种认知困难、要求极高的游戏,它比国际象棋等其他游戏更难让人工智能系统获胜。一个道德上微妙的例子是微软的聊天机器人 Tai,它本应通过与用户互动来学习,结果却变成了一个性别歧视和种族歧视者。因此,人工智能道德发生在人工智能系统、设计师和用户三者之间。在讨论人工智能道德时,准确地确定各主体的贡献,明确赋予道德主体和责任是最重要的任务之一。

人工智能道德的核心问题之一是,人工智能系统本身是否可以算作道德主体。这个问题提出了两个进一步的问题:第一个问题涉及一般的主体需要说明必须满足的标准,才能使某物具备成为主体的资格,并且必须表明至少有一些人工智能系统满足这些标准。第二个问题是使一个主体成为道德主体的条件是什么,以及人工智能系统是否不仅是主体也是道德主体。

传统上认为哲学中的两个维度与能动性有关。第一个维度即能动者在某种意义上是其行为的自源性来源。这个条件有不同的表述方式,例如,说行为可能不是由外部因素决定的,涉及某种灵活性或者受主体的控制。作为主体所涉及的第二个维度是有理性行动的能力。人工智能系统能否以一种使人们能够将它们视为主体的方式,成为它们行为的自我起源? 在其最苛刻的形式中,自我起源的概念被形而上学地理解为主体因果关系,因为行为是由主体发起的。但是,人们不必致力于这种强的、哲学上有争议的观点。对自我起源的弱的标准也可能被人工智能系统满足①:它们与环境相互作用,能够在没有外部刺激的情况下改变状态,一些人工智能系统有能力使它们的行为适应新情况。因此,至少有一些人工智能系统显示出一定程度的自我起源并足以发挥作用。然而,自我起源并不是与主体相关的唯一维度。那么理性行为的能力呢? 根据休谟的解释,一个行动的原因包括两种态度,即信念和赞成的态度(如欲望)。问题是,人工智能系统是否也能够拥有信仰和赞成态度。

对于赋予一个智能系统存在信仰和赞成态度的标准有不同的看法。在第

① L.Floridi & J.W. Sanders, "On the Morality of Artificial Agents", *Minds and Machines*, 14, 2004, pp.349—379.

一个观点中,重要的是人们能否通过将原因归因于某物来理解它的行为,而不依赖于它的内部结构,即事物不需要具备任何符合信仰和赞成态度的内在状态。第二种观点认为,拥有信念和赞成的态度不仅仅意味着可以这样理解。相反,一个事物必须有一定的内部状态,在结构上等同于信念和赞成态度。这种状态是否可以归因于人工智能系统,取决于它处理信息的能力。信念和赞成态度可以被分析为事件状态的象征性符号表征,这些符号表示可以存储在内存中并在必要时访问,它们在行为的产生中起着因果关系的作用。如果一个系统具有与人类相应的心理状态具有类似功能的表征状态,则该系统在这方面可以被称为功能上相当于人类主体。基于所谓的 BDI(Believe Desire Intention)软件模型的人工智能系统使用符号表示进行操作,这些符号表示在功能上等同于信念和赞成态度。它们能够仔细考虑计划并执行这些计划。这足以说明这些系统在功能上是有推理能力的。但是,人工主体的 BDI 体系结构远远低于人类主体的复杂性。虽然人工智能系统不像人类那样复杂,但它能表现出自我起源的行为并能理性地行动,因此也可以被称为"主体"。

人工智能系统是否不只是主体而且是道德主体。如果人工智能是行为的自源性来源,并且其行为的原因是道德理性,那么它在基本意义上可以被认为是道德主体。必须有一些在功能上等同于道德信念和赞成态度的状态以及信息处理机制,很难具体说明什么是道德理性。如果我们假定上述理性是普遍的,那么道德理性由一套信念和道德支持态度组成。道德支持态度不同于其他态度,因为它涉及道德价值判断。道德价值判断是一系列道德支持的态度,例如,杀人在道德上是错误的;你不应该偷;他是非常慷慨的;你有责任帮助她等。道德判断涉及对他人的非工具性关注。然而,所有这些都是有争议的,人们在认识道德判断方面比定义道德判断要好得多。在人工智能道德的背景下,以这种方式实施道德判断可能就足够了,因为人工智能系统应该做出人们已经认可为道德的判断,而且它们的应用范围仅限于特定领域,比如老年护理机器人或自动驾驶汽车。这样的系统不需要产生新的道德判断,也不需要将它们应用到新的领域。

三、人工智能系统中道德能力的实现方式

如何在人工智能系统中实现道德能力是人工智能道德中的另一个重要问题。这里涉及两个方面的问题：第一，应该将哪些道德标准嵌入人工智能系统；第二，如何执行这些道德标准。这两个问题都是相关的，因为对于某个道德框架的决策也需要对其在软件程序中的实现进行一定的约束。有学者提出了自上而下、自下而上和混合的道德实施方法①，这三种方法将某种伦理理论与智能软件设计方法结合在一起。

自上而下方法将道德能力看做是道德原则在特定案例中的伦理观点与软件设计的自上而下方法相结合。其思想是将道德原则，如康德的绝对命令、最大化效用的功利主义原则或阿西莫夫的机器人法则作为软件程序的规则，然后在特定的情况下推导出道德上必须做的事情。这种软件所面临的挑战之一是如何从抽象的道德原则到具体的案例。另一个反对自上而下的人工智能道德方法的根本原因是所谓的框架问题。框架问题最初是指基于逻辑的人工智能中的一个技术问题。直观地说，问题在于从无关的信息中挑选出相关的信息。在其技术形式中，问题在于在经典逻辑中，确定受系统行为影响的条件并不意味着可以推断出所有其他条件都是固定的。虽然技术问题在很大程度上被认为已经解决，但是这个问题还有一个更广泛的哲学问题，还没有接近解决方案。其挑战在于每一条新的信息都有可能对能动者的整个认知系统产生影响。这一观察结果已被用作反对人脑计算方法的证据，因为它似乎暗示中枢认知过程不能被严格的一般规则建模。相应的论点也可以反对伦理学中基于原则的方法。由于框架问题，人们有理由怀疑道德规范是否能够通过无一例外的一般原则完全系统化。然而，这并不会破坏通过道德原则将道德规范部分系统化的可能性。因此，框架问题并不是反对在特定领域采用自上而下的道德实施方法可能性的简单论据。

---

① W.Wallach & C.Allen, *Moral Machines*: *Teaching Robots Right from Wrong*, Oxford: Oxford University Press, 2009.

自上而下的替代方法是自下而上的方法。它们不理解道德是基于规则的,它们与道德排他主义密切相关。道德排他主义是一种元伦理学观点,它反对道德能力包括将道德原则应用于特定案例的主张。相反,每个具体的案例都必须单独判断,在此基础上,人们可能会得出某些道德经验法则。道德特殊主义者通常用实践智慧来思考道德能力或者用感知来类比,认为道德能力是关注与道德相关的特征(或价值),而这些特征(或价值)是在具体情景体现的。道德知觉观强调个体对情境道德方面的敏感性,而实践智慧的概念则要追溯到亚里士多德,他强调了情境方面的影响,而情境方面的影响是通过社会化或训练产生的。为了在人工智能系统中实现这些能力,可以在软件设计中使用经典的自下而上方法(例如人工神经网络),这种方法首先在各种数据中找到关系或模式。另一个想法是通过模拟这些过程,使它们模仿进化或人类社会化。

如果成功的话,自下而上的方法可能教会人们了解一些关于道德系统发育和个体道德能力发育的过程。但是,它们在自主人工智能系统中实施道德能力的适用性有限,因为自下而上的方法会带来操作化、安全性和可接受性方面的问题。很难准确评估一个系统何时具备道德学习的能力,以及它实际上将如何演变。没有任何组成部分或机制能够体现这一系统的道德能力。由于此类系统的行为很难预测和解释,因此自下而上的方法很难用于实际目的,因为它们可能将潜在用户置于风险之中。此外,很难重现它们是如何做出道德决策的。这可能会降低用户对其道德决定的接受程度。重要的是,自主的人工智能系统不仅在道德上行事,而且其决策的道德基础也是透明的。因此,自下而上的方法应该局限于狭隘的、受控的实验室条件。

自上而下和自下而上是人工智能系统中道德能力实现的最常见方式。然而,也可以将这两种方法的优点结合起来。由此产生的策略称为混合方法。混合方法以预先定义的道德判断框架为基础,然后通过学习过程使其适应特定的道德环境。所给出的判断取决于系统的部署区域及其道德特征。然而,人们应该选择哪种道德实施方式呢?这个问题取决于设计系统的目的和使用情境。比如,与智能服务或护理机器人相比,自动驾驶汽车需要不同的道德实现方式。需要考虑的一个重要因素是谁卷入了这种情况。自动驾驶汽车不仅影响到拥有或使用这类车辆的人,而且关系到不使用或不同意使用这种技术的人的切身利益。因此,必须在政治和法律上对这一领域的基本道德问题作出严格的规定。相比之下,智能服务和护理机器人主要关注的是它们的用户。这允许在道德判断中对个体差异和判断力有一定的灵活性。由于自下而上方法的实际不可测性,混合方法可能是这些应用领域的设计选择。这种方法是在有关领域(例如护理)的道德价值的预定义框架内运作的,这是自上而下的方式。然而,一个系统可以设计成能够适应用户个人道德价值观的方式,这就是自下而上的方式。这样的设计考虑到了人们对相关道德价值的不同衡量。

四、人工智能道德的挑战与前景

越来越智能和自主的技术的发展最终将导致这些系统不得不面对道德上的问题, 这些问题不能完全由人类操作者控制。如果这是真的,那么对人工智能道德的需求最终将源于技术进步。这未必是坏事。一方面,智能机器可能比人类更道德,因为它们不受非理性、诱惑或情感混乱的影响,它们不会因为自身利益而忽视道德;另一方面,具有道德能力的智能机器似乎是更好的机器。技术的首要目标是改善人类的生活。因此,有人可能会说,道德机器是更优秀的机器,因为它们能够更好地识别和回应个人和社会层面上的人类需求和利益。尽管新技术常常因为伦理原因而受到批评,但道德机器的设计是合乎伦理的。人类的道德常常是支离破碎和前后矛盾的,人工智能道德也可能帮助人们提高自己的道德能力。对人工智能道德的研究可以使人类道德更加一致和统一,因为人工智能系统只能在此基础上运行,试图复制人类道德可能会导致对它更好的理解。人们的希望是找到两者道德能力的共同结构,这种结构可以应用于不同的事物中,比如人体或人工智能系统。

人工智能道德面临的第一个挑战来自对道德和人类心智特性的某些观点。人工智能道德的支持者通常坚持认为人类的思维是一台计算机器(更准确地说,是一台图灵机器)。道德相应地被理解为一组推理规则,它从逻辑上将任何理性的存在引向相同的道德决策。将道德理解为一种演算在道德哲学史上颇受欢迎。例如，它启发了总结快乐和痛苦的功利主义演算，以及康德的定言命令，它被认为是一种检验准则道德容许性的机制。然而，最近出现了一种挑战这种思维方式的趋势。这一观点的反对者对人类的思想和道德有着截然不同的看法。强特殊主义者认为，人类的道德不能用一套规则来衡量，不管这些规则有多么粗糙。因此，根本没有道德上的概括，甚至没有经验法则。情境的某些特征有时确实对情境的整体道德评价有正面影响，有时是负面影响，有时则完全没有。例如，撒谎，在某些情况下可能在道德上是好的，在另一些情况下撒谎可能在道德上是坏的，有时它可能对特定情况的道德没有任何影响。即使使用自下而上的方法，在人工智能系统中也很难实现这种对情境非常敏感的能力。

人工智能道德面临的第二个挑战是，道德理解不能通过计算来建模，因为由计算机按照程序对符号进行的形式化操作永远不足以带来任何一种智能理解。这一异议质疑了强人工智能的可能性，更不用说适用于强人工智能道德。如果这一反对意见是正确的，它将粉碎在人工智能系统中计算重建人类道德能力的所有希望。然而，它可能不会损害人工智能道德，即试图构建具有功能性道德能力的机器，而这些机器无法像人类那样完全理解道德。

人工智能道德面临的第三个挑战是，无论是在普通大众还是哲学家中，对正确的道德理论都没有共识。人们的道德直觉似乎并不清楚地支持或反对康德主义、功利主义或任何其他方法，罗尔斯称之为合理多元主义。接下来的问题是哪种道德应该在人工智能系统中实施。回答这个问题的提示已经在上文中给出了，并概述了在智能老年护理系统中实施道德能力的路线图。理想情况下，系统作为用户的道德化身。而如果一个制度在公共领域运作，其决定不可避免地涉及用户以外的其他人的切身利益，则该制度的行为应受到一般具有约束力的政治和法律规章的管制。尽管存在根本的道德差异，但仍发现了类似规定的例子，如堕胎和安乐死。一旦需要国际标准，事情就会变得更加复杂，就像自动驾驶汽车一样。

面对未来人工智能道德的发展，人们还可能担心人工智能道德将导致人类道德实践的根本变化,我们应该仔细考虑这些变化是否可取。一种观点是通过接管道德决策,人工智能系统将剥夺人类的自主权。这又回到康德的观点,他认为道德是卓越的自主的表现。如果人们把道德决策委托给机器,这就在一定程度上放弃了人类的自主权,而自主权是人类自身道德尊严的来源之一。另一个问题是,人工智能道德迫使人们对迄今尚未做出决定的案件采取立场是否有益。在自动驾驶中可能出现的困境不会出现在人类驾驶员身上,因为他们的反应时间要长得多,他们对压力很敏感,而且他们可能不像相互关联的人工智能系统那样掌握那么多有关情况的信息。一方面,决定这些案件的必要性可能有助于使人们的道德观点更加一致。另一方面,自动驾驶迫使人们在这些两难的情况下采取立场,这一事实可能会让人们感到内疚,因为它迫使我们故意承认一些人受到了伤害,甚至是被杀害。此外,仍然存在不可预见的消极后果的可能性。即使一个系统带有特定的道德规则,它也可能最终做出一个设计者既没有预期也没有期望的决定。

有人担心,人工智能道德可能会破坏人们目前赋予责任和罪行的做法。尽管人工智能系统不能像上面所讨论的那样承担完全意义上的道德责任,但是它们可能会影响人们的责任感。这部分是由于因果直接性的减少。虽然在传统的驾驶中,伤害往往可以追溯到驾驶员,但这在自动驾驶中是不可能的。将会出现复杂的主体网络,这使得很难确定谁应该对结果负责。这可能严重违背了人类的一种倾向,即认为有罪的人是人类道德实践的核心。

正如人们所看到的,在当今技术的发展中,有一种趋势强烈地导致了人工智能道德的产生。人工智能道德将对我们的生活方式产生巨大的影响。虽然才刚刚开始,但重要的是要考虑它将把人们引向何方。有些问题仍有待做出回答:如何才能有益地设计人工智能道德? 在什么情况下它可以被用于善的方面? 哪些期望和希望是现实的? 哪些威胁真的会发生? 应该如何评估它们? 哪些道德价值观对个人和社会来说是重要的,人工智能道德将如何影响它们?

(苏令银,上海师范大学马克思主义学院副教授)

第十章
智能、数据挖掘技术与调节

　　基于大数据的人工智能对人类的思维方式、生存方式、认知方式等产生了巨大的影响，这种影响已经引发经济、法律、政治、哲学等诸多领域的多重反思。从哲学的视角来看，对其的反思应当面向其本身，走向其来源。大数据是人工智能的重要来源，而数据挖掘技术则是大数据的核心，海量数据的最终呈现状态是源自所挖掘的数据。易言之，数据挖掘技术是智能化的重要支撑，智能化需要基于数据。因此，对人工智能的思忖应当追溯到数据的来源——数据挖掘技术(Data Mining, DM)①。

一、数据挖掘技术

　　计算机技术、通信技术、物联网、社交网络、电子商务等一方面在持续生成着海量的数据，另一方面也在推动着现实世界的数据化，并衍生了复杂多样的数据资源。当海量的数据资源涌现时，与其相关的分析技术也应运而生。

（一）数据挖掘技术的缘起及其发展

　　对数据的需求是数据挖掘技术发展的催化剂。特别是在大数据时代，面对数据的爆炸式增长，有效的数据处理方法变得极为迫切。因此，当"社会的计算机化显著地增强了我们产生和收集数据的能力。大量数据从我们生活的每个角落涌出。存储的或瞬态的数据的爆炸性增长已激起对新技术和自动工

---

　　① "第一届知识发现和数据挖掘国际学术会议于1995年在加拿大召开，由于与会者把数据库中的'数据'比喻成矿床，'数据挖掘'一词很快就流行开来。自此'数据挖掘'一词被广泛使用。"王小妮：《数据挖掘技术》，北京航空航天大学出版社2014年版，第2页。

具的需求,以帮助我们智能地将海量数据转换为有用的信息和知识。这导致称做数据挖掘的一个计算机科学前沿学科的产生。"①

数据挖掘出现在 20 世纪 80 年代后期,但其真正的发展始于 20 世纪 90 年代。1994 年,关于数据库中的知识发现(knowledge discovery in database, KDD)的专题研究会议一共召开了四次,而国际上对数据挖掘的正式研究始于 1989 年 8 月在美国底特律召开的第十一届国际联合人工智能学术会议(International Joint Conference on Artificial Intelligence, IJCAI),在此次会议上,首次提出了"数据库中的知识发现"一词,这是世界上第一次讨论关于数据库中的知识发现的专题。

1995 年,在加拿大蒙特利尔召开第一届知识发现与数据挖掘的国际学术会议,也是第一届有关数据挖掘的研讨会。1998 年,建立新的学术组织美国计算机协会下的数据库中的知识发现专业组(ACM-SIGKDD),该组织在 1999 年组织了第五届知识发现与数据挖掘国际学术会议。②进入 21 世纪以来,数据挖掘技术呈现出蓬勃发展的态势。

(二) 数据挖掘技术的定义简介

数据挖掘技术被视为一个多学科的领域,包括统计学、机器学习、模式识别、信息检索、人工智能、数据可视化等,该技术着力于解决数据丰富但却又信息匮乏的难题,力图通过有效的数据分析工具与方法找出数据中蕴含的金矿。

从狭义来看,数据挖掘技术是"作为知识发现过程,它通常包括数据清理、数据集成、数据选择、数据交换、模式发现、模式评估和知识表现"③;从广义来看,"数据挖掘技术是从大量数据挖掘有趣模式和知识的过程"。④其主要的研究问题包括:"数据方法、用户交互、有效性与可伸缩性、数据类型的多样性、数

---

① [美]Jiawei Han, Micheline Kanber, Jian Pei:《数据挖掘:概念与技术》,范明、孟小峰译,机械工业出版社 2012 年版,第 X 页。

② 焦李成等:《智能数据挖掘与知识发现》,电子科技大学出版社 2006 年版,第 10 页。

③ [美]Jiawei Han, Micheline Kanber, Jian Pei:《数据挖掘:概念与技术》,范明、孟小峰译,机械工业出版社 2012 年版,第 22 页。

④ 同上书,第 6 页。

据挖掘与社会"①等,其流程大致可分为:问题定义、数据收集与预处理、数据挖掘实施以及挖掘结果的解释与评估。②

(三) 数据挖掘技术的普遍性

数据分布在社会的诸多领域,与此相伴随的是,对于数据的处理也分布在社会的诸多领域。从日常生活中个人的超市购物、网页浏览、运动轨迹,到企业的财务报表、仓库分布、客户信息、风险评估,再到国家、政府的治理及决策等既是数据诞生的场所,也是数据挖掘技术发挥作用的场所。

在当下,从微观的层面来看,我们每个人都是数据的携带者、产生者与使用者;从中观的层面来看,数据挖掘技术已经在很多领域得到广泛应用,如金融业、零售业、医疗、通信等,并具有广阔的市场和前景;从宏观层面来看,国家以及国际政治、经济、军事等均是基于数据的多重挖掘。

因此,反观被视为机器学习与数据库交叉的数据挖掘技术,已经带来人们思维方式、认知世界方式等方面的变革,并冲击着传统的本体论、认识论与伦理价值观,且其对这三者的冲击并非独立的,而是相互交融的。这具体表现为:从存在论的维度来看,人类所存在于其中的世界已经异于传统的自然界或物理世界,一种新的存在境遇已经构成;从认识论的维度来看,人类所面临的世界的本质已经不再是传统意义的物质概念可以囊括的,同时,人类认知、感知世界的方式以及对自我的认同等也被改变了,并且而上述两个维度的变化带来伦理学视域的转换。面对这一切,需要对数据挖掘技术予以哲学反思。

二、技术调节及其研究路径

在对技术本质的追问之中,人、技术与世界的关系这一论域一直是一个永恒的主题。在这一论域中,技术调节有着非常重要的位置,因为我们的日常生

---

① [美]Jiawei Han, Micheline Kanber, Jian Pei:《数据挖掘:概念与技术》,范明,孟小峰译,机械工业出版社 2012 年版,第 19 页。
② 朱明:《数据挖掘》,中国科学技术大学出版社 2008 年版,第 8 页。

活就是处于技术调节之中。"调节"①作为对技术进行哲学解读的一个重要范畴,拓宽了关于技术本质的分析。现如今,哲学、社会学、心理学以及设计等领域均有对技术调节的研究。

(一) 经验转向背景下的技术调节

在 20 世纪 80 年代和 90 年代,面对新技术的发展,作为对技术本质进行解读的技术哲学,对经典的技术哲学予以反思,并力图寻找一种新的解读方式以经典技术哲学的缺陷。在这种寻找中,它并非简单地否定或推翻经典技术哲学,而是在承认经典技术哲学优势的情形下而展开的。"先验是哲学研究的一个非常重要传统,其在技术哲学研究中有其特有的贡献,但其不足也显而易见,特别是在技术充斥的当下。因此,需要寻找新的技术哲学路径,来修正与弥补这些缺陷,并超越此。当经典技术哲学因其宏大、先验、批判性、悲观主义等致使该路径不足以充分解释技术的本质时,由保留了与经典传统的友好关系及其所关注的主题和问题彻底背离了经典传统的两条截然不同的路径所组成的技术哲学的经验转向开始出现。"②在这种背景下,技术哲学的经验研究路径开启,即技术哲学的经验转向出现了。

伴随技术哲学中经验转向的出现,对技术、人及世界之间关系的关注的视角有所改变,"开始聚焦于具体的技术和问题,试图发展情境化的、少决定论的技术理论或者开始借用 STS 的研究",③即开始走向技术自身,基于技术自身来揭示技术的本质。在走向技术自身的哲学分析中,从调节来分析人、技术与世界的关系为技术本质的揭示提供了一条有效的进路。而"马丁·海德格尔对工具在人与世界之间的日常关系的经典分析"则"是解读技术调节的一个良好开端"。④

---

① 调节(mediation)有时也被翻译为中介、居间等,此处使用"调节"一词,意在凸显动态性与交互性。

② 闫宏秀:《荷兰学派技术解释的后现代特质》,《自然辩证法研究》2013 年第 12 期。

③ P.Brey, "Philosophy of Technology after the Empirical Turn", *Techné*, Vol. 14, No. 3, 2010, p.39.

④ P.P. Verbeek, *Moralizing Technology: Understanding and Designing the Morality of Things*, Chicago and London: University of Chicago Press, 2011, p.7.

（二） 技术调节的研究路径评析

调节强调人与技术、世界以及技术与技术、人与技术意向等的构成性。反观哲学界，关于技术调节的研究路径，主要有辩证法传统、先验、经验、现象学和后现象学等五条路径。

其中，以马克思为代表的辩证法传统，对技术、权力与资本之间的相互关系置于辩证法的传统之中予以了经验的和思辨的系统分析，也因此马克思被誉为"将权力、资本主义和技术彻底理论化的第一人"[①]；以胡塞尔（Edmund Husserl）、海德格尔（Martin Heidegger）、梅洛-庞蒂（Maurice Merleau-Ponty）等学者为代表的先验路径，以先验的方式剖析技术调节。该路径的主要特征是宏大叙事、批判性。他们提出并分析了调节范畴的先验形式基础，如胡塞尔的意识意向性、海德格尔的形式指引、梅洛-庞蒂的知觉意向性等调节理论的先验表达形式；以拉图尔（Bruno Latour）、伯格曼（Albert Borgmann）等学者为代表的经验路径。如伯格曼聚焦于技术装置对人类实践的塑性功能的分析；拉图尔、卡普兰（David M.Kaplan）等学者基于社会学理论的经验路径，提出了调节的两个维度：一是技术调节着人与实在并提供调节的形式，二是任何调节都是产生在特定语境之中；伯格曼则聚焦于技术装置对人类实践的塑性；以伊德（Don Ihde）为代表的后现象学路径试图克服先验路径的宏大与经验路径的琐碎，用身体性代替意识，从知觉范畴构建起人、技术与世界的四种关系。

正如约尼·范·登·伊德（Yoni van Den Eede）所言："近年来，哲学、社会学以及心理学等路径已经开始关注技术对世界的调节。然而，尽管各自都有巨大的价值，但他们都仅仅说明了技术调节的某个方面"，如"后现象学和行动者网络理论已经全面详细地解释了人与世界的关系是如何被技术调节，从而打破了传统的哲学主体与客体、社会与自然，和人与技术的二分。此外，安德鲁·芬伯格（Andrew Feenberg）用其'技术批判理论'阐述了技术和社会的互相依赖。所有这些'居间'大大帮助了我们对我们与技术结合的理解。但这些理

---

① Mithun Bantwal Rao, Joost Jongerden, Pieter Lemmens, Guido Ruivenkamp, "Technological Mediation and Power: Post phenomenology, Critical Theory, and Autonomist Marxism", *Philosophy & Technology*, Vol.28, No.3, 2015, p.450.

论未能明确地讨论我们的'互为存在'的这种日益增强的技术调节。"①

新兴技术的涌现,如人工智能、增强现实、数据挖掘等对人类生存境遇的影响已经超越了技术作为背景模式而已然进入到前景模式与背景模式的并存,这更使得关于技术本质的探究更为迫切。同时,也正是这些新技术的特质的出现,关于技术调节的研究更需要进一步的推进,因为已有研究有其局限性。如"哲学理论是关于技术而非聚焦于技术作为'人类相互之间的组成部分';经验和社会学关于调节交互的阐述不是关于互为存在自身的调节"。②

因此,对调节的研究需要走出批判性的、怀旧的、决定论式的经典技术哲学传统,如维贝克(Peter Paul Verbeek)所言:"调节哲学的核心观点是技术在人与现实之间的关系中发挥着积极的调节作用。在不重提技术决定社会的经典技术恐惧,也不将技术视为仅有工具作用的前提下,技术调节才可能被研究。它聚焦于技术和社会的相互塑形。"③并且关于调节,还需要从经验和概念两个方面展开对调节过程的进一步系统分析。

(三) 荷兰学派视野中的技术调节

技术哲学界对技术调节的先验路径、经验路径以及后现象学等路径展开批判与超越,在这些批判与超越中,荷兰学派的研究极具特色。如:

布雷(Philip Brey)于2010年对技术哲学过去25年的发展予以总结。在此中,布雷在描述伊德等关于调节研究的基础上,评析了当下调节研究的现状。"唐·伊德已经发展了一种评价性较少而描述性较多的技术现象学,该研究不重在对技术对人类经验的影响,而重在研究技术是如何以不同的方式调节人和其环境的。"④但关于调节的研究需要进一步的细化与系统化,因为在当前技术哲学中"关于技术影响的许多哲学研究不是基于社会以及社会与技术相互作用的成熟理论。所进行的大量工作依然是理论上不足的",如"关于以

---

①② Y.V.D.Eede, "In Between us: On the Transparency and Opacity of Technological Media-tion", *Foundations of Science*, Vol.16, No.2—3, 2011, p.140.

③ P.P.Verbeek, *Moralizing Technology: Understanding and Designing the Morality of Things*, Chicago and London: University of Chicago Press, 2011, p.7.

④ P.Brey, "Philosophy of Technology after the Empirical Turn", *Techné*, Vol.14, No.3, 2010, p.39.

计算机为中介的交流对友谊之影响所进行的研究缺乏关于友谊、诚信和亲密的成熟理论,缺乏技术物对这些品质的调节或影响之方式的成熟理论。没有关于这些是什么以及技术如何影响它们的成熟的和已经被证实的理论,是很难作出任何关于技术对文化或友谊之重要性的可靠论断的。"①因此,"我们需要有将人自身考虑在内的有关技术调节的能动性的伦理理论。"②

维贝克将伊德的知觉调节和拉图尔的行动调节,以及福柯(Michel Foucault)关于技术与权力的伦理学予以整合与扩展予以整合、加以扩展,增加了复合意向性、赛博格关系来分析人、技术与世界之间的关系,并将调节与设计结合在一起,力图将调节理论予以扩展。在这种扩展中,毫无疑问,"调节路径开启了分析技术是如何在人与现实之间构建新关系的一种新途径";③同时,也正是在这种扩展中,虽然为了"更好地理解技术的这种调节作用,唐·伊德和布鲁诺·拉图尔提出了概念",④但这仍然是不够的。因此,维贝克说:"为了推进这种理解,我区分出了调节两种不同的视角:一是聚焦于知觉,二是聚焦于实践。这两个视角中的每一个都在从不同的方面切入人—世界关系。诠释学的或'经验指向'的视角从世界的方面出发,并指向其自身解释和呈现给人的方式,此处,主要的范畴是知觉。实用主义的或'实践指向'的视角从人的方面切入人—世界关系。其核心问题是人如何在他们的世界中行动并塑型其存在。这个核心范畴是行动。"⑤那么,该如何从行动来分析调节呢?"甚至即使设计者们没有明确从道德角度反思他们的作品,但他们所设计的人工物也不可避免地在人们的行动和体验中扮演着调节的作用。"⑥基于此,维贝克从后现象学的视角,从技术设计着手,结合伦理学,展开对技术设计与伦理之间的探究。因为"所有设计中的技术最终要调节人类行动和体验,这有助于形成我们

---

① P.Brey, "Philosophy of Technology after the Empirical Turn", *Techné*, Vol.14, No.3, 2010, p.44.

② Ibid., p.45.

③ P.P.Verbeek, "Expanding Mediation Theory", *Foundations of Science*, Vol.17, No.4, 2012, pp.391—392.

④⑤ P.P.Verbeek, *Moralizing Technology: Understanding and Designing the Morality of Things*, Chicago and London: University of Chicago Press, 2011, p.8.

⑥ Ibid., p.90.

的道德决策和生活质量。因此,技术设计的伦理学应该处理中心未来的调节作用。"①在对技术调节进行分析的基础上,维贝克、齐亚令·斯维尔斯特拉(Tsjalling Swierstra)、卡汀卡·威尔伯斯(Katinka Waelbers)也展开了对人类美好生活建构的途径的解读。

那么,数据挖掘技术调节了什么?又进行了何种调节呢?数据挖掘技术对人、人与人之间以及人与世界的关系产生了何种效应?

三、数据挖掘技术与存在

数据自然界的形成主要是伴随着计算机的发展和应用而来的。起初,计算机只在某些领域和机构中被使用,用于实现该领域的信息化,这时的数据相当于将自然界的某些信息以数据的形式存储到计算机系统中,其所表示的是现实世界的某些事物。但随着技术的进一步发展,在技术将自然界中的事物越来越多地被数据化的同时,数以亿计的计算机使用者还在以各种各样的方式生产或制作着数据,并出现了衍生出自然界所不存在的虚拟数据的可能性。

(一) 数据挖掘技术与世界的数据化

近年来,数据挖掘技术的发展大大推进了自然界数据化的进程。因为无论是从狭义的数据挖掘技术即是作为知识发现过程的数据挖掘技术来看,还是从广义意义上的数据挖掘技术即作为从大量数据挖掘有趣模式和知识过程的数据挖掘技术来看,在数据挖掘技术对数据进行处理的过程中,一方面,将自然界中的事物进行数据化,即人类存在的世界被转换一种新的样式;另一方面,又产生着自然界中不存在的虚拟数据,即开始形成"数据自然界",且此时的"数据自然界"已经超越了对自然界的数据化转换,而是构成了一种新的自然界。恰如斯蒂格勒(Bernard Stiegler)所言:"虚拟现实的各种代具都是由'显像银幕眼镜'和'数据库手套'组成的。眼镜中呈现的虚拟空间要么根本不存

---

① P. P. Verbeek, *Moralizing Technology*: *Understanding and Designing the Morality of Things*, Chicago and London: University of Chicago Press, 2011, p.90.

在,而只是从其整体物理特征上模拟出来;要么存在于别处,但在眼镜与手套使用者的真实所在地被虚拟复制出来。"①

因此,就人类存在的境遇而言,在人类的存在场所中,传统意义上的自然界依然存在,但一种新的有别于传统意义上的自然界即由数据挖掘技术所形成的这种自然界已经进入人类的视域。

(二) 数据挖掘技术对人类存在场所的调节

除了传统意义上的自然界之外,由数据挖掘技术对"原始"自然界的数据化处理后所呈现的世界与数据挖掘技术所带来的新的数据世界一起共同构成了人类的存在场所。而这种存在场所恰恰是在被数据挖掘技术调节之后而呈现出来的。因为即使是所谓的"数据的这种'原始性'都是数据被'加工过的'结果。数据从来都不是'先于事实的',反而是被仔细收集的、制造的且关键还是被调节过的"②。

事实上,就数据挖掘技术而言,其对数据的处理既可以是随意的,也可以是有选择的。有选择就意味着数据挖掘技术可通过数据处理过程,如数据收集与预处理、数据挖掘实施以及挖掘结果的解释与评估等可以有意地隐藏一些东西,这也正是数据挖掘技术对人类存在的一种调节。

因此,就人类存在的方式而言,数据自然界为人类提供了有别于传统意义上的一种存在方式。存在的轨迹以数据的方式呈现,存在的历史以数据库的方式呈现,数据库系统甚至成了存在汇聚的场所。如果说"从遗传到非遗传的过渡是第一在场的疑难,也是过去第一时间出离的疑难,正如继续一个从未在场的,呈现一个不继续任何过去在场的在场——即不在场的在场——的过去"③,那么,数据挖掘技术所带来的不在场的在场则不仅仅使得呈现一个不继续任何过去在场的在场进入到人类存在的方式之中,甚至在某种意义上,数据挖掘技术通过对数据的隐蔽、清洗等对某事、某物或某现象学予以调节,使其透明性退场,进而一方面将在场的可以转换为不在场的,如图像数据挖掘技术

---

① [法]斯蒂格勒:《技术与时间:2.迷失方向》,赵和平、印螺译,译林出版社 2010 年版,第173—174 页。

② J.Mussell, "Raw data is an oxymoron", *Media history*, Vol.20, No.1, 2014, p.105.

③ [法]斯蒂格勒:《技术与时间:2.迷失方向》,赵和平、印螺译,译林出版社 2010 年版,第178 页。

对图像中信息的有关处理;另一方面,将不在场的可以转换为在场,如,通过对某人身体数据的采集,商场可以为不在场的某人提供在场的服务。商场可以通过将某人的相关数据导入到某个系统,基于某种软件显示其与某物的契合度、匹配度等,这种交互的模式能让某人产生了在场的感觉。

(三) 数据挖掘技术与人类对自身存在认同及世界呈现的调节

在数据挖掘技术调节着人类存在场所的同时,还调节着人自身存在的认同。如"刷存在感"一词,不仅仅反映了人类存在的方式由物理空间向虚拟空间的拓宽,也反映出了关于存在的感觉可通过数据的涌现而被感知,这种感知透露出了人对自身的存在认同的一种新方式。与这种新方式相伴随的还有"点击率"以及"点击量"等词的出现,这种基于数据的量化模式被视为自身被认同的一个重要考量。"技术将对个人是如何对其自我身份予以发展与塑形产生巨大的影响。"[1]在这里,对人类自身存在的认同被转换成了对数据的认同。

但数据挖掘技术对人类存在的调节不仅仅在于构建了一种新的存在(虚拟存在)场所,增加了一种新的存在方式与对人类存在认同的方式,还在于在数据挖掘技术构建人类新的存在场所的过程与新的存在方式的构成中,还有更深层次的调节。这种更深层次的调节来自数据挖掘技术自身的动态性、开放性或曰参与性。如,数据挖掘技术既可以通过对算法的调整而对调整世界出场的方式与次序、以及世界所呈现的内容等,也可以借助此而为不同的个体呈现不同的世界。2012 年,脸书调整了它的动态汇总算法,而动态汇总算法是脸书网站最出名的算法,它用于实时计算每个用户感兴趣的内容,在脸书的 News Feed 页面进行个性化的内容推荐,被推荐的内容包罗万象,各个进驻脸书的广告商所发布的内容也在推荐之列。当脸书调整动态汇总算法之后,各个广告商的流量都或多或少地受到了影响。[2]脸书的用户所看到的页面也因算法的不同而不同,而事实上,此次算法的调整是因为脸书旨在"打击那些标题和正文内容差太多的文章",并

---

① L.Floridi, *The Fourth Revolution*：*How the Infosphere is Reshaping Human Reality*, New York：Oxford University Press, 2014, p.72.

② 任昱衡、李倩星、米晓飞:《数据挖掘:你必须知道的 32 个经典案例》,电子工业出版社 2016 年版,第 17 页。

期望 News Feed 能够"把对的内容,在对的时间,展示给对的人看"。①也正是在脸书"通过调整算法,用户的动态消息中将出现更多精准的文章"②的过程中,算法的动态为用户提供了不一样的数据世界,而且用户的动态过程也在被挖掘,用户所产生的数据也在被重新整合与梳理,这种整合与梳理对人类所设身其中的世界进行着某种重塑。

易言之,数据挖掘技术在其被使用的过程中又形成了新的数据挖掘过程及其技术产物,这种形成包含数据挖掘技术基于某种算法而带来的新数据,也包含人自身参与到数据挖掘技术使用过程之中而与数据挖掘技术一起而带来的新数据。这种形成是在以一种动态的方式展示着、塑性着人类存在的场所,且这种形成也彰显了数据挖掘技术自身与人类存在之间呈现出某种互为存在性。这种互为存在性与"我戴上一副蓝眼镜,那么感官显现的物本身,感官物(每一个可能的感官物),此在先曾是简单物者,就改变了其感官的性质,例如其颜色;在此仅仅在进行呈现的真正物并未改变其'真正的'性质。此感官性质不是虚幻物,而只是在所与环境下所要求的真正的非感官性质之显像"③不同,此时的人类知觉体验在被数据挖掘技术调节的同时,已经不再仅仅停留在胡塞尔意义上的"此同一物按照这些环境而'显现'出有时这样有时那样的感知性质",④甚至出现了"我可能是在我与被感知物一致、我不再处在客观世界中、客观世界没有告诉我任何东西的情况下进行感觉的"现象,⑤也出现了想象、虚构被人类通过数据挖掘技术得以呈现并进入存在的现象。

四、数据挖掘技术与世界的诠释

在数据挖掘的过程中,数据挖掘技术具有弗洛里迪所言的介于人类使用者

---

①② 任昱衡、李倩星、米晓飞:《数据挖掘:你必须知道的 32 个经典案例》,电子工业出版社 2016 年版,第 18 页。

③ [德]胡塞尔:《现象学的构成研究——纯粹现象学和现象学哲学的观念》,李幼蒸译,中国人民大学出版社 2013 年版,第 255—256 页。

④ 同上书,第 256 页。

⑤ [法]莫里斯·梅洛-庞蒂:《知觉现象学》,姜志辉译,商务印书馆 2001 年版,第 9 页。

和敦促者之间的"一级技术"(first-order technology)的特征①,即技术将人类与自然界连接。但事实上,这种连接更具有弗洛里迪所言的"三级技术"(third-order technology)的特征,②即技术—技术—技术的连接方式已经开启。因为在数据挖掘技术所构成的数据世界中,人不是直接地面向世界,类似于伊德对所言的人通过眼镜来感知世界一样。此时的人类所面向的世界是由数据集所构成的数据世界。

(一) 数据挖掘技术与世界模糊性及透明性

当人类对海量数据通过数据挖掘技术进行处理的时候,数据本身是被人类加工的对象。在这种处理中,某些数据被透明化,某些数据被模糊化。因为数据挖掘技术就是旨在从大量数据中发现有用的令人感兴趣的信息,因此,如在数据收集与预处理过程中,根据数据挖掘任务的具体需求,从相关数据源中抽取与任务相关的数据集作为目标数据,并对消除噪声、遗漏数据、消除重复数据、数据类型转化等。而这个过程也是对数据进行透明化和模糊化的过程,即人类借助对数据的处理工作完成对世界的某种诠释,也正是在这个过程中,对世界进行了透明性与模糊性的调节,将一些不可见的显现,将一些本来可见的消除。事实上,"当调节时,技术的某个方面是模糊的而其他的方面变得透明。技术从我们的经验中消失,如眼镜,我们不是看眼镜而是通过眼镜看(事物)。或者,技术在我们的经验中发挥核心作用,有时候阻碍了我们对其他事物的体验,如汽车。当我们仍在学开车的时候,全部的注意力都应在其操作上,而不是一个司机仅仅'通过'体验道路和其他道路使用者,而成为一个透明的客体。"③

但"如果数据以某种方式受制于我们,那么,我们也受制于数据"。④因为人类在将世界通过数据挖掘技术进行解读的时候,人类对世界的诠释也将受此牵连。"人类不是直接体验世界,而是通过一种调节技术来体验的,这种技术促进着人

---

① L.Floridi, *The Fourth Revolution*: *How the Infosphere is Reshaping Human Reality*, New York: Oxford University Press, 2014, p.26.

② Ibid., p.29.

③ P.P.Verbeek, "Expanding Mediation Theory", *Foundations of Science*, Vol.17, No.4, 2012, p.392.

④ J.Mussell, "Raw data is an oxymoron", *Media history*, Vol.20, No.1, 2014, p.106.

与世界之关系的形成。双筒望远镜、温度计以及空调都在或通过来获得新的评估现实的方法或通过为体验创建新语境的方法来帮助人类形成新的体验。"①在伊德的理论体系中，人通过对技术的诠释来达到解读世界的目的。如，通过温度计所显示的数据，对世界进行温度感知，对世界的感知变成了对技术所显示数据的诠释；通过汽车仪表盘所显示的数据，感知汽车的状况、感知自身的行为、感知汽车所在的场景等，并通过对这些数据调节驾驶行为。在这样的场景中，技术或技术器物所呈现的数据是人类对世界诠释的一种表征，同时，人类也在借助这种表征展开自身对世界的诠释。正如梅洛-庞蒂对盲人手杖的分析那样，"在探索物体时，手杖的长度不是明确地和作为中项起作用的：与其说盲人通过手杖的长度来了解物体的位置，还不如说通过物体的位置来了解手杖的长度。"②

（二）数据挖掘技术：人类诠释世界的一种新可能

就数据挖掘技术而言，人类对世界的诠释与其说是人类通过自然界来获取数据，倒不如说数据为人类了解自然界提供了新的可能。当驾驶员使用车载导航的时候，其所看到的车载导航所呈现的图景来自种数据可视化技术对世界的诠释，是世界被数据化的一种虚拟呈现，驾驶员对世界的感知与此紧密联系在一起，并促进着驾驶员对环境的诠释。与此同时，对世界的诠释还与操作者或使用者对技术的熟悉程度有关。以数据可视化技术之一的感测桌（Sense Table）为例。感测桌被设计成一种学习工具，它"利用现实的物体、投影和知觉反馈将一系列很难通过诸如数学描述和方程等方式来领悟的复杂现象予以显现"，但并不是所有的学生看到的都是一样的，"一个人的知觉的透明性程度取决于一系列因素"，③对感测桌这个工具的熟悉程度就是其中的一个因素。当学生通过感测桌并与感测桌一起面向世界，向世界呈现的时候，感测桌调节了人与世界的关系，调节着人对世界的诠释，并且在这种调节中，还涉及人对该技术的熟悉度。

---

① P.P.Verbeek, *Moralizing Technology*: *Understanding and Designing the Morality of Things*, Chicago and London: University of Chicago Press, 2011, p.56.

② ［法］莫里斯·梅洛-庞蒂：《知觉现象学》，姜志辉译，商务印书馆 2001 年版，第 190 页。

③ T.Hogan, E.Hornecker *Human-Data relations and the lifeworld*. http://www.ehornecker.de/Papers/iHCI_11_TH.pdf.

（三） 数据挖掘技术：人类诠释世界的新维度

如果说"透镜技术就产生了一种新的、有中介的人类视觉的形式。望远镜以一种新的方式成了人类知觉的中介"。①数据挖掘技术与透镜技术、望远镜等技术或技术器物一样为人类对世界的认知提供了新工具，拓宽了人类诠释世界的视野，为新科学知识的构建提供了可能，带来了人类认识论的变革，但透镜技术、望远镜等主要是对世界中所存在之现象的揭示，但数据挖掘技术对世界的诠释不仅仅停留在对世界所有之物或现象呈现的深度、广度与精细化等推进。

数据挖掘技术以一种更新的形式对人类视觉、听觉等进行调节，并构建着人类对世界诠释的新维度。一方面，经验或体验以数据的形式而存在，对世界感知的方式越来越多地从数据的世界中获取，与此相关的是，依靠感知直接获取知识的比例也在逐渐减少，亲身体验既可以是对自然界的直接体验，也可以是对数据自然界的体验；另一方面，数据自然界为亲身体验构建场所，并塑造、增强亲身体验。"我"的出场或者"我的身体"的出现在数据挖掘技术所呈现的世界中变得更加具多样性。

拉图尔曾指出，假设在他的工作台上有一把锤子，那么它应该是"将异质的时间重叠在一起，其中之一的时间是古代行星，因为是用来自行星的某种矿物质来浇注锤子的，同时，锤子中还有用来做把手的橡木的时间痕迹，另外，锤子还有 10 年的时间痕迹，因为这把锤子来自将其制造出来用于市场交易的德国工厂"，同样，这把简陋锤子把空间汇聚在一起："亚耳丁森林、鲁尔矿区、德国某工厂、在波旁大街每周三的折扣工具车中，最后在某个笨拙的星期日修理匠的工作坊那里。"②数据挖掘技术所具有的动态性、事实性、虚拟性等使得其对时间与空间的意义已经超越拉图尔对锤子所做的分析。从对时间诠释的维度来看，"在每一个注视运动中，我的身体把一个现在、一个过去和一个将来连

---

① ［美］唐·伊德：《让事物"说话"：后现象学与技术科学》，韩连庆译，北京大学出版社 2008 年版，第 72 页。

② B.Latour, "Morality and technology：the end of the means", Translated by C.Vee, *Theory, culture & society：explorations in critical social science*, Vol.19, No.5—6, 2002, p.249.

接在一起,我的身体分泌时间,更确切地说,成了这样的自然场所",①在数据自然界中,时间被置于其中,"我的身体"、"我"也被置于其中,"我"对时间的意义或者时间对于"我"的意义可以从数据中获得。"我"的过去被以数据的形式留存,并且这种留存将变成"我"的未来构成导引;从对空间诠释的维度来看,"我"在数据自然界中,空间既可能被消解,也可能被创建。如果说"对于景象的定向,重要的不是作为客观空间里的物体的我实际所处的身体,而是作为可能活动系统的我的身体,其现象'地点'是由它的任务和它的情境确定的一个潜在身体。哪里有要做的事情,我的身体就出现在哪里"。②作为可能活动系统的我的身体在数据自然界中,在与其所存在的情景的融合之中,"我"没有了原始的知觉状态,"我"对空间的感知是被调节过的知觉,进而对世界的诠释也被调节。

数据挖掘技术对数据与世界之间的透明性与模糊性所进行的处理,事实上,也正是对人、技术与世界关系的调节。这种调节包括数据挖掘技术对人类存在的场所、环境及人类诠释世界等,但现有的关于人、技术与世界关系的理论体系是否对这些调节予以了应对? 这种应对是否是有效的?

五、调节:数据挖掘技术与伊德"谜"局的破解

数据挖掘技术对人类存在、人类诠释世界等的调节是新技术背景下人、技术与世界关系的具体表现。在对人、技术与世界关系的研究中,伊德的理论体系极具代表性。伊德的人—技术与世界的四种关系被视为对人、技术与世界关系的一种经典解读。那么,在基于数据的智能化时代,伊德关于四种关系的探讨是否依然有效? 如伊德本人于 2012 年在现象学和存在主义学会(SPEP, Society for Phenomenology and Existential Philosophy)50 周年的纪念会上对"大陆哲学能应对技术吗?"③的探讨一样,"'旧'的哲学在当下必须被视为是有

---

① [法]莫里斯·梅洛-庞蒂:《知觉现象学》,姜志辉译,商务印书馆 2001 年版,第 306 页。
② 同上书,第 318 页。
③ D.Ihde, "Can Continental Philosophy Deal with the New Technologies?" *Journal of Speculative of Philosophy*, Vol.26, No.2, 2012, p.321.

限的、在很多方面已经是过时的,且无疑是先验的,最多也仅有部分是有洞见的"。①

与此同时,新技术的发展也可以对旧的或当下理论体系修订或弥补,进而对原有或现有的难题予以破解。譬如:伊德曾用"谜"在人、技术与世界关系中的位置变化与人—技术与世界之具身关系和诠释关系关联起来,但在它异关系和背景关系的解读中,"谜"却像谜一般的消失了。那么,在新技术中,伊德之"谜"是否可以能够得到进一步阐述呢? 数据挖掘技术能否对"谜"做出新的解释,并进而将"谜"不仅仅停留在具身关系和诠释关系之中呢?

(一) 伊德之"谜"及其人—技术与世界关系

伊德曾描述道:"我的经验的直接知觉的焦点是控制面板。我通过它来解读,但现在,这种解读是依赖于仪器和指示对象(反应堆)之间的半透明联系。这种联系现在变成了谜。"②在此处,伊德之"谜"出现了。在技术与指示对象之间的联系中,谜被呈现出来,且其位置变换引发了人—技术与世界关系的变换。如:"在具身关系中,技术所具备的知觉透明性的能力是实现人与技术之间部分共生关系的关键。在光学的例子中,要使具身运动成为可能,玻璃制造者和磨镜片者的技艺必须能达到这一目标。在使用具身的透明性中发生的谜,便发生在具身关系的括号中。"③谜在我与技术的括号之中出现,且其位置在于我和技术之间(见图10-1④)。

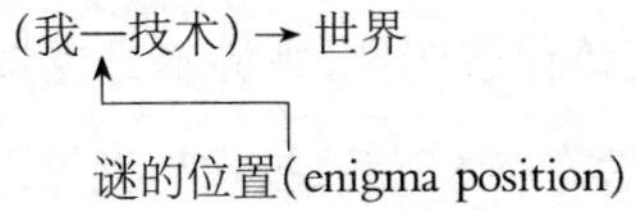

(我—技术) → 世界

谜的位置(enigma position)

图 10-1 具身关系中谜的位置

然而,当谜的位置从在我与技术的括号之中转换到在技术与世界的括号之中时(见图10-2⑤),人—技术与世界的关系随之也发生了改变。从图10-1

① D.Ihde, "Can Continental Philosophy Deal with the New Technologies?" *Journal of Speculative of Philosophy*, Vol.26, No.2, 2012, p.331.

②③④⑤ D.Ihde, *Technology and the Lifeworld*: *From Garden to Earth*, Bloomington: Indiana University Press, 1990, p.86.

和图 10-2 的对比中,可发现:"谜"的这两个不同位置,分别对应于伊德人—技术与世界关系中的具身关系与诠释关系。

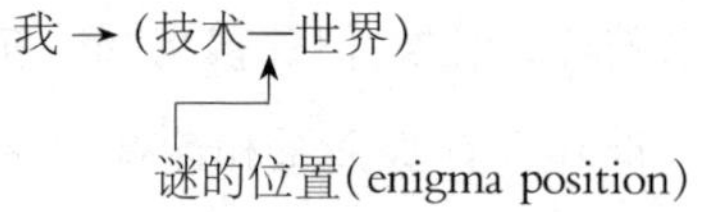

我 → (技术—世界)

谜的位置(enigma position)

图 10-2　诠释关系中谜的位置

在伊德的具身关系中和诠释关系中都产生了谜,但谜所产生的地方、停留的位置及其所指称的内容却截然不同。如:在具身关系中,谜是在使用具身的透明性中发生的,且处于我与技术之间;而在诠释关系中,"诠释关系中的技术问题在于工具和指示对象之间的连接者。使用者视觉的(或者其他的)终端在于工具本身上。读工具类似于读文本,但如果文本的指示不明确,其所指示对象或知识的世界就不能够呈现。这里为谜提供了新的位置"。①这个新的位置在于技术对世界的呈现之中,且所指示对象的透明性"在这种诠释学的转化过程中","自身成了谜。"②同时,谜的出现还可能在其他地方。如:"技术之谜也可能出现在文本—指示的关系之中。"③

在伊德的具身关系和诠释关系中,谜出现在走向透明性的过程之中,是停留在透明性与模糊性之间的一个环节。即谜出现的主要根源是在于技术的透明性与模糊性。若技术能确保透明性,则谜本身也将随之淡出。伊德曾用光学技术的发展历史、仪表盘等技术对我、技术与世界之间的透明性与模糊性来解释具身关系与诠释关系,但伊德对谜的阐述在其所提出的其余两种关系即它异关系和背景关系中,谜却不再被赋予出现的场合与位置。那么,作为在数据与世界之间的透明性与模糊性进行技术处理的数据挖掘技术是否可以补充与拓展伊德之"谜"及其四种关系呢?

---

① ③　D.Ihde, *Technology and the Lifeworld*: *From Garden to Earth*, Bloomington: Indiana University Press, 1990, p.87.

②　Ibid., p.92.

（二）　数据挖掘技术与伊德的四种关系

当数据挖掘技术正常工作时，人通过数据挖掘技术来感知世界，此时，数据挖掘技术犹如海德格尔所言的"抽身而去"一样，人仿佛看到了真实的世界，此时所呈现的人—技术与世界关系是：

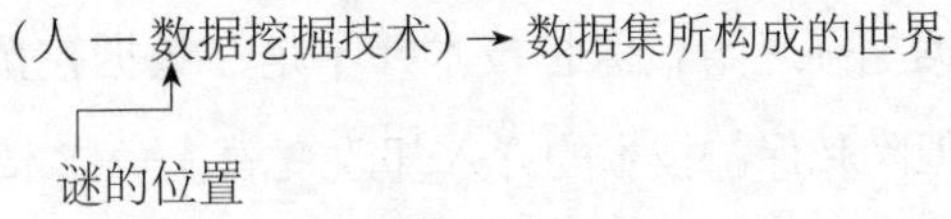

（人 — 数据挖掘技术）→ 数据集所构成的世界

谜的位置

图 10-3　数据挖掘技术与具身关系

在这种关系中，当人通过数据挖掘技术并与数据挖掘技术所呈现的一切一起来解读世界时，这种解读恰恰是依赖于数据与其所描述对象之间的某种关联，这种关联也就是伊德所言的"谜"，而此时所呈现的这种关系也恰好对应与伊德理论体系中的具身关系。

同时，数据挖掘技术是依据数据挖掘技术的逻辑对世界展开的一种诠释，但若数据挖掘技术的发展到可以将世界予以真实全面的表达时，具身关系的透明性就可以被理解为数据挖掘技术对世界的真实呈现。但事实上，目前我们所看到的数据世界并非如此，在数据挖掘技术的发展历程中，数据的透明性与模糊性一直备受关注。与这种关注紧密相关的就是数据挖掘技术中的隐私保护技术。

关于隐私保护并非在数据挖掘技术之后才被关注到的。早在 1890 年美国人沃伦（Samuel D.Warren）和布兰代斯（Louis D.Brandeis）就指出："新近的发明以及商业手段引起了人们的注意：必需采取进一步的措施保障人格权，保障个人被库利（Cooley）法官所称的'不打扰'的权利"[1]，且"我们的法律是否在方方面面承认并保护隐私权，这一定会迅速成为法庭将要考虑的问题。"[2]波泽（William Posser）则曾于 1960 年"描述了隐私权在侵法权领域是如何创立的，

---

①　路易斯·D·布兰代斯等：《隐私权》，宦盛奎译，北京大学出版社 2014 年版，第 5 页。
②　同上书，第 6 页。

以及有多少种不同的侵权行为列入其中。"①伴随技术的发展,与隐私相关的问题日趋增多。2006 年,欧文·舍米林斯基(Erwin Chemerinsky)明确指出需要重新审视布兰代斯的隐私权,并认为"侵权法和制定法应当进一步做好工作,为那些深挖私人信息的人设置法律责任。这是沃伦和布兰代斯所未完成的使命,现在比以往任何时候我们都需要意识到这一点。"②

从上可见,数据挖掘之隐私保护技术并不是在数据挖掘技术一出现的时候就已经在那里,但隐私保护技术的介入却改变着人—技术与世界的关系,且隐私保护技术的介入与否及其位置的转换带来人类人—技术与世界的不同关系。

当隐私保护技术进入到世界被呈现的过程之中时,如图 10-4 所示:

(人 — 数据挖掘技术)→数据集所构成的世界
　　　　　　　隐私保护技术

图 10-4　隐私保护技术的加入、数据挖掘技术与具身关系

隐私保护技术是通过与具体的数据挖掘方法相结合,形成数据挖掘的隐私保护方法,其方法主要有两类,"第一类方法对数据挖掘算法进行修改以便在不知数据的准确值或无法直接访问原始数据集时就可执行数据挖掘操作";"第二类则通过对原始数据集的数值进行修改来达到保护隐私的目的"③。但无论哪种方法,其目的都是对原始数据进行处理,对世界的透明性与模糊性进行某种修改。因此,数据集所构成的世界与真实世界之间的关系已经有所改变,人所面向的数据集所构成的世界也有所不同,与伊德所分析的人通过温度计感知温度类似,人对世界的感知是基于带有隐私保护技术的数据挖掘技术而进行的。虽然对此类数据集的解读还需要辅以诸如解码技术等其他的复杂技术,但无论如何,人类正是借助对数据集的诠释来实现对外部世界的感知,那么,此时所呈现的关系也变为:

---

① 路易斯·D·布兰代斯等:《隐私权》,宦盛奎译,北京大学出版社 2014 年版,第 103—104 页。
② 同上书,第 125 页。
③ 刘佰明,李东:《一种基于数据挖掘的隐私保护方法》,《应用科技》2012 年第 5 期。

人 →（数据挖掘技术 — 带有隐私保护的数据集所构成的世界）

隐私保护技术（谜的位置）

图 10-5　数据挖掘技术、隐私保护技术与诠释关系

图 10-3 中的"谜"在人与数据挖掘技术的括号之中出现，图 10-4 则将隐私保护技术置于人与数据挖掘技术所组成的括号和数据集所构成的世界之间，也正是这种介入，一种新的关系呈现出来，如图 10-5 所示。从图 10-3、图 10-4 和图 10-5 之间的关联性与差异性中，可发现：隐私保护技术的加入使得原来的具身关系转换成了诠释关系。而在伊德的诠释关系中，谜的位置恰恰就是上述所示的隐私保护技术，即隐私保护技术恰好是伊德之诠释关系中的"谜"：

人 →（技术 — 世界）

谜的位置

图 10-6　诠释关系与谜的位置

但是，若有一种出色的数据挖掘技术，使得对数据的任何清洗或是加密都没有作用，此时，加入一种新的技术作为谜，使得人与数据集分离。但此时谜的位置不在人与技术的括号之中，也不在技术与世界的括号之中，而是世界之中：

人 →（数据挖掘技术 — 带有隐私保护的数据集所构成的世界）

作为谜的新技术（谜的位置）

图 10-7　作为谜的新技术

在此时，数据挖掘技术对大量的数据进行自动处理，数据集呈现出伊德所言的他者所具有的特征，即技术具有某种独立性，人对世界的感知在与各类数据集打交道过程中进行。在这一过程中，新加入的技术使得诠释关系向它异关系演变，并可以将其成为它异关系之谜。此时，融入新技术的括号中的那一项成为他者，如图 10-8 所示：

人→数据挖掘技术—（—数据世界）

图 10-8　数据挖掘技术、隐私保护技术与它异关系

但当有一种技术可以完美地处理数据,并在人们需要的时候会恰好地送达,人根本不需要考虑隐私的问题:

图 10-9　完美的技术

此时,技术从人的视野中消失,成为背景。作为背景的数据挖掘技术类似于伊德所言的"空调"。当前数据挖掘技术已经将自然界的事物进行数据化并产生着自然界中不存在的虚拟数据,开始形成"数据世界"。在这种世界中,数据挖掘技术是人与数据世界之关系的关键所在,但此时的数据挖掘技术已经是背景,即伊德所言的背景关系已经悄然而至:

人—(数据挖掘技术/数据世界)

图 10-10　数据挖掘技术、隐私保护技术与背景关系

在伊德的人—技术与世界理论中,伊德通过谜的位置的变更而对人、技术与世界三者之间的具身关系与诠释关系。而当把隐私保护技术作为谜的时候,可发现隐私保护技术的位置变更调节着人、数据挖掘技术与数据世界上述三者之间的关系,且这个谜不仅仅在具身关系与诠释关系中,还在它异关系和背景关系之中。

（三）　隐私保护技术、它异关系与背景关系中的"谜"

隐私保护技术加入数据挖掘技术之前,人—数据挖掘技术与数据集构成的世界之关系与隐私保护技术加入数据挖掘技术之后的人—数据挖掘技术与数据集构成的世界之关系的不同可通过隐私保护技术的位置加以解读。即,隐私保护技术这一新加入的技术之所以可以调节原有的关系,是因为其恰好处于新建关系之谜的位置。同时,这种解读也体现出:技术可对技术的进行调节且这种调节将改变人—技术与世界的关系。

伊德曾以一些具体的技术对具身关系和诠释关系中的"谜"予以阐述,但在它异关系和背景关系中未曾提及,而数据挖掘技术则为关于谜的解读提供了新的可能性。在它异关系中,"谜"就在他者本身。因为在它异关系中的数据挖掘技术同样也会表现出他者的同一或是绝对。以商品推荐系统为例,有时用户会收到它推荐的合适的商品,用户也会比较乐意接受和购买,且"人类作为使用者,不再处于这个回路之中,最多只是处于这个回路之上","或者人类或许不会直接存在,即我们完全处于这一回路之外,作为受益者或消费者享受或依赖这些技术。"①但这时,技术也表现为同一的它者。如,很多时候,在用户并不想购买任何商品的时候,却仍然会收到大量的推荐,甚至推荐了用户反感的信息。这时,数据挖掘技术就表现为绝对的他者。此时,该技术所引发的问题就表达为如何对待"他者"。

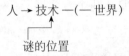

图 10-11　它异关系、它者和谜的位置

在现象学中,背景对应于前景。背景是一种不确定的可确定性,其所以不确定,是因为它虽然与前景一同被给予,但却不是当下、现时的;而它之所以是可确定的是因为,它随时可以成为当下的前景。②因此,背景对于人们来说就表现为谜。如在伊德的背景关系中,前景之外皆为谜。如,在电气化的家庭设备中,嗡嗡声意味着技术的运转,但如何运转即技术结构则是以不在场的方式展示着,而这些声音却正在将背景中的技术拉回到前景,此时的背景技术比这些声音隐藏得更深。因此,面对背景技术所带来的问题,首要的是要将其从背景之中拉回前景。

同样,在数据挖掘技术中,如以基于数据挖掘的个性化的搜索引擎为例,该技术在满足使用者对搜索精度的要求的同时,也在收集使用者的信息。因此,虽然任何技术都可能处于背景之中,但并不是每一种技术都是背景技术。

---

①　L.Floridi, *The Fourth Revolution*: *How the Infosphere is Reshaping Human Reality*, New York: Oxford University Press, 2014, p.30.

②　倪梁康:《胡塞尔现象学概念通释》,生活·读书·新知三联书店 2007 年版,第 215 页。

而这恰恰使得关于"谜"的探究更具有意义。

（四）从技术调节探求伊德之谜的新解读

伊德在人、技术与世界的关系的探讨中，主要是采用不同的技术来解读不同的关系，如，用伊德眼镜、望远镜、电话的案例来诠释具身关系；用航海图、温度计、控制表盘、仪器面板来诠释诠释关系；用自动取款机、人工智能来诠释它异关系；用照明、供热、制冷系统等自动或半自动机器来诠释背景关系。且在伊德的理论体系中，具身关系和诠释关系中存在的"谜"在它异关系和背景关系中不再重现。那么，在新技术的背景之中，是否有一项技术可以解释伊德的四种关系可以避开该解读中所存在的技术异质性问题？是否有一项技术能够使伊德所提出的"谜"不再消失，进而使得伊德的人、技术与世界关系的理论更加完备？对此的应对，需要从两个方面展开：一方面回到伊德关于"谜"的研究，在对谜本身及谜所处位置等的分析之中，厘清谜之本意；另一方面是选取一项能对其理论进行有效阐释的技术。

与此同时，面对新技术的发展，学界对伊德的四种关系也出现了不同的声音，有质疑、捍卫，也有超越。如，维贝克认为："伊德将主要焦点放在人与技术的关系上而不是这些关系中的意向性，他的分析成为了包含各种意向性的黑箱"[1]，因此，维贝克引入了赛博格意向性来打开这个黑箱；马可·纳斯构（Marco Nørskov）则通过对 Telenoid 的分析，借助调节这一术语对伊德的具身关系和诠释关系进行修改，并将伊德的四种关系简化为两种关系，这种简化是将它异关系和背景关系转换为具身关系的度（the degree of embodiment）和诠释关系的度之间的比例关系。[2]

在上述这些对伊德理论体系的不同声音中，该理论的局限性或有效性是争议之核心所在，这表现为两个方面：一个方面是关于现有的伊德理论完备性的质疑；另一方面是关于现有的伊德理论是否可以容纳在其建构时期之后出

---

① P.P. Verbeek, *Moralizing Technology：Understanding and Designing the Morality of Things*, Chicago and London：University of Chicago Press, 2011, p.143.

② M.Nørskov, "Revisiting Ihde's Fourfold 'Technological Relationships'：Application and Modification", *Philosophy & Technology*, Vol.28, No.2, 2015, pp.1—19.

现的技术的追问。而事实上,新技术恰恰也是通向对伊德理论的质疑与追问予以应对的一条有效途径。

从数据挖掘技术与人及世界关系的分析中,可发现:当数据挖掘技术中没有加入隐私保护技术时,"谜"的位置出现在人与技术之间括号之中即数据挖掘者与数据挖掘技术之间,此时带来了数据挖掘技术,具身关系呈现出来;当隐私保护技术加入时,"谜"的位置出现在技术与世界的括号之中,具身关系转变为了诠释关系;当一种新的技术加入到数据挖掘之中,并到对数据的任何清洗或是加密都没有作用时,数据挖掘技术的它者性呈现出来,诠释关系转换为了它异关系,而此时的"谜"出现在世界之中;当数据挖掘技术以数据的形式将自然界呈现并开始形成"数据世界"时,背景关系也随之呈现出来。

因此,以数据挖掘技术为例,伊德理论体系中的"谜"不仅仅局限于具身关系和诠释关系之中,而是被拓展到它异关系和背景关系之中,进而使得"谜"在伊德的人、技术与世界四种关系中均为缺席,并且将其四种关系完全呈现出来。易言之,在对数据挖掘技术、人与世界关系的调节、以及隐私保护技术对数据、世界、人的调节作用进行分析的过程中,数据挖掘技术与伊德指"谜"的关联性渐次浮现,而这种浮现恰恰是通向了伊德之"谜"局的破解。

六、数据挖掘技术与伦理的调节

数据挖掘技术以数据构成世界的方式调节着人类存在以及人类对世界的诠释,面对"现代技术事实上已经形成一种新的特殊情况","这种情况要求伦理思想做出努力。"[1]在技术伦理学所做的努力中,有关于新技术所带来的新问题之伦理探究,也有对现有主流伦理学框架的批判、质疑与超越。

(一) 技术与伦理的双向调节

在人与技术的关联中,"一方面,技术通过物质环境来构成自由,在这种物

① [德]汉斯·约纳斯:《技术、医学与伦理学:责任原理的实践》,张荣译,上海译文出版社 2008年版,第 42 页。

质环境中,人类存在着并形成自己的样式。同时,另一方面,技术与人类形成关联,这种关联变成自由居住的场所。技术调节给道德决定的作出创建了空间"。①关于这种空间的解读,也正是技术伦理学的未来发展之路。

拉图尔曾以汽车安全带为例,来阐述技术对人类行为的某种调节。"早晨,我心情非常不好,决定做点违法的事情,于是,我选择发动汽车时不系好安全带。我的汽车通常在我未系好安全带之前是不会启动的。"②最后,虽然坚持了二十几秒,还是放弃了。这种放弃的原因在于汽车的技术不允许,即汽车这样的技术设计作为外部力量规范了拉图尔的行为。③在这个案例中,技术或技术物规制了拉图尔的行动,使得拉图尔企图做点违法事情的想法未能如愿。因此,在拉图尔这里,囿于人的传统意义伦理道德范畴应当予以拓展,应将非人的要素纳入伦理道德之中。

拉图尔的工作使将"技术视为道德调节者成为可能"。④但如何将这种可能变为现实呢?后现象学的技术调节路径与伦理学的结合正是对此的应答。在维贝克那里,"技术调节关注行动和知觉,而非认知;技术调节不仅是关于道德观念的被调节特征,而且大部分也是关于我们所做出的道德决定的行动、知觉和解释的技术调节"。⑤特别是在数据走向智能化的当下,人与机器的融合共同推进甚或完成一件事情的时候,关于技术伦理的思考需要既要关注技术所引发的伦理问题,也要关注技术对伦理的某种助推。

(二) 数据挖掘技术所引发的伦理问题

就数据挖掘技术而言,伴随其在客户关系管理、图像数据挖掘、商品推荐系统、个性化搜索引擎、会计、银行系统等诸多应用,与其相关的伦理问题也随之而至,这些问题期待伦理学的应对。

---

① P.P. Verbeek, *Moralizing Technology: Understanding and Designing the Morality of Things*, Chicago and London: University of Chicago Press, 2011, pp.60—61.

② Deborah G.Johnson, Wetmore Jameson M.(eds.), *Technology and Society: Building Our Socio-technical Future*, Cambridge, MA: MIT Press, 2008, p.152.

③ Ibid., pp.152—153.

④ P.P. Verbeek, *Moralizing Technology: Understanding and Designing the Morality of Things*, Chicago and London: University of Chicago Press, 2011, p.52.

⑤ Ibid., p.54.

如客户关系管理(customer relationship management, CRM)这一数据挖掘技术的在日常生活中的应用。客户关系管理起源于20世纪80年代提出的接触管理,专门收集整理客户与公司联系的所有信息。客户关系管理体系分成三个部分:操作层次、分析层次以及客户互动。其中,分析层次是用于对信息的分析与处理,通过对数据仓库的挖掘产生商业智能以支持企业的决策。其挖掘过程为收集数据,将收集到的数据放在数据仓库中,经过数据挖掘,生成用于支持商业决策的知识。在这一数据的处理过程中,数据挖掘技术构建了一种伊德所言的人与技术关系中的具身关系。在这里,数据挖掘者和数据挖掘技术融合在一起,建成数据仓库。数据挖掘技术调节着数据挖掘者与数据仓库,并融入到数据挖掘者与数据仓库之间。也正是在此过程中,被收集的数据包括客户互动所产出的数据在被挖掘之后,被用于企业的商业决策。但也正是在此过程,客户的信息一方面用来被挖掘作为企业未来商业规划的依据,另一方面客户又将被推送更多的信息,进而对客户的未来计划予以调节。因为客户忠诚度、客户利润、客户性能分析、客户未来、客户产品以及客户促销等都是客户关系管理所分析的指标,关于这些指标的分析均是基于数据基础上的数据挖掘,且数据的细致程度在此中有着极为重要的作用。

　　伴随数据挖掘技术的进一步智能化,与其相关的新的伦理问题渐次涌现。如基于数据挖掘技术的个性化搜索引擎等。在某人在使用网络进行搜索的过程中,其所产生的数据也在被无形地收集和使用,一方面,为了满足人们对搜索结果的满意度与精确度的要求,基于数据挖掘技术的个性化搜索引擎为此提供了可能;但另一方面,个性化搜索引擎是基于用户的个性化信息被收集,被存放在个性化信息库之中,来对搜索结果予以调节。在这个过程中,用户的信息被收集、二次使用,用户从使用者的角色被调节为被使用者的角色,用户在线的行为可通过对数据的关联、聚类与分类等而做出对用户未来行为的预测或预判。而这种预判或预测几乎是在用户不知情的情况下进行的,且其涉及用户的隐私。基于网络数据挖掘的个性化搜索引擎,用户获悉自身想到的信息,即信息的知情权,但当具体的搜索结果和个人隐私冲突的时候,这里体现的是隐私权和知情权之间的冲突、信息保存与持有之间的冲突、信息的保护与泄露之间的冲突等。这些冲突是伦理学需要迎接的新挑战,同时,这些挑战也是伦理学发展的新机遇,推动着伦理学的发展。近几年来,关于被遗忘权(the right to be forgotten)的热议就是源自对欧洲国家与谷歌之间关于数据信息相关权力争执的伦理思考;关于伦理主体、责任主体的探讨则伴随基于数据所作出的决策的问责而引发了对多责任主体、多行动者、智能主体等的深度思考。

(三) 数据隐私保护伦理问题与隐私保护技术

回顾欧洲关于个人数据及隐私的相关规定,一直是在技术、伦理以及社会之间寻找一个恰当的平衡点,这个寻找的过程既是在技术演进与经济、政治发展等的相互融合与冲突的过程,也是技术演进与伦理学发展之张力展示的过程。早在 20 世纪 80 年代,经济合作与发展组织(Organization for Economic Cooperation and Development)就提出了关于隐私保护与个人数据跨界流动的指导方针的建议。①在 20 世纪 90 年代期间,一系列相关规则与条例出台。如:1995 年 10 月 24 日,欧洲议会和欧盟理事会通过《关于涉及个人数据处理的个人保护以及此类数据自由流动的指令》;②英国的 1998 年《数据保护法》对数据主体、数据控制人、数据处理人者等的权力与责任等作了详细的规定③;旨在保护人们免受因处理个人数据而对其个人人格之整体的侵害的 1998 年《瑞典个人数据法》对个人数据处理、个人数据贴标隔离等予以了界定④,并对"数据处理中的安全"问题进行了细化⑤;西班牙通过旨在保证和保护个人在数据处理方面自然人的公共自由和基本权利的 1999 年《个人数据保护基本法》。在其中,他们的个人和家庭隐私⑥备受关注。进入 21 世纪以来,欧盟关于数据与隐私的相关规则与条例一直处于不断的完善之中,2002 年 7 月 12 日,欧洲议会和理事会通过《关于电子通信行业个人数据处理与个人隐私保护的第 2002/

---

① 明俊、宋志红、陈飞等:《个人数据保护:欧盟指令及成员国、经合组织指导方针》,法律出版社 2006 年版,第 593 页。

② 同上书,第 3 页。

③ 同上书,第 339—477 页。

④⑤ 同上书,第 479 页。

⑥ 同上书,第 513 页。

58/EC 号指令(隐私与电子通信指令)》,取代了 1997 年 12 月 15 日通过的《有关电信行业中的个人数据处理和隐私权保护的指令》。

但技术的进一步发展,如 WhatsApp、Facebook Messenger 以及 Skype 等即时通信技术,现有的《电子隐私指令》已经不足以应对由当下技术所引发的电子隐私问题①,因此,欧盟委员会呼吁更新现有的法则。如,2017 年 1 月 10 日,欧盟委员会建议一个更严格的《隐私与电子通信条例》(Regulation on Privacy and Electronic Communications),②而且"《隐私与电子通信条例》相比于《一般数据保护条例》(General Data Protection Regulation)是特别法,对于前者未规定的事项,适用后者。欧盟委员会提议的新规则还将提升个人数据的保护级别,在欧盟境内的机构和私人实体对于个人数据的保护水平应当达到《一般数据保护条例》中规定的欧盟成员国所应达到的水平"。③

在数据挖掘技术飞速发展过程中,当其带来了关于隐私的伦理纷争时,与此相关的技术也渐次出现,这些技术旨在解决关于隐私的伦理纷争。如隐私保护技术的发展史所示,对隐私的关注恰是推动隐私保护技术发展的最重要原因。特别在大数据时代,作为大数据核心的数据挖掘技术因其所涉及的原始数据所持有的隐私和原始数据所隐含的某一群人的共同信息或模式所带来的隐私暴露等问题,使得关于隐私的关注被推向了一个新的高度。这种关注不仅仅是体现在上述所提的欧盟关于被遗忘权的关注以及欧盟关于电子数据的相关规则中这种法律、伦理的维度,与此同时,在技术的维度,与隐私相关的技术发展也在不断地被推进。

"随着技术的进步,数据挖掘过程中的隐私保护问题逐渐走进了人们的视线,尤其是在大数据时代,成为数据挖掘界一个新的研究热点。隐私保护数据挖掘,即在保护隐私前提下的数据挖掘,其主要关注点有两个:一是对原始数

<hr/>

① European Commission, *Proposal for an ePrivacy Regulation*. https://ec.europa.eu/digital-single-market/en/proposal-eprivacy-regulation, 2017.

② European Commission, *Stronger privacy rules for electronic communications*. https://ec.europa.eu/digital-single-market/en/news/stronger-privacy-rules-electronic-communications, 2017.

③ 曹建峰、李金磊:《欧盟〈隐私与电子通信条例〉草案评述》,《信息安全与通信保密》2017 年第 4 期。

据集进行必要的修改,使得数据接收者不能侵犯他人隐私;二是保护产生模式,限制对大数据中敏感知识的挖掘。"①基于隐私保护的数据挖掘技术旨在"对数据挖掘中的隐私保护做出反应"。"它也被称为加强隐私的(privacy-enchanced)或隐私敏感的(privacy-sensitive)数据挖掘。它的目的是获得有效的数据挖掘结果而不泄露底层的数据值。大部分隐私保护的数据挖掘都使用某种数据变换来保护隐私。"②因此,隐私保护技术的介入一方面调节了人、技术与世界的关系。这种调节的逻辑顺序为隐私保护技术对数据挖掘技术进行调节,使得数据挖掘技术所呈现或展现给人类的数据自然界在隐私保护技术的介入下而有所不同,进而这种调节又进入人—技术与世界的关系之中;另一方面,隐私保护技术的开发者们通过加密算法等对原始数据进行加密的加密技术、通过数据清洗、数据屏蔽、数据交换、数据泛化、随机干扰等数据扰乱技术进入对伦理的调节之中,这种调节可实现对个人隐私的保护。

(四) 走向技术自身的技术伦理建构

从上述数据挖掘技术中隐私保护技术的发展可发现:关于隐私保护的伦理问题与隐私保护技术的发展如影随形。此时的技术不仅仅是被伦理学反思的对象,还是解决伦理学问题的一条途径。

传统的技术伦理学主要是聚焦于技术所引发的伦理问题,但现如今的技术已不仅仅站在伦理的对立面,技术既能引发伦理问题,同时也能对伦理进行导引与规约。维贝克等学者基于技术在主体性与客体性构成中的调节作用,提出了技术伦理学的内在路径,力图突破传统伦理学的技术外部主义立场,走出以批判的方式来对技术的伦理学予以反思的路径,发展一条从内部的伦理学路径。技术对人的道德行为予以调节,技术以参与的方式进入伦理问题的解决之中,伦理出现了由外部评估技术走向技术从内部参与的内化现象。

事实上,"数据并非仅仅是简单地在'这里',等着被我们去搜集、储存和分

---

① 方滨兴、贾焰、李爱平、江荣:《大数据隐私保护技术综述》,《大数据》2016 年第 1 期。

② [美]Jiawei Han, Micheline Kanber, Jian Pei:《数据挖掘:概念与技术》,范明、孟小峰译,机械工业出版社 2012 年版,第 399 页。

析的,数据一直是在特定的历史、文化和经济环境中被想象和创造的。"①在这种想象和创造的过程中,人的作用是毋庸置疑的,但"数据自身却被忽视了",②因此,需要走向数据技术自身。

就数据挖掘技术而言,该技术以构建数据自然界的方式重塑了伦理学存在的场所,而这种重塑需要人类重新思考技术在伦理学中的位置。在数据挖掘技术构建数据自然界的时候,在能呈现的、所呈现的以及应呈现的之间进行权衡、抉择与取舍,而所呈现的一切是基于人与技术共同参与之中的相互调节。在关于数据挖掘技术研究的五组主要问题中,"怎样使用数据挖掘技术才能有益于社会?怎样才能防止它被滥用?数据的不适当披露和使用、个人隐私和数据保护权的潜在违反"③等被列入其中。因此,在某种意义上,伦理观念已经被内化到技术之中,技术也因其履行某种伦理的功能而被授予了伦理意蕴的实现路径。

七、案例分析:数据挖掘技术与会计伦理的内化

会计是一项帮助人们管理经济交易、处理交易数据的技术,其本质是处理数据的一项技术。因为会计工作处理的直接对象正是经济活动中产生的"数据",这些数据包括量化的货币性的财务信息和非财务的说明信息,这些数据是依照会计准则,通过收集、整理、分类、加工、汇总等程序获得,以满足使用者对数据的需要。

(一)数据挖掘技术与会计

随着以网络为代表的信息技术的发展,技术在财务会计中得到广泛的应用,会计信息系统从纯手工的状态开始转向基于 IT 技术的状态,会计进入了

---

① A.Helond, "'Raw Data' is an Oxymoron", *Information*, *Communication & Society*, Vol.17, No.9, 2014, p.1171.

② J.Mussell, "Raw Data is an Oxymoron", *Media history*, Vol.20, No.1, 2014, p.105.

③ [美]Jiawei Han, Micheline Kanber, Jian Pei:《数据挖掘:概念与技术》,范明、孟小峰译,机械工业出版社 2012 年版,第 22 页。

电算化的时代。在会计电算化为处理财务数据、财务信息提供便利的同时,由其引发的问题也相继而至。随着经济的发展,会计交易不再像最初一样简单直接,涉及人物、事务变得越来越多,对数据的处理要求也越来越高。

数据挖掘技术可以从大量杂乱的数据中提取出隐藏在数据背后的对企业有用的信息、分析数据之间的内在关联,并寻找出数据背后的一些规则。"在大数据时代到来之前,数据分析师搜集数据、分析数据的能力都有限,因此往往采用抽样的方法来研究数据分布,解决问题。随着技术的发展,数据分析师逐渐发现抽样虽然能提取出大部分的数据信息,但是有一些细微的信息却丢失掉了,这些细微信息中很可能蕴含着巨大的价值。"[1]因此,想要从海量的、不完全的、模糊的、随机的、隐藏的数据中挖掘出对企业有潜在价值的信息,必须借助能对数据进行有效处理的数据挖掘技术。

在现在,数据挖掘技术已经在财务会计的财务分析、财务风险预警、财务决策、虚假会计信息判断等诸多领域有所应用,与此相伴随的是,在技术发展背景导引下的会计行业的发展,关于会计伦理的研究也需要进一步的审视。

(二) 传统的会计伦理

"会计伦理"的概念在 15 世纪末,由意大利学者卢卡·帕乔利(Luca Pacioli)在其著作《算术·几何·比及比例概要》,即《数学大全》中首次提出。[2] 1844 年,英国颁布的世界上第一部认可公司独立法人地位的《股份公司法》(Joint Stock Companies Act),最早提出"充分与公允"这一概念的法律。迄今为止,在英国注册会计师即特许公认会计师的教育中,"公允"仍然是最重要的内容。处理会计业务一定要符合会计职业道德规范,公司的公开报告亦必须真实且充分。[3] 国外对会计伦理的研究,始于 20 世纪初期。英国 1948 年《公司法》(Companies Act)进一步明确规定,公司的财务报表必须做到"真实和公允"。[4]

---

① 任昱衡、李倩星、米晓飞:《数据挖掘:你必须知道的 32 个经典案例》,电子工业出版社 2016 年版,第 192 页。

② Wikipedia, *Accountingethics*, https://en.wikipedia.org/wiki/Accounting_ethics#History.

③ Hunt B.C., "The Joint-Stock Company in England, 1830—1844", *Journal of Political Economy*, Vol.43, No.3, 1935, p.331.

④ C.Noke, "Advising on the Act: the UK Companies Act Consultative Committee and Accountancy Advisory Committee 1948—72", *Accounting History*, Vol.12, No.12, 2007, pp.165—204.

我国关于会计伦理的关注始于被誉为中国现代会计之父的潘序伦先生。潘序伦先生于 1927 年创办了中国最早也最具影响力的立信会计师事务所，1928 年创办上海立信会计学院，其中"立信"之名正是潘序伦先生强调的会计之本，真诚与信用不仅仅是做人的重要原则，也是会计最重要的职业道德，从事会计方面的工作务必要"立信"。

会计伦理的传统研究模式主要是基于人的主体性而展开，旨在从人的主体出发控制自己的行为，其研究内容主要是对从业人员的教育、对会计准则、会计法案以及会计职业道德的解读等。但现实是，仅仅停留在教育阶段的会计伦理建设不能完全有效地预防、解决与控制当下的会计伦理问题，尤其是当从业人员面临多种选择时，教育性、劝导性，以及法律责任惩罚性的会计伦理研究有待进一步的提升。既然当基于人的主体性的会计伦理模式不能完全有效地解决当下的会计伦理问题时，是否可以从技术伦理学内化的视角有所尝试呢？或在一些相关技术的运用上进行助推或强制呢？

（三） 数据挖掘技术助推真实披露

阿瑟·安德森（Arthur Andersen）曾在 1932 年的关于商业伦理的演讲中提到："为了保护会计报告的完整真实，会计人员必须坚持判断与行为的绝对独立性。"[①]但"若公众对会计人员真实、公允的信任开始动摇，那么会计的价值就消失了"。[②]从事会计工作势必与数据打交道，倘若这些数据是真实可靠的，使用数据的方式是良性的，那么将不会引起会计伦理问题。但事实并非如此。粉饰由数据构成的财务报表，或隐瞒数据真实数值，即虚报，或掩盖数据来源和目的在从事会计工作的人员中一直都未曾间断过。

会计可以披露资产，当然也可以隐藏资产，甚至可以不择手段地偷税漏税，粉饰伪造对外报表，串通舞弊，利用公司内控漏洞等等。这些会计伦理问题，究其原因，除了法律环境与政治环境的缺陷以外，更重要的是会计人员经受不住利益的诱惑，不注重对自身道德水平提高等伦理原因，其中，贪婪利己、

---

①② R.Duska, B.Duska, J.A.Ragatz, *Accounting Ethics*, Hoboken, NJ, USA: Wiley-Blackwell, 2011, p.1.

漠视诚信、侥幸心理是最重要的伦理因素。如面对"安然事件"(Enron Scandal),罗纳德·杜斯卡和布伦达·杜斯卡指出致使安然公司最后走向倒闭的两个主要原因:"首先是个体层面。会计人员,至少是安达信休斯敦办公室的会计,没有做他们应该做的。他们犯了一个共同错误,许多审计认为他们的职责是取悦雇佣他们的客户。然而,我们想说的是,会计有一个公众目标,需要首先满足公众的利益。第二个原因是安达信屈服于经常困扰事务所的系统引诱。公司或管理公司的人面对诱惑的压力,是容易受到影响的。作为一个审计,对于安达信来说,最主要的任务就是证明其审计的财务报表是真实反映公司情况的,然而,安达信显然为了报酬避开了这个任务。"①

众所周知,做假账不仅仅违背了会计伦理学,而且情节严重时还需要承担法律后果。从安然事件中可以看出,安然的审计公司安达信要么是未能注意,要么就是故意忽略和歪曲安然公司财务状况的交易。在现实中,会计人员有很大的灵活性决定考虑什么或不考虑什么,以及将事件反映在报表何处。对于会计师来说,面对公司的管理层,面对自己的客户、利益的诱惑以及相关利益群体时,会计人员的这种灵活性与数据披露的真实性两者之间形成一种张力,即会计人员的内在道德、职业道德与公司的利益诉求等并非处于一致的状态,对于会计师而言,真实披露是其面临的一个难题。

长期以来,真实披露被视为是会计伦理的主要困境。从事会计工作的人员应该将信息以真实公允、准确、完整原则将信息予以披露,虚报、掩盖数据等的行为均不符合"真实披露"的原则,也违背了会计伦理的行为,并造成了严重的后果。倘若伴随技术的发展,会计人员在输入数据时只能被强制性选择"真实披露",或者数据已经由相关技术进行相对忠实的记录时,那么作为会计伦理主要困境的真实披露问题就将有所改善。易言之,在真实披露的伦理难题的解决之道中,除了传统意义上了会计伦理教育之外,是否可以引入更多的方式来共同推进会计伦理的构建。

当数据挖掘技术在当下的会计行业中发挥着越来越重要的作用时,技术

---

① R.Duska, B.Duska, J.A. Ragatz, *Accounting Ethics*, Hoboken, NJ, USA: Wiley-Blackwell, 2011, p.3.

伦理学的内在路径为会计伦理学的构建提供了另一种模式,因此,将会计伦理置于技术伦理学的视域而非仅仅是囿于行业伦理学的视域,并从技术的角度,将技术作为会计伦理建设的一个辅助手段,通过技术来对人的行为予以伦理维度的调节。

(闫宏秀,上海交通大学科学史与科学文化研究院教授)

第十一章
大数据个性化知识的兴起、特征及其价值

一、普遍性知识：贡献及其局限

人类最初对世界的认识，是以感性经验为基础获得的关于事物个别的、特殊的、具体的和表面的知识，同时也表达为原始的博物学形态。随着个体相关属性的表观知识的积累和人类认识能力的提高，人们便通过抽象等方法从大量的具体经验中逐步归纳出关于事物的普遍性的知识，即实现了知识从特殊性到普遍性的飞跃，也就是知识从个别走向了一般。知识的这种进路，是认识发展的一般规律，从古希腊起，人们就明确了这样的观念：凡是知识都具有普遍必然性，否则便不能称之为知识，而只能被称之为意见——是苏格拉底帮助人们确立了知识具有普遍必然性的观念，而柏拉图则通过区分现实世界和理念世界，确立了知识的永恒地位，并且认为知识是永恒的，意见则是个别的。①巴门尼德则明确地确立了真理（真知识）与意见的区别，他提出两种不同的哲学探究路径：一条是真理之路，依赖于理智或心灵追求确定性、普遍性、统一性，通达真理；另外一条是意见之路，依赖感官，否定任何确定性、普遍性、统一性，只能停留于意见。"西方哲学以求真知开始，把'知识'与'意见'区别开来是古希腊人对哲学思维的贡献。'意见'是个别的，随时间、地点、个人而变化，'知识'则是不变的，放之四海而皆准的。"②可以说，把知识与意见区别开来是古希腊人对哲学思维的贡献。

----

① ［英］罗素：《西方哲学史》上卷，何兆武、［英］李约瑟译，商务印书馆2004年版，第198—200页。

② 叶秀山：《思·史·诗——现象学和存在哲学研究》，人民出版社1988年版，第66页。

（一） 知识的"普遍性"及其问题

近代哲学的认识论转向并不是以质疑知识的本性为出发点的,恰恰相反,知识的普遍必然性本性是近代哲学的认识论基础。经验论强调,知识作为观念性的东西只能直接或间接地来自经验,而知识的普遍必然性本性是在对个别的感觉经验的提升过程中逐步形成的。经验论的代表人物洛克认为,人的心灵是一块"白板",我们的一切观念都直接或间接地来自我们的外部感觉,知识就是关于我们的观念之间的联系的普遍性的理论判断。唯理论者则强调,普遍必然性的知识只能依靠理性知识来把握,并只能来自理性本身。笛卡儿的"普遍怀疑"的精神,指向怀疑一切不经过理性检验的来自感官的知识。他认为,只有经由理性严格审查的、并具有普遍必然性的知识才具有客观有效性,才是真知识。可以看出,经验论和唯理论虽然在知识的来源和获得知识的方法上存在本质区别,但两者对知识的普遍必然性的追求上是一致的。总之,发端于古希腊时代的关于知识的普遍必然性的观念,在经过一千多年的发展之后,尤其是随着近代自然科学的诞生和体系化,使其逐渐成为人们关于知识的共同信条。

尽管如此,近代哲学的认识论转向不可避免地导致了两种后果:一是关于知识的非人化的倾向。在唯理论者那里,知识完全成为理性的事业,与人的需要、情感、意志、生活无关,现实的人完全被抽离。针对认识论上的这一问题,刘啸霆教授就认为,人的认识主体形式有三种:类主体、集群主体和个体主体,三种主体既有联系又有区别,并在一定条件下发生相互作用和转化。而传统的认识论中,由于主体概念不明和主体内容不清使得传统的认识论研究中个体主体被遗忘,很多现代哲学家因此都发出"人在边缘"的感叹。而个体被遗忘也就是现实的感性的人被抹杀使得我们在整个近代认识史上出现了关于人的认识论的某些非人性的现实,进而造成传统认识论具有很大的玄虚性,且华而不实。"主体概念的不明性导致了传统认识论所讨论的一些问题也变得不易把握。一些最为重要的问题,如认识的起源和途径问题、观念的先天性与后天性问题、归纳能否得到普遍知识及理性的可靠性问题等,由于不知与哪种主体发生关系,因而无法说清其内涵,于是就成了争来推去、莫衷一是的无头案,使认识论研究走了不少弯路。"①二是知识的非社会化的倾向。由于近代哲学对知识完全作了绝对主义的理解,因而它们对知识的态度完全割裂了知识与社会的联系,否定知识的社会性,从而助长了"为知识而知识"的思想倾向。在他们看来,抽象度越高、形式化越强、离现实生活越远的知识,越是真正的知识。那些贴近社会的、形式化程度不高的知识越不是真正的知识。于是,"那些所谓的真正的知识,也就成了高高在上的东西,成了一个独立的领域,它似乎与人们的社会生活和社会活动没有任何联系,只是人们追求和崇拜的对象。"②英国哲学家迈克尔·波兰尼在评价经验论和唯理论时就指出,经验论为了确证知识的客观性,排斥个人对认识过程的主体作用,这是一种理想化的幻觉,因为从经验的获得到理念的构成,人之认识的发生和运转无不打着主体建构的烙印。而唯理论又过分强调人的某种先验框架对认识活动的统制,这也是片面的。所以波兰尼的观点是,人之与外部世界的相对,并不是一般地直观对象的表象,而是要找出主体与客体的同体结构,这种深层的认知关系既不单纯存在于对象之中,也不是主体的主观创造物,而是主体能动地干预对象活动的特定方式。③

考察认识论的发展及其问题,一方面,正是由于对知识的普遍必然性的追求,才有力地推动了人类对自然界的认识进程,近代科学革命也由此发生;另一方面,对普遍必然性的过度追求也导致了另一种现实:特殊的、打上个人烙印的个性化的"知识"不再被当成真正的知识,或者至少在地位上要低于普遍性知识。④从特殊到一般的这条认知路径及其对普遍性知识的追求所体现的知识观,在近代自然科学产生、发展和体系化的过程中被进一步发扬光大:开普勒利用第谷对大量行星的观测数据,经过归纳方法,获得了关于太阳系中行星运动的普遍规律;牛顿也是从苹果落地这种个别、特殊的现象中,抽象出了万有引力定律。总之,近代以来,以追求普遍必然性的知识观有力地推动了各门

---

① 刘啸霆:《个体认识论引论》,中国经济出版社 1995 年版,第 2—13 页。
② 林建成:《现代知识论对传统理性主义的超越》,《社会科学》1999 年第 6 期。
③ [英]迈克尔·波兰尼:《科学、信仰与社会》,王靖华译,南京大学出版社 2004 年版,第 27 页。
④ 博物学式微是一个典型的例子。

科学知识的精确化、专业化和体系化进程。然而,普遍性知识对于具体性、个性化的问题却往往不具有很强的有效性,比如对于一片空中飘落的羽毛,只用普适的自由落体规律去描述显然是远远不够的,其路径还取决于它所处的复杂的空气动力环境以及初始条件等。这与掷骰子的情形是完全类似的,由于我们无法把握骰子运动的所有细节,所以只能得到概率性的结论;但是如果我们具有"上帝之眼",骰子的哪个点数朝上,无疑都是确定的。那我们和上帝之间的差距在哪里呢? 虽然我们和上帝一样,都掌握了落体运动的普遍性知识,但我们永远无法把握事物的具体性和个性化的细节——虽然我们已经可以制造出降落伞等,即把握和利用了部分具体的、个性化的知识,但其间的差距在认识论上是无止境的。

(二) 科学实践哲学的探索

20 世纪 80 年代兴起的科学实践哲学,对科学知识普遍性的诉求也提出了质疑,国内的相关研究也持续了十多年之久。科学实践哲学认为,以往的科学哲学都可以被称为传统科学哲学。传统科学哲学主要关注科学理论或科学知识,这一点在逻辑实证主义那里就已经确立起来了。比如,逻辑实证主义的代表人物赖欣巴哈就认为,科学哲学只关注科学活动的成果,即科学知识;[1]而维也纳学派的代表人卡尔纳普关注的核心问题则是科学知识的合理重建。[2]因此,传统科学哲学认为科学理论具有无上的地位,并且把科学研究的地方性场所、实验建构、实验建构所需的技术设施、研究人员所处的特定社会关系网络以及研究中遇到的实践性难题,都视为是科学知识产生的偶然因子。并且主张,科学命题是具有普遍性的,理论是研究的最终成果,科学的目标就是提出更好的理论。因此,可以认为,传统科学哲学是一种"理论优位"的科学哲学。

科学实践哲学则认为,传统科学哲学对科学认识的根本性错误在于忽视了科学实践的作用和意义。在他们看来,科学在本质上是一种实践活动。比

---

[1] [德]H·赖欣巴哈:《科学哲学的兴起》,伯尼译,商务印书馆 1966 年版,第 183 页。

[2] [美]鲁道夫·卡尔纳普:《世界的逻辑构造》,陈启伟译,上海译文出版社 1999 年版,第 5 页。

如,阐释学的主要代表人约瑟夫·劳斯(J.Rouse)就指出,传统科学哲学的问题不在于忽视了科学的一方面(实验)而提高了它的另一方面(理论),而是从整体上扭曲了科学的形象和对科学事业的看法。他把科学看作是实践领域而不是命题陈述之网,科学首先不是表征和观察世界的方式,而是操作、介入世界的方式,亦即是一种作用于世界的方式,而不是观察和描述世界的方式。因此,在科学中,实践是第一位的,它在塑造着人的同时也塑造着世界。①

这样一来,科学实践哲学就从根本上改变了人们对于科学的许多看法。首先,传统上被视为表象的知识,就不仅仅是一种知识表象——文本、思想或者图表等,而是一种实践性互动模式;其次,科学概念和科学理论只有作为更广泛的社会实践和物质实践的组成部分,才是可以理解的;第三,对实践的强调必然引发对知识本性的看法的变化。比如,知识不再是普遍性的,而是地方性的;最后,存在一种科学知识从地方性到普遍性的过程,而这个过程就是去地方性和去语境化的过程。针对最后一点,科学实践哲学强调,传统科学哲学所认为的科学知识的普遍化过程,实际上是一种将地方性知识"标准化"的过程而非普遍化过程。科学知识及其活动一定是地方性的,这表现在所有的科学知识都产生和需要特定的实验室、特定的研究方案、特定的地方性共同体、特定的研究技能。所谓科学知识的普遍化不过是从一个地方转移到另一个地方而已,其转移被理解成为走向另一个地方,而所谓去语境化实际上就是标准化。②

总之,科学实践哲学在批判科学知识的"理论优位"观的基础上,重新审视了实践在科学研究中的作用和地位,科学从"理论优位"转向为"实践优位",科学知识具有场域和语境依赖性。与此同时,科学实践哲学揭示"一切知识都是地方性的,而非普遍性的",并且将"普遍性"限定为在一定约束条件下的"普遍性",而非绝对意义上的"普遍性",从而彻底打破了长期以来关于知识、普遍性的神话。正如科学知识社会学家拉图尔(Bruno Latour)所言:"当人们说知识'普遍为真'的时候,我们必须这样来理解:知识就像铁路,在世界上随处可见,

---

① 吴彤:《走向实践优位的科学哲学:科学实践哲学发展述评》,《哲学研究》2005 年第 5 期。

② 吴彤:《两种"地方性知识":兼评吉尔兹和劳斯的观点》,《自然辩证法研究》2007 年第 11 期。

但里程有限。说火车头可以在狭窄而造价高昂的铁轨之外运行,就是另外一回事了。然而,魔法师却力图用'普遍规律'迷惑我们,他们说,这些规律哪怕是在没有铁路网的灰色地带也是有效的。"①

科学实践哲学的观点对于我们理解科学知识的本性及其推进对科学的研究是极具积极意义的。但是,把"地方性"和"普遍性"绝对对立,并且将传统知识的普遍化看成是标准化过程有过于绝对之嫌。因为这里存在两个基本问题:其一,"在所有的知识都产生和应用于特定语境的前提下,地方性并不与普遍性构成对立"。②其二,在人类知识体系中,显然存在无法标准化的知识,尤其是具身性的、默会性的、个性化的知识等,最典型如中国传统技艺——庖丁解牛、轮扁斫轮等。

(三) 大数据个性化知识的兴起

关于知识的个性化问题研究的另一条进路,实际上随着计算机技术的发展,特别是近年来大数据方法的兴起而再次受到人们关注。尤其在各个不同的领域,涌现出了丰富的个性化现象——个性化的商业模式、个性化服务、个性化医疗、个性化体验、私人订制等。比如,网络搜索引擎中的个性化搜索,就是将用户输入的关键搜索词和该用户的个人偏好联系起来进行查询,据此猜测该用户可能想要得到的信息,从而将该用户最可能需要的信息显示在搜索结果的最前面。比如在网络购物中,由于每个人的偏好不一样,这种偏好反映在很多方面,如价格、类别、颜色、品质、地域等,尤其是由经济基础所决定的购买能力会导致用户对不同品牌的偏好。为了实现个性的、精准的推送,网购平台首先会通过对商品数据的采集与分析,对旗下所有商品以各种维度进行分类,比如商品档次、价格、适合年龄层等;其次,网购平台通过采集到的客户的搜索数据,挖掘到客户的消费偏好,并且对客户的各种偏好做出精准的划分。于是,当客户购物时,网购平台就自动地把商品和客户做一个相关关联。如果客户属于低收入阶层,价格偏好较低,那么搜索平台所呈现给他的搜索结果就

---

① [加]瑟乔·西斯蒙多:《科学技术学导论》,许为民、孟强等译,上海世纪出版集团2007年版,第209页。

② 刘兵:《关于STS领域中对"地方性知识"理解的再思考》,《科学与社会》2014年第3期。

会偏向低价位的产品;相反,如果客户属于高收入阶层,则呈现高价位的搜索结果。这种无处不在个性化现象,反映的正是与普遍性知识相对应的个性化知识的存在及其巨大价值,即如尼葛洛庞帝(Nicholas Negroponte)在《数字化生存》中指出的:"后信息时代最大的特征就是真正的'个人化'。"①个性化现象在大数据背景下的迅速崛起,引起了许多人的理论反思,尤其是数据与知识的关系以及尤其引发的知识观的改变。

信息科学和知识管理两个领域在应对飞速增长的数据、信息和知识的实践中,于20世纪80年代就形成对数据、信息、知识、智慧及其相互关系的深刻认识,并且提出了被广泛使用的DIKW模型。②③DIKW模型揭示了数据、信息与知识之间的既联系又有区别的关系。其中数据是原始材料,信息是对数据的编码和逻辑运算,知识就是从这种原始材料中发掘出的有用的信息,对数据的分析和处理便能获得相应的知识。知识虽然来源于信息,但它不是信息的子集,而是关联了"具体情境"的有意义的信息。

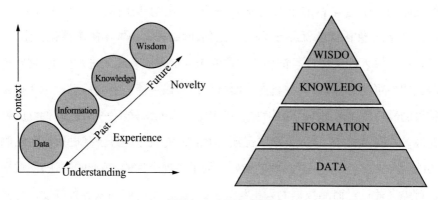

图 11-1　DIKW 模型

与此同时,美国数据科学家费亚德(Usama M.Fayyad)就将"知识发现"定义为"从大量数据集中辨识出有效的、新颖的、潜在有用的、并可被理解的模式

---

①　[美]尼葛洛庞帝:《数字化生存》,胡泳、范海燕译,海南出版社1996年版,第3页。

②　R.L.Ackoff, "From Data to Wisdom", *Journal of Applied Systems Analysis*, Vol.16, No.1, 1989, pp.3—9.

③　M.Zeleny, "Management Support Systems: Towards Integrated Knowledge Management", *Human Systems Management*, Vol.7, No.1, 1987, pp.59—70.

的高级处理过程。"①和传统的知识观有所不同,知识被看成是广义的,本质上就是一种模式,并且强调它的有效性、实用性以及可理解性。

在大数据时代,由于相关技术的发展使得人们能够获得关于对象的大数据集,并且基于大数据处理的各种算法(机器学习的发展)的崛起,使得这种从大数据集中获得知识的方式很大程度上实现了自动化——从数据捕获到数据处理到建模。②因此大数据处理中,自动化至关重要,甚至可以看作大数据的核心特征,因为它在一定程度上避开了人类自身认知机制的缺陷,从而可以使科学克服传统建模的一些限制,尤其是在处理复杂现象时。因为在人类介入的认识过程,必然受制于整体上减少数据量和简化模型的瓶颈。但是当技术扮演多种角色并承担大量任务之后,如快速搜索和连接以前不相关的经验领域、建立变量之间的关联关系等,大大降低了知识获得的"门槛",使得知识的低枝果实很容易被"摘到"。③

总之,人们对知识的看法已经发生了改变。尤其是对知识的有效性、实用性以及可理解性的重视,根本性地区别于传统的关于知识普遍必然性的追求。人们用"个性化知识"这个词来概括这种知识形态,其迅速发展并广泛应用于社会各领域,不仅成为大数据时代个性化现象和行为的科学依据,而且将为研究普遍性知识在实践上所面临的困难和相关的哲学拷问提供一种有益的视角。本章拟从大数据个性化知识的特征入手,通过对大数据知识发现模式的考察,探讨大数据个性化知识产生的内在原因及其认识论价值。

二、个性化知识:特征及其涵义

让我们归纳一下个性化知识的若干特征。

---

① U.Fayyad, G. Piatetsky-Shapiro and P. Smyth, "The KDD Process for Extracting Useful Knowledge From Volumes of Data", *Communications of the ACM*, Vol.39, No.11, 1996, pp.27—34.

② W.Pietsch, "The Causal Nature of Modeling with Big Data", *Philosophy & Technology*, Vol.29, No.2, 2016, pp.137—171.

③ 自然语言领域的专家肯尼思·丘奇(Kenneth W.Church)对此的批评是"通过统计方法已经让我们摘到了唾手可得的低枝果实,留给后人的都是难啃的硬骨头。"而大数据的浪潮很可能延宕理性主义回归的日期。这种经验主义的复兴实际上是受到了实用主义力量的推动。参见:K.Church, "A Pendulum Swung Too Far", *Linguistic Issues in Language Technology*, Vol.6, No.5, 2011, pp.1—27。

（一） 具体性

具体性是指知识只是关于认识对象相关属性的单称陈述,适用于特定的个体或者集合中的子类。大数据对于知识具体性的发掘,主要是基于大数据全样本的本体论预设以及与之相融的技术支持,如云存储和分布式计算等。如此在大数据时代,人们才有能力获得个体或者集合中子类在空间和时间维度的所有数据,因此通过数据分析可以获得关于所有个体或子类的具体知识。如沃尔玛从销售大数据中,不但可以得到销售的整体性的知识,同时它可以定位到具体每一类商品、每一个(每一类)消费者的相关知识。也就是说,在大数据时代,个体是通过信息的形式来实现自我的表征或构成,任何个人或社会都是如此,①这正是个性化服务的依据,知识也因此被赋予了具体性的内涵,这与从知识的起源所讲的人们最初关于事物的认识的具体性具有完全不同的含义。

认识对象的具体性还包含着另一层含义即它的情境性,亦即任何事物都不是孤立存在的,它一定处在与其他事物的关系网——环境之中。大数据要实现"全样本数据"的理想,必然包括有关这些具体关系或情境的认知,因此,由其产生的知识必然具有所谓情境性。2011 年,美国国家研究理事会就发布了相关的战略研究报告:《迈向精确医学——构建生物医学研究的知识网络和新的疾病分类法》(*Toward Precision Medicine*: *Building a Knowledge Network for Biomedical Research and a New Taxonomy*),其中就明确提出,"要建立这样一种医学模式:将个体的临床信息和分子特征来构建一个巨大的'疾病知识网络',并通过这种知识网络来支持精确诊断和个体化治疗。"②该疾病知识网络的特点是,把个体的基因组、蛋白质组以及代谢组等各种分子数据与临床信息、社会行为和环境等不同层级、不同维度的数据进行整合,其目的是"获取决定个体健康状态的极端复杂的影响因子或发病机理"。换句话说,"精确医学"的主要任务

---

① L.Floridi, "The Informational Nature of Personal Identity", *Minds and Machines*, Vol.21, No.4, 2011, pp.549—566.

② National Research Council, *Toward Precision Medicine*: *Building a Knowledge Network for Biomedical Research and a New Taxonomy of Disease*, 2011, http://www.nap.edu/catalog/13284/.

是为每一个体构造一个整合了各种相关信息的知识网络。它注重从个体有关层次尽可能完整地获取数据,包括个体的微观层次(基因组、转录组、蛋白质组、代谢组等)、个体的宏观层次(分子影像、行为方式、电子健康档案等)、个体的外部层次(肠道菌群、物理环境、社会条件等);然后对这些不同层次的数据利用各种信息分析技术进行整合,形成一个各个信息层之间不同类型数据有着高度连接的疾病知识网络;"理想情况下,每个信息层与其他所有各信息层之间都形成连接:使得'征兆和症状'与基因突变相连,基因突变与代谢缺陷相连,暴露组与表观基因组相连。"①因此,采用整合型研究策略建构"疾病知识网络",正是考虑到生物体是高度复杂的庞大系统,不能只考虑局部,某一类分子,甚至不能仅考虑一个层次,需要从多层次和多因素相互作用的全局性、具体性的角度进行整合研究,才能完整地认识和揭示生命的复杂生理和病理活动。

(二) 个人性

如果具体性指的是认知对象的特殊性的话,个人性知识则强调认识主体的特殊性——即"个人"参与认识过程,知识因此具有了个人性。②个人性知识的字所以得以凸显,明显地是源于移动通信设备以及互联网的普及,源于数据和算法的驱动以及数据处理的自动化程度的提高:当下生活在任何一个角落的个体,都可以将自己感兴趣的事物数据化并发布于互联网,而这些分布于互联网上的数据将成为知识的重要来源;而任何一个掌握大数据集的个体,都可以通过相应的渠道或者技术获得关于对象的知识。这种知识不需要经过共同体之间的相互体认便可以使用,并且可以通过网络媒体进行快速传播,即技术实现了"可以从任何地方进入有关人类知识的数据库,从而可以忽略或绕过传统知识的'守门人'。"③比如在美国大选期间,出现了很多基于大数据的预测,

---

① National Research Council, *Toward Precision Medicine: Building a Knowledge Network for Biomedical Research and a New Taxonomy of Disease*, 2011.

② [英]迈克尔·波兰尼:《个人知识——迈向后批判哲学》,许泽民译,贵州人民出版社 2000 年版,第 2 页。

③ D.M. Berry, "The Computational Turn: Thinking about the Digital Humanities", *Culture Machine*, Vol.12, 2011, pp.1—22.

其中既有如盖洛普、谷歌、IBM 等大型数据公司所作的预测,也有许多是计算机领域的专业人士甚至是一些普通的程序员所作的预测,这些预测显然带有个性化色彩——在 2016 年对美国总统选举的预测中,一位为大选支持者销售橡胶面具的中国商人就通过销售订单做出了准确预测。总之,个人对数据的易获取性、算法的本性以及两者在知识发现中的地位,为个人介入认识过程奠定了基础。而以大数据预测模型建构为例,个人作为特有的数据拥有者,可以以其为基础建立起自己的、个性化的预测模型。

知识个人性的第二种表现是,一方面,由于数据以及知识的发现都将是数据公司的基本业务,这就在客观上为个性化知识的产生提供了基础和保障;另一方面,知识发现的自动化降低了知识发现的门槛,使个人面对同一数据集,可以依据自己的主观偏好采取不同的算法,导致最终建立的模型也不尽相同。有关算法问题的讨论,我们下面详细进行。

知识个人性的第三种表现是个人之与数据的关系的重构。信息技术、物联网、移动传媒等技术的发展,使得每个人都成为数据的潜在的生成者、创造者和获取者。从本体论上讲,每一个"个人"都是数据"本身",是数据世界的组成部分。这些数据分为三类:个人自身数据、个人生成数据以及个人获取数据(有目的的主动搜集的数据),它们都是知识产生的数据基础。个人自身数据指的是个体作为存在物的数据表征,如通过数据穿戴设备得到的个人的身体各项指标的数据:血压、心率、体重、身高等,这些数据将作为个性化医疗等领域的重要数据资源。个人生成数据是个人作为社会性存在,在社会活动中所生成的数据。在大数据时代最为典型的是在使用门户网站、购物网站、社交网站、聊天软件等过程中的数据痕迹,这些数据将成为个性化推送、个人行为研究的基础。比如在百度问答中,全国各地的人对于关于"吃"的相关回答所形成的大数据,便成为百度对于全国各地人们对于吃的各种知识挖掘。[1]个人获取数据是指个人带有目的性的主动收集到的外部数据。由于移动通信设备以及互联网的普及,生活在任何一个角落的个体都可以将自己感兴趣的事物数据

---

[1]　吴军:《数学之美》(第二版),人民邮电出版社 2014 年版,第 7 页。

化并发布于互联网,而这些分布于互联网上的数据将成为知识的重要来源。一种新型的认知群体——公民科学家——迅速形成和产生作用正是一个范例。2013 年发表在《自然》上的《公民科学:业余专家》(*Citizen Science：Amateur Experts*)一文详细介绍了移动互联网时代,每个公民作为潜在的公民科学家对科学研究的作用。①最为典型的一项研究是约翰霍布斯大学的心理学家贾斯汀·哈尔博达(Justin Halberda)关于《数字感知力在人类衰老过程中的发展》的研究。由于研究对象的年龄跨度为 11 岁到 85 岁,按照小数据的方法,他需要花费大量时间、精力和经费来完成数据的采集。当他在研究过程采用了公民科学的研究方法之后,在短短几个月时间里,便收集到了 13 000 名年龄在 11 到 85 岁之间、分布在不同地区的志愿者的数据。通过这些数据不但完成了对人类数据感知力发展的整体描述,而且还发现了之前没有预测到的意外规律。他表示:"在公民科学家出现之前,没有哪个科学家能得到这样的数据。"②很显然,个人与数据的关系的深刻变化将引发主、客关系的重构,我们将在另外的文章中作详细阐述。

　　总之,在大数据时代,知识主体的个人化倾向既是对知识起源之初的那种个人作为知识主体的认识论的重演、回归,也是对近代以来共同体作为认识主体所引发的危机的补充。但需要指出的是,像英国哲学家波兰尼(Michael Polanyi)所认为的那样,个体介入认识过程不仅不是一种缺陷,反而是科学知识不可或缺的、逻辑上必要的补充部分。他还严密地论证了个体性并非必然导致主观性:"从事某种探索的科学家给他自己的标准与主张赋予了与个人无关的地位。因为他把它们视为科学在与个人无关的情况下建立起来的。"③个体"是作为具有普遍性意图负责任地行使自己的判断力的人"。④

---

① T.Gura, "Citizen Science：Amateur Experts", *Nature*, Vol.496, No.7444, 2013, p.259.

② J.Halberda, R.Ly, B.Wilmer, et al., "Number Sense Across the Lifespan as Revealed by a Massive Internet-Based Sample", *PNAS*, Vol.109, No.28, 2012, pp.11116—11120.

③ [英]迈克尔·波兰尼,《个人知识——迈向后批判哲学》,许泽民译,贵州人民出版社 2000 年版,第 464 页。

④ 同上书,第 503 页。

（三） 强有效性和实用性

普遍性知识一方面追求严密的逻辑推导和因果链条，一方面又不断地将个性化的特征舍弃，在一定程度上削弱了知识的效用和实用性。大数据个性化知识则相反，它不强求严密的逻辑推导和因果链条，转而强调知识的相关性的概念。[①]加上前面所述，大数据方法重视知识的具体性和个人性，必然增强了知识的有效性和实用性。这方面成功的案例有很多，例如2005年，谷歌在全美举行的机器翻译测评中，一举夺魁。参与测评的众多系统中有一个系统可以看作是谷歌翻译系统的姊妹系统，因为这两个系统都是由自然语言处理专家弗朗兹·奥科（Franz Och）教授所设计，两者在设计原理上并无本质差别。但是奥科教授到了谷歌之后，正是利用谷歌在语言对译方面所拥有的海量数据，训练出的翻译系统能达到包括其姊妹系统在内的系统都望尘莫及的翻译准确率，从而取得在机器翻译领域的突破性进展。这充分说明以大数据训练的翻译系统具有强有效性和实用性。[②]另外一个例子就是谷歌公司开发的围棋智能系统——AlphaGo。它的设计思路是基于监督学习和强化学习技术，构造出两个神经网络即策略网络和价值网络。前者用来选择落子动作，后者用来评估棋局。策略网络可以搜索出各种落子方法，价值网络则可以对落子之后的棋盘盘面进行评估。经过多层的表征处理（蒙特卡洛搜索树算法），最终得到一个数字，这个数字代表了该落子动作带来的赢棋概率。其中每一步都是基于对大数据的暴力运算获得的最佳、最有效的走法。因此，在实战中，"AlphaGo不会控制输赢差距，它只是想赢。因为它能做的总是将赢棋的可能性最大化，而不是将赢棋的目数最大化"。[③]也就是说，AlphaGo的设计就是以实用性和有效性——最大赢棋概率——为目的的。在中国举行的人机诗歌大赛，也有异曲同工之妙，其意义是相同的[④]——实际上它们都属于"中文屋"现

① 董春雨、薛永红：《从经验归纳到数据归纳：特征、机制与意义》，《自然辩证法研究》2016年第5期。

② 吴军：《数学之美》（第2版），人民邮电出版社2014年版，第283—285页。

③ 参见在"中国乌镇人工智能峰论坛"（2017年5月）上Demis Hassabis和David Silver对AlphaGo2.0新技术所做的解读。

④ 《AI挑战人类情感！机器人写诗、出书、开专栏背后透露了什么?》，载中国科技网http://www.stdaily.com/cxzg80/redian/redian115.shtml，2017年12月5日。

象。但与传统的讨论图灵实验的角度不同,我们没有着眼于人工智能的本质探讨,而是强调数据的有效性和实用性。

(四) 不确定性

一般而言,大数据问题都是复杂问题,直观的表现就是众所周知的"4V"[①]。由于数据量大,维度多,复杂系统还存在着混沌行为等,所以一般都很难得到普遍的、确定性的、必然性的解释和描述。另外,由于大数据知识不属于演绎系统,而是通过不断的迭代和归纳产生的,即大数据知识的发现采取了"数据+算法"双驱动的新的认识模式,所以,这种模式具备了一些前所未有的特点。

1. 数据完备性的概念

虽然"数据+算法"的知识发现的实践早已有之,但是由于数据量以及计算机运算速度的原因,一直进展缓慢。随着数据量的迅速增长以及并行计算技术的发明,这一方法才获得从量变到质变的飞跃。而大数据时代的知识发现之所以与小数据时代的知识发现不同,主要原因之一是数据的量变导致的质变。[②]数据的量变包含两个方面的内容,即数据量和数据存储、处理的速度。大数据知识发现必然依据大量的数据,但是单纯的量的大小并不构成大数据。比如在小数据时代,全国抽样调查的量实际上也很大,却不是现在意义上的大数据。Google 自然语言处理专家刘军认为,大数据除了量的大小外,还要满足两个特性:一是多维性。因为世界本身是复杂的、随机的,其表现是表征它的变量的个数即维度很多。二是完备性,也即所谓的全样本。虽然理论上我们得不到全样本,但是在实践当中我们可以设定某个阈值,当数据与此阈值接近时即可认为接近或实现了完备性。[③]正是由于多维性和完备性的特征,人们从理论上可以把现实世界转化为数据化的镜像世界,而迅速发展的数据技术客观上为这种转化提供了支持。比如现在高水平的足球俱乐部的运动员,可以通过可穿戴传感设备,实时记录比赛过程中身体及运动的各项数据:速度、加

---

① "4V"指 Volume、Velocity、Variety、Veracity,即容量、速度、多样性、准确性。
② 吴军:《智能时代:大数据与智能革命重新定义未来》,中信出版集团 2016 年版,第 42 页。
③ 同上书,第 71 页。

速度、跑动距离、控球时间、触球次数、传球速度以及心率、血压等,这些数据就构成了多维的个体数据。另外一则新闻显示,只要有钱,就可以按身份证买到某人几乎所有的个人信息,包括开房记录、名下资产、乘坐航班,甚至网吧上网记录、四大银行存款记录,手机实时定位,手机通话记录等。这些事例充分说明,人们的日常活动和行为不但可以通过技术实现数据化,而且还可以将离散或点状的数据形成关联,从而在数据世界中塑造起了一个数据化的"实体"——这正是所谓的完备性。完备性的另一层含义实际上就是包含了事物个性化的各个方面,这在客观上为个性化知识的产生提供了条件。

2."数据 + 算法"强调两者的相互依存和促进

不像极端的大数据主义者所宣称的那样,"只要有了数据,知识就会产生"。①大数据自身并不会发声,而是需要算法使其发声。算法可以通过数据的训练不断地成长和进化,人类理性的用武之地就在于算法的开发以及如何使算法进化。因此,仅有大数据产生不了知识;同样,仅有算法也产生不了知识,大数据知识发现是数据和算法双重驱动的产物。比如,互联网上存在大量的邮件,但是这些邮件却不会自己告诉人们哪些是垃圾邮件,而是需要相应的算法才能识别。但是,只有算法,而没有大量的邮件作为数据训练集去训练算法,使算法在邮件识别中变得聪明,也同样识别不出垃圾邮件。

3. 算法和数据的相互依存,构成两者的共同进化

这种进化并不需要特定的具体问题的引导,即具有天然的不确定性和或然性。它们的表现大致如下:其一,在大数据知识产生的过程中,由于数据量大,维度多,通过数据挖掘会得到很多意想不到的结果;或者说当数据量不够大、维度不够多、不够完备时,就很难发现事物间内在的客观联系。因此,正如前面提到的,由于在数据处理实践中,不同的人对于相同的数据可以选择不同的算法,从而获得不同的结果,这就是算法的个性化特征的来源。其二,由于算法只有借助数据才能不断地使自身进化,也就是通过数据不断地重塑自身;

---

① C.Anderson, "The End of Theory:The Data Deluge Makes the Scientific Method Obsolete", *Wired*, Vol.16, No.7, 2008, pp.1—3.

那么,如果数据本身存在不真实或不客观等问题,或者算法在设计时引入了误差,这种失误必将隐匿在知识发现的总过程中,并且也极有可能被不断地放大。其三,算法是人类理性的产物,必然存在理论上的抽象与简化。①假如在最初的算法设计中嵌入一种简化甚至偏差的话,它在以后的不断迭代中就会被放大。算法的这种"原罪"是由其自身所引发的。

可见,作为一系列既定规则下的操作和运算系统,算法是人们所设计的认识数据的工具,在大数据处理中已处于核心地位;特别是随着分布式计算、云计算以及机器学习技术的发展,早已成为人类不可替代的思维的物化和大脑功能的外延。有人甚至认为,生命、宇宙都是由算法决定的:"整个人类历史就是一套生物算法不断进化而使得整个系统更加有效的历史。"②当然从本质上讲,与复杂系统联系在一起的数据及其挖掘存在着很大的不确定性,这种不确定性是由于复杂系统在状态上和演化过程中存在着多种不可预测的可能性的本质所决定的。

三、个性化知识:大数据引发的认识论转向

近代实验方法的兴起,不仅通过延伸人类感官系统的仪器拓展了可经验的事物及其性质的范围,而且通过条件的可控性与可重复性保证了经验的可靠性;数学方法在科学研究中的应用,使得人们对事物的认识程度不断加深,同时也进一步扩展了经验范围。但是由于技术手段的原因,能被量化的现象是极少的,并且所有的概念化、定量化过程都不可避免地对客观现象进行某种取舍和近似。在这一过程中,许多相关现象都被忽略不计。而大数据所能"量化"的范围的广度以及其所追求的完备性,使得它可以考虑到系统中每一个子类的各方面情况。因此,从观察的经验基础来看,将能得到更多、更广、更深层次的经验,这是传统科学和技术无法比拟的。

个性化知识能在大数据时代崛起并显示出巨大价值,有其外在的原因,比

---

① 段伟文:《大数据知识发现的本体论追问》,《哲学研究》2015 年第 11 期。
② [以]尤瓦尔·赫拉利:《未来简史》,林俊宏译,中信出版集团 2017 年版,第 25 页。

如它契合了人类当下的生产、生活需要等；但我们主要关注的是其内在的原因，比如知识产生的路径、机理等。按照大数据知识发现的一般步骤，我们可以用下图来揭示知识产生的路径：

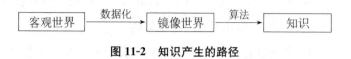

图 11-2 知识产生的路径

一是通过相应的技术手段将客观世界数据化；二是依靠数据构建客观世界的平行世界——镜像世界；三是借助相应的算法处理这种可计算的镜像世界，得到对镜像世界的认识——知识。

如果能保证数据的客观性，并且在算法透明的情况下，认识了镜像世界便等于认识了客观世界，即知识反映的正是客观世界的本质。这条路径看似与经典科学知识发现的路径相似，但两者之间仍然存在本质区别（上文已有所涉及）：其一，经典科学由于无法实现完全量化而存在着大量的"科学暗区"，而大数据所追求的"万物数据化"所带来的数据多样性、多维度以及完备性，有可能将它们一一揭示出来。其二，大数据时代的数据化与知识发掘大都是无目的性的，数据的生成和处理成为自动化的过程。其三，虽然大数据所采用的算法大多是来自经典的算法，但是这些算法在大数据的训练下不断地进化，从而能实现其之前所不能发挥的功能。其四，知识的获得不以问题为驱动，而是基于数据和算法的双重驱动。其五，对知识的评价采用的是弱标准：有效性与实用性，因为对大数据知识的评价只涉及功能性和服务性评价。[1]这种知识发现的模式以及其与传统的知识发现的区别正是个性化知识产生的内因。它表明认识过程的三个要素——主体、客体和模式——在大数据背景下发生了根本性变化。

除了上述区别之外还需要强调的是，大数据通过各种算法实现从特殊到一般的思维加工。在大数据时代，由于个体性的知识经验数量巨大，人们用传统的思维加工模式不可能完成加工任务。但是依托于算法以及由各种算法所

---

① 王星：《大数据分析：方法与应用》，清华大学出版社 2013 年版，第 27—28 页。

组成的机器学习系统,通过这些自动化的数据分析技术,便能迅速、准确地揭示其中包含的一般性规律。由之,可以归纳出三种认知进路:(1)纯粹靠人类感知觉获得的经验,如博物学知识;(2)通过实验仪器对人类感知觉的延伸以及对经验的数学化,使得近代自然科学得以产生;(3)到了大数据时代,由于人类依靠相应的技术手段可以实现"万物数据化",所以客观上使得对个体的认识进一步加深,而这必然导致以此为基础的对普遍性规律的认识。[①]

另一个需要说明的是,大数据方法使个性化与普遍性知识相互依存、共生发展。正是由于大数据时代个性化与普遍性之间的辩证关系及其潜在价值,谷歌公司于2013年创立Calico公司,目的就是希望依托大数据方法来解决医疗中出现的相关问题。任职于该公司的首席科学家利文森(Arthur D. Levinson)博士认为,癌症无法治愈的原因在于两个方面:一是药物是否有效与人的基因密切相关。针对每一个人开发特定的药物,其成本非常高。二是癌细胞的基因在不断变化,这使得最初疗效甚优的药物逐渐失效。于是,按照传统医学知识开发应对的药物的速度远远赶不上癌症细胞变化的速度。但是,如果通过大数据,从大量患者的个性化知识中发掘出共性,然后在共性的基础上结合个性,可以实现迅速、低廉地为每一位患者量身定做药物。目前他们正在利用Google平台,整合全美的医疗资源,希望以此来解决癌症这个世界性难题。[②]这就意味着,个体性知识不但能为获得普遍性知识提供基础,同时由于其自身的价值,能使其与普遍性知识一起共生发展,从而成为人类知识的综合体。

总之,大数据为解决复杂性问题提供了方法。当你面对一片飘落的羽毛,大数据及其模型方法肯定会给出比物理定律更好的预测,因为大数据建模不仅要注意到规律的普适性,而且更强调建模过程中的模式变化和具体的复杂关系,或者说大数据公司一般都不会在建立一个普遍性模型上花过多时间,他

---

① 董春雨、薛永红:《从经验归纳到数据归纳:特征、机制与意义》,《自然辩证法研究》2016年第5期。
② 吴军:《智能时代:大数据与智能革命重新定义未来》,中信出版集团2016年版,第302—305页。

第十一章　大数据个性化知识的兴起、特征及其价值

们会将重点放在及时根据新经验、新数据，不断地迭代、完善和修正模型，以建立一个动态的、具体的个性化模型。①类似的例子还有很多。20 世纪 50 年代，生物学家就建立起了关于海洋生物种群数量与温度的普遍性方程，并且被广泛应用于渔业管理中。但是到了 70 年代，这一方程的理论结果与实际情况出现了很大的偏差。生态学家最终抛弃了原有的"普遍性"方程，并在承认复杂性、随机性的前提下，建立起"动态经验模型"。这一模型是基于混沌理论建构的一个随机的、经验性的、动态性的模型，其中任何一个参量、在任何时候的变化都会引起模型本身的变化并引发预测结果的变化。这一动态经验模型对特定环境下种群的预测比其他的任何方法都要准确。所以，这一领域的生态学家们认为："用统一性的方程来描述复杂的真实世界，这是科学家的妄想。"②另外，在肿瘤等复杂疾病发生和发展的过程中，不仅广泛存在个体间的异质性，还存在个体内组织细胞的异质性。同种癌症的不同病患，具有不同的药物应答、细胞毒性以及愈后的医学遗传学特征。因此，原有的按照普遍性的知识所形成的治疗规则、开发的药物，既不能对所有患者有效，也不能长期对特定患者有效。而目前所兴起的精确医学所倡导的正是在不同时间上节点尽可能完整地获取个体的数据，借助相应的技术手段，建立个性化的医学，以应对复杂疾病。③

可以看出，由于世界的复杂性本质，使得"近代科学在追寻普遍必然性的知识的过程中，距离目标越来越远，甚至背道而驰，最终导致科学知识丧失其普遍必然性。"④或者说，虽然传统意义上的"物理定律"具有更好的系统性与必然性，从而成为科学的典范，但这并不意味着大数据模型就较差。大数据模型与物理定律只是应用于不同领域而已。⑤而当下的大多数情形是，如果搁置对普遍性的追求，从个性化入手去建立解决问题的模式，将更能有效地应对复杂

---

① 王星：《大数据分析：方法与应用》，清华大学出版社 2013 年版，第 2 页。

② G.A. Popkin, *A Twisted Path to Equation-Free Prediction*, https://www.quantamagazine.org/chaos-theory-in-ecology-predicts-future-populations-20151013, 2015.

③ 吴家睿：《精确医学的主要特征》，《医学与哲学（A）》2016 年第 8 期。

④ 郭元林：《复杂性科学知识论》，中国书籍出版社 2012 年版，第 36 页。

⑤ 张晓强、杨君游、曾国屏：《大数据方法：科学方法的变革和哲学思考》，《哲学动态》2014 年第 8 期。

性问题。所以大数据个性化知识的发现,将大大增强知识的多样性和可靠性,并与普遍性知识互相促进,使人类知识获得迅速积累和进步,从而在整体上使我们的文明程度发生质的飞跃[1],因为其在相关领域显示的力量是其他知识无法比拟的。同时,大数据所引起的对"知识"的看法的变化以及个性化知识所具有的特征,表明大数据已经使我们在如何看待知识、知识发现方面发生了根本性的转变。"大数据重写了有关知识的构成、研究过程以及我们应如何与信息接触,与自然、现实的交互,它发掘出了客观事物的新领域以及获得知识的新方法。"[2]至于大数据时代将会引发怎样的认识论的转向,则是值得我们特别关注的新课题。

（董春雨,北京师范大学哲学学院教授;

薛永红,华北科技学院理学院副教授）

---

[1] 吴军:《智能时代:大数据与智能革命重新定义未来》,中信出版集团 2016 年版,第 330 页。

[2] D.Boyd, K.Crawford, "Critical Questions for Big Data: Provocations for a Cultural, Technological, and Scholarly Fhenomenon", *Information*, *Communication & Society*, Vol.15, No.5, 2012, pp.662—679.

第十二章
维基百科的知识评价基础

随着互联网的日益普及,我们人类正在进入万物互联的超连接时代。从知识论的角度来看,这种超连接既是平台也是资源,它不仅颠覆了以传统工业文明为基础的概念框架,而且生长出新的知识生产方式与知识评价机制。维基百科就是最典型的事例。维基百科是免费的在线百科全书,任何一位爱好者都可以随时增加内容或编辑现有内容。就直觉而言,它的便捷性毋庸置疑,但它的可靠性却令人担忧。然而,当维基百科从初创时的倍受质疑发展到今天成为社会公众普遍查阅的知识来源时,我们就有必要探讨这种依托互联网平台的超连接性、超时空性、互动性等特性,进行词条编写的电子百科全书,是如何保证词条内容的可靠性,并提供了怎样的知识评价机制等问题。对这些问题的探讨,不仅有助于揭示当代信息与通信技术的发展对人类知识观的变革,有助于理解基于集体智慧的社会认识论的内在本质,而且更重要的是,有助于认识软件机器人在维基百科的维护与编辑过程中所起的核心作用。

一、维基百科词条内容的可靠性

维基百科于 2001 年 1 月 15 日正式上线,由吉米·威尔斯(Jimmy Wales)和拉里·桑格(Larry Sanger)共同创建,并由非营利组织"维基媒体基金会"负责维持。吉米·威尔斯曾信心满满地坦言,维基百科的目标是,使词条质量达到与公认为是最好的《大不列颠百科全书》一样的高度,甚至比《大不列颠百科全书》的质量还要高。[1]对于习惯于信奉专家的出版者和知识分子而言,这种豪

---

[1]　J.Giles, "Internet encyclopaedias go head to head", *Nature*, Vol.438, No.15, 2005, p.900.

言壮语只不过是天方夜谭而已。早在维基百科创建前的 1995 年,让-加布里埃尔·加纳夏(Jean-Gabriel Ganascia)在组织专家讨论互联网对图书业的冲击议题时,就有些人建议说,可以利用互联网创建一个开放的百科全书。但这一建议马上遭到著名的语言学家西尔万·奥鲁(Sylvain Auroux)和许多集体图书与百科全书编辑者的反对。反对者一致认为,百科全书需要封闭式撰写,而不是不严肃地由非专家进行随意修改。[①]然而,来自资深前辈的这些保守言论,终究阻挡不了富有创新精神的年青一代对新技术应用的不懈探索(调查显示,维基百科词条作者主要集中在 18 至 30 岁之间拥有高学历的男性群体[②])。维基百科由于其免费使用、灵活查阅、随时修改等特点,在质疑声中发展壮大起来。

在维基百科全书运行了八年之后的 2009 年,网站排名跟踪机构 URLFan 根据查阅网站的频率评出了世界上最具影响力的一百个网站,维基百科居然位居榜首。截至 2014 年 2 月,维基百科每个月都会有超过 5 亿的独立访问者进行的 180 亿次浏览量。[③]这说明维基百科已经成为流行的和具有影响力的网站之一。维基百科的流行,显然违背了传统权威们的直觉判断。这不仅致使出版商的角色发生了前所未有的改变:他们不再是不断争取市场订单和发行图书的经营者,而是成为网络词条的管理者和治理者;而且也节省了昂贵的印刷费与发行费;维基百科执行的编辑模式,能使读者通过对相关词条的修改和编辑变成作者,从而用新的开放式的编辑范式取代了旧的封闭式的编辑范式,并改变了专家与非专家之间或撰稿人与读者之间长期以来彼此隔离的关系,使在业余爱好者和专家之间所宣称的差异相对化了。

从词源学上看,"百科全书"(encyclopedia)一词来自"圈"(cycle),意指一部百科全书的目标是把特定时间内所有的人类知识都涵盖其中。因此,一部成功的百科全书的首要条件是"全面",也就是说,百科全书的词条需要有广泛的覆盖面。截至 2017 年 3 月,维基百科共收录了 4 万条高质量的精选词条和好

---

① Jean-Gabriel Ganascia, "View and Expamples on Hyper-Connectivity," in L. Floridi, eds., *The Onlife Manifesto*, Springer International Publishing Press, 2015, p.71.

② Wikipedia, *Wikipedia:Diversity*, https://en.wikipedia.org/wiki/Wikipedia#Diversity.

③ Wikipedia, *Wikipedia*, https://en.wikipedia.org/wiki/Wikipedia.

的词条。截至 2017 年 8 月,维基百科的 20 种最大的语言编辑量以指数式增长,其中,英语词条最多,高达 500 多万条。这些词条几乎覆盖了所有的知识领域,无疑,可称得上是百科全书。但是,词条的覆盖面只是成为百科全书的一个必要条件,而不是充分条件。

从功能上来看,成为百科全书还需要具有两种主要功能:教育功能和查阅功能。百科全书最初的功能主要是教育,随着时代的发展和人类知识总量的不断增加,知识分类的必要性就凸显了出来。这就要求百科全书能够具备查阅功能。到 20 世纪下半叶,百科全书发展到了两种功能并重的新阶段。[①]当人类知识的总量庞杂到一定程度时,百科全书的词条需要按适当的方式来编排,唯此才能方便读者查阅;百科全书词条的内容必须具有权威性或足够准确,唯此才能保证词条内容的有效性和可靠性。维基百科是依托网络平台和互联网技术的在线百科全书,它所具备的在线自动检索功能,使得它的使用,比纸质版的传统百科全书的使用,更加灵活便捷。人们在传统百科全书中查找词条,需要事先掌握相应的查找方法,而在维基百科中查找词条,则只需要输入关键词或需要查的词条即可,不需要掌握特殊的查找技巧。

然而,涵盖范围广,查阅功能灵活便捷,并不能算是百科全书最核心的优势。对于具有教育与查阅功能的百科全书而言,词条内容的准确性,才是最重要的。狄德罗和达朗贝尔在 18 世纪主编百科全书时,曾精心挑选了 160 名拥有不同学术背景和工作的人来撰写词条,孟德斯鸠、孔多塞、伏尔泰、卢梭等具有影响力的专家学者都为这部百科全书撰写过词条。这种观念也一直延续到了今天。即使《大不列颠百科全书》在 2012 年全面转向了数字版和网络版之后,也依然强调其作者包括"最受尊敬的诺贝尔奖得主",来凸显词条内容的可靠性和权威性。传统百科全书出版之后,读者只能在无法干预编写过程的前提下,把词条内容当作是标准定义或知识来接受。[②]根据传统百科全书的这种编写标准,对于人人都可以通过网络来随时修改词条内容的维基百科来说,词

---

① 杨文祥:《百科全书历史发展规律初探》,《图书馆学研究》1994 年第 1 期。

② Jean-Gabriel Ganascia, "View and Expamples on Hyper-Connectivity," in L. Floridi, eds., *The Onlife Manifesto*, Springer International Publishing Press, 2015, p.72.

条的可靠性自然会倍受质疑。《大不列颠百科全书》的前任编辑麦克亨利(Robert McHenry)就指出,将编辑过程对所有人开放,而不论他们是否具有专长,都意味着其准确性,永远无法得到保证。①

因此,为了验证维基百科词条的准确性,各种各样的审查方式相继展开。首先是《自然》杂志在2005年进行过一次由专家组成的针对维基百科的调查。这一调查首先通过同行评审来对维基百科和《大不列颠百科全书》中的科学词条进行对比。在42个受审查的词条中,准确率方面的差异却出乎人的预料:维基百科词条的不准确之处有4处,而《大不列颠百科全书》词条的不准确之处有3处。②这次调查表明,维基百科词条的准确性,并不像人们直觉上想象的那样糟糕。2006年,托马斯·切斯尼(Thomas Chesney)通过实验来检验维基百科词条的可靠性。在他的实验中,把55名研究人员、研究助理和博士生分成两个测试小组,要求他们分别阅读相同的维基百科词条。这些词条有的与阅读者的专业相关,有的只是随机选取的。然后,要求他们填写一份精心设计的调查问卷来对词条内容的可信度、参与者的可信度、维基百科的可信度等方面作出评价。结果是,在专家组和非专家组中,专家组对词条的可信度的评价,高于非专家组对词条的可信度的评价。③不仅如此,在《纽约时报》于2007年刊发的《法院有选择性地求助于维基百科》的一篇文章中指出,美国从"2004年开始,已经有超过100个司法裁决是依赖维基百科作出的,其中的13个出自巡回上诉法庭。"④

更加详尽的调查结果来自约翰·霍普金斯大学医学院的德夫根(Lara Devgan)等人在2007年通过同行评审对维基百科词条的准确性进行的审查。德夫根等人根据美国国家卫生统计中心(National Center for Health Statistics)所界定的最常见的住院治疗程序,在维基百科中选取相对应的词条,然后将这

---

①② J.Giles, "Internet Encyclopaedias go Head to Head", *Nature*, Vol.438, No.15, 2005, p.900.

③ T.Chesney, "An Empirical Examination of Wikipedia Credibility", *First Monday*, Vol.11, No.11, 2006, http://firstmonday.org/article/view/1413/1331.

④ N.Cohen, "Courts turn to Wikipedia, but Selectively", *New York Times*, January 2007, http://www.lexisone.com/news/ap/ap012907a.html.

些词条分别送给两位专家,请专家对词条的准确性分别作出评价。在经过数据的汇总与分析之后,他们发现,所有的词条内容都是准确的,但是,"只有62.9%的词条没有重大遗漏"①。为此,他们最终得出的结论是,维基百科是一个准确的,但不完备的医疗参考资料。②这个评论的言外之意是,在所调查的词条中,应有 37.1%的词条是内容准确但却有重大遗漏。这个比率远远大于维基百科标示的"精选词条"的比率。这也间接地验证了"精选词条"的可靠性。

2011 年,布拉格斯(George Bragues)在维基百科中选取了关于七位著名的西方哲学家的词条。这七位哲学家分别是:亚里士多德、柏拉图、康德、笛卡儿、黑格尔、阿奎那和洛克。然后,他选取了四本著作作为参考文献,它们分别是罗素编写的《西方哲学史》、柯普斯登(Frederick Copleston)编写的《西方哲学史》、洪德里奇(Ted Honderich)编写的《牛津哲学指南》以及波普金(Richard Popkin)编写的《哥伦比亚西方哲学史》。接着,布拉格斯将维基百科词条内容与参考文献中的内容进行比较。结果,他得出的结论非常类似于德夫根等人的结论。布拉格斯说,"我没能发现任何明显的错误","维基百科的过失不在于犯错而在于遗漏"。③

这些调查结果虽然都是抽样调查,还没有做到全样本比较,但是其结果足以表明,维基百科的词条内容在某种程度上是可靠的,尽管有些词条内容有遗漏或不完备。事实上,在实际运用中,维基百科作为一种百科全书,不论是收录的词条规模,还是更新词条内容的灵活度,都是任何一套传统百科全书无法企及的。因此,维基百科已经不再只是一部可以动态修订和随时扩充新词条的电子百科全书,而是成为一种大规模的社会现象,一项宏大的知识工程。这项知识工程不仅提供了人们在当代信息与通信技术下传播知识的新方式,而且提供了评价知识的新基础。

---

① ② L.Devgan, N.Powe, B.Blakey, et al., "Wiki-Surgery? Internal Validity of Wikipedia as a Medical and Surgical Reference", *Journal of the American College of Surgeons*, Vol.205, No.3, 2007, p.S77.

③ G.Bragues, "Wiki-Philosophizing in a Marketplace of Ideas: Evaluating Wikipedia's Entries on Seven Great Minds", *Mediatropes*, Vol.2, No.1, 2011, p.152.

二、从遵从专家转向依靠集体智慧

"维基百科"（Wikipedia）一词源自"wiki"和"encyclopedia"的合成改写。"encyclopedia"的意思是百科全书，而"wiki"则是一种超文本系统，指可以被访问者随时修改的网页，是维基百科得以实现的技术前提。就知识的大众传播与接受而言，维基百科全书的创建，无疑是一项前所未有的革命，它既体现了在自媒体时代，人们已经习惯于利用互联网来获取知识和传播知识，也决定了基于互联网的维基百科的编辑模式与管理方式，必然不同于传统百科全书，需要有理念与模式上的创新。

就编辑模式的创新性而言，维基百科的开放式编辑模式，为世界各地的学者对同一个词条的编写，提供了一个互动交流的平台，从而使得作者和读者之间无法沟通的界线消失了：对于任何一名维基百科的读者来说，即使在没有维基账户的情况下，也可以参与维基百科的词条创建和编辑工作。这种不受时间和地域限制的编辑方式，也携带着天然的纠错功能，使得词条的编写工作总是处于动态的修改和纠错之中，或者说，处于"待续状态"。相比之下，以《大不列颠百科全书》为代表的传统百科全书，采用了封闭的编辑模式。在该模式中，出版者、作者、编辑和读者之间存在着泾渭分明的界线，而且，四种不同的角色发挥着完全不同的作用：出版者负责招募作者和出版，作者负责编写词条，编辑负责统稿和编排工作，读者只是被动地查阅，无法及时表达其阅读感受。

另一方面，维基百科的作者可以是匿名的，有的作者有虚拟身份，而有些作者连虚拟身份都没有。虽然在当前的技术条件下，理论上可以追踪到作者，但是，更为重要的是，这种匿名的编辑模式显然不能将作者与责任紧密地联系起来。维基百科也承认，由于这种匿名性，出现恶意词条也是常有之事，也会造成作者之间关于词条内容的频繁争论。为此，维基百科在"行为政策"条款中，详细地列出了解决争端的机制，包括评论、调解和仲裁三个环节。这些政策使得作者们在经过充分的争论之后，通常总能做到校正错误词条、充实不完备词条和删除不实词条。相比之下，传统百科全书采用记名的编辑模式，不仅可以避免出现恶意词条和不实词条的糟糕情况,读者还可以通过网络版的《大不列颠百科全书》直接点击含有作者姓名的链接来查阅作者的相关信息。这既做到了文责自负,有利于规范作者的编辑行为和提高作者的责任心,也有助于出版者通过词条作者的学术荣誉来宣传词条内容的权威性与可靠性。

然而,维基百科采用的这种开放式匿名编辑模式,虽然不能像传统百科全书的词条作者那样做到文责自负,但这并不一定要被指责为维基百科的主要缺陷,相反,这种方式反映出在当代信息与通信技术条件下,当人类社会从信息匮乏发展到信息过剩时代时,学会辨析知识的真伪,必须成为生活的一项基本技能。维基百科词条内容的可靠性,一是通过许多编辑的不断修改来保证的,而且读者在查阅这种处于不断修改中的词条内容时,是主动的判断性接受,而不是像查阅传统百科全书那样,是被动的记忆性接受。二是通过管理政策来保证的,维基百科要求词条撰写者必须遵守三项核心政策:(1)观点的中立性。意指所有的维基百科词条都应该以中立的观点来撰写,公正地呈现出有意义的观点;(2)可证实性。意指维基百科词条内容所引证的材料都必须是真实可靠的和可查证的;(3)无原创性研究。意指维基百科不发表原创性研究,所有词条内容都应有据可查。也就是说,维基百科的词条内容是现在知识的汇编,而不是撰写者本人的创新性研究。

正因为如此,维基百科在扬弃了传统百科全书采用的封闭式记名编辑模式的同时,也相应地变革了传统百科全书遵从专家的知识评价机制。上面调查提供的反直觉的结论。涉及我们在传播二阶知识时,如何对待专家与新手之间的关系问题。在传统意义上,我们习惯于把专家理解为是具有撰写相关词条的知识水平与能力的人,把读者理解为是外行或新手。因此,我们通常会默认,专家和新手在知识之间存在着知识鸿沟。这种认识是把关于一阶知识的专家与新手问题,等同于关于二阶知识的专家与新手问题。就一阶知识而言,新手或外行依赖专家或"遵从认识权威"是合理的。①但是,在二阶的无原创性研究的知识层面,新手有能力获得公认的知识。为此,吉登斯把生活于现代

---

① J.Hardwig, "Epistemic Dependence", *Journal of Philosophy*, Vol.82, No.7, 1985, p.343.

社会中的每个人,在不同程度上依赖专家系统的现实,归结为是受现代时期的社会文化环境的引导。他认为,相信作为认识权威的专家是现代社会的典型特征。①也就是说,这里存在一个转变观念的问题。

在信息文明时代,依托互联网平台而诞生的维基百科,完全颠覆了我们长期以来信奉的对专家-新手之间存在的依赖与被依赖关系的现代性理解。维基百科提供的开放式匿名编辑模式,恰好与现代时期强调从专家到新手或外行的自上而下的知识传播方向相反,更多地强调从新手或外行到专家的自下而上的知识互动过程。在网络社区、互联网问答平台上对于专家权威的公开评价中,尤其明显。编写百科全书的词条,不同于科学研究中提出新定律或新概念,后者需要建立在亲身研究实践之基础之上,而撰写词条内容通常使用的是二阶知识,即无原创性知识,新手完全可以参考专业性较强的权威材料来编写。这种编写方式事实上是使专家知识的权威性在更隐蔽的层次上发挥效用,即,由直接参与变成了间接参考。当词条编写者出现了对词条内容的理解偏差,乃至现出恶意捣乱的情形时,后继修改者的集体智慧起到了纠错的作用。

比如,"约翰·席根塔勒(John Seigenthaler)事件",就是一个关于恶意词条的事例。2005 年,有匿名用户创建了关于席根塔勒的词条,并断言说,席根塔勒涉嫌参与对美国前总统约翰·肯尼迪和其弟弟鲍比·肯尼迪的刺杀,②而现实情况却是,席根塔勒是前美国司法部长罗伯特·肯尼迪的行政助理。这个词条存在了四个月之后被席根塔勒本人发现,最终得到了修改。而该词条的创建者现身后,却表示这只是开了一个玩笑。类似于这样的恶作剧在维基百科上显然是无法避免的。但是,开放的编辑方式,最终总是能发现这些恶意或不实之作。而且,编写者们就同一词条内容的争论史或修订史,还能为后面的读者进一步准确地把握词条,提供认识论的启迪。

这种集思广益的全球脑式的编辑模式,是当代互联网技术下特有的。它

---

① 参见吉登斯:《现代性的后果》,田禾译,上海译林出版社 2000 年版。

② Wikipedia, *John Seigenthaler*: *Wikipedia controversy*, https://en.wikipedia.org/wiki/John_Seigenthaler#Wikipedia_controversy.

不仅使得每个词条的知识内容都成为动态可修改的,能够做到随时与科学的发展保持一致,从而克服了传统百科全书中的词条更新时间较长的弊端,而且把人们对二阶知识的评价基础从无条件地遵从专家转向动态地依靠集体智慧。其实,在传统百科全书推崇的遵从专家的问题上,有时专家之间也会产生分歧。只是传统百科全书的撰写模式,不可能把这种分歧展现出来而已。专家在编写有争议的词条内容时,往往容易根据自己的理解来撰写,反映不出相左的观点。而在维基百科的撰写模式中,对相同词条内容的理解分歧变成了词条内容从不成熟走向成熟的历史记录,反映了词条被编辑的历史轨迹。

撰写维基百科词条的集体方式,类似于黄金时代的雅典的民主政治方式。雅典的民主政治虽然只持续了大约 140 年,但却留下了令人向往的历史记忆。那时,雅典公民在广场(agora)上集会,就他们所关心的某一议题展开公开的集体辩论,然后达成共识。这种形式的集会"为他们的决策的正确性提供了辩护"。"集体商定的行动方针受到所有人的支持,而反对它则被认为是难以置信的和不道德的,其原因不在于它是一个最终由国王下达的命令,而在于它是大多数利益相关者以民主方式作出的决定,是他们共享的决定。"①同样,维基百科用户是聚集在互联网搭建的平台上形成相关词条内容的集体共识。但是,线上的互动讨论并不能完全等同于线下的互动讨论。因为在线上的共识中,有时会出现虚假共识。在这种情况下,如果我们把知识理解看成是"得到辩护的真信念",那么,就需要进一步论证,在维基百科中,如何能保证使获得辩护的集体共识与"真信念"联系起来的问题。

三、基于过程管理确保集体智慧的有效性

回答上述问题,首先要判断,线上词条的撰写者们能否被视作一个集体而非个体的随机组合。因为对于个体的随机组合而言,他们缺乏作出集体决定

---

① C. Ess, "Reengineering and Reinventing both Democracy and the Concept of Life in the Digital Era," in L. Floridi, eds., *The Onlife Manifesto*, Springer International Publishing Press, 2015, p.129.

的能力和机制。在维基百科的管理方式中,管理者制定了包括内容、行为、删除、强化、法律、程序在内的六大类政策来约束词条编写过程,比如,在判断和处理恶意破坏的政策条款中,有禁止滥用标签、恶意创建账号等 22 条禁令,并对每一条禁令都作了详细的说明。这样,无论是维基百科的词条作者,还是管理员,当他们参与到维基百科的编辑过程中时,他们首先要遵守共同的政策或规范,这些规范的最高目标是,把维基百科词条的质量提高到越来越接近吉米·威尔斯所倡导的达到与《大不列颠百科全书》一样的高度。正如维基百科的研究者所言,我们只有将作者视作是参与到生产出具有一定质量的在线百科全书的集体事业之中,才能很好地解释作者的行为。[1]拉里·桑格也指出,对维基百科成功的最佳解释不在于彻底的平等主义,也不在于拒绝专家参与,而在于自由、开放和自下而上的管理。[2]

其次,维基百科的词条作者不仅在线上共享着相似的目标,而且还在线下参加相应的集体活动,增加集体凝聚力,从而在某种程度上表现出集体社交行为。例如,维基媒体基金会每年都会组织一次由"维基"系统的所有用户参与的国际会议,参加者喜欢把自己称为是"维基百科人"。这种通过线上的规则约束和线下的参与互动,把参与者组织起来的管理模式,使得维基百科词条的松散的撰写者,变成了有集体目标的"维基百科人"。伍利(A.W. Woolley)等人的研究表明,就集体而言,集体智慧是构成集体行为的基础,是集体自身的属性,它体现为能够集体地完成各项任务的综合能力。[3]集体智慧的高低决定了集体行为实现集体目标的好坏。在一个集体中,集体智慧表现得越好,越能达到符合其目标的结果。维基百科正是通过精致的过程管理方式,让分散在世界各地的离散的词条撰写者,成为认同维基百科集体意识的维基百科人,并借助这些人的集体智慧来达到提高词条内容质量的目标。

第三,维基百科的开放式匿名编辑模式和规范的管理流程,为更好地发挥

① D.Tollefsen, "Wikipedia and the Epistemology of Testimony", *Episteme*, Vol.6, No.1, 2009, p.15.

② L.Sanger, "The Fate of Expertise after Wikipedia", *Episteme*, Vol.6, No.1, 2009, p.69.

③ A.Woolley, C.F.Chabris, A.Pentland et al., "Evidence for a Collective Intelligence Factor in the Performance of Human Groups", *Science*, Vol.330, No.6004, 2010, p.686.

维基百科人的集体智慧提供了客观保障。集体智慧是指简单个体通过相互合作形成复杂智能的特性。集体智慧能否得到更好的发挥,取决于在多大程度上满足下列三个条件:人数众多、背景多样、相互激发。对于一个集体而言,人数越多,集体犯错的概率就越小;知识背景越多样,纠错能力就越强,集体表现就越好;去中心化的激发式交流越频繁,集体越能智慧地行动。一般来说,成员感觉平等的集体,比由少数人主导的集体,表现得更加智慧。①显然,维基百科词条的撰写由于不受时间与地域条件的限制,在技术上很容易满足这三个条件。人人参与的编辑方式保证了人数的众多和知识背景的多样性条件,记录编辑过程和建立相应的交流页面,实现了自主而平等的片段式交流。因此,注重过程管理,使得经历了长期编辑过程的维基百科词条内容,作为集体智慧的产物,在准确性上,能够达到不亚于《大不列颠百科全书》的水准。

然而,我们也应该注意到,在维基百科中,词条内容的成熟度之间存在着很大的差异。这种差异性既与词条创建时间相关,也与词条本身的社会关注度相关。对于一些关注度较低和新创建的词条而言,词条背后的作者集体还没有形成,无法通过集体智慧来保证词条内容的可靠性。因为这样的词条既没有经过充分的争论,也没有得到集体的认同,或者说,还没有形成集体共识。这也说明维基百科词条内容的确认,具有一定的延迟性。维基百科的管理者把海量的词条区分为两类。他们把那些经过充分争论和长期编辑之后,符合准确性、中立性、完备性标准的词条标示为"精选词条"和"好词条",并认为这些词条是其他词条的范例,"是维基百科所能提供的最好的词条。"②

根据 2017 年 7 月 31 日公布的数据,在英语版本的维基百科中,从五百多万条词条里挑选出 5 094 条"精选词条",比率为 1∶1 080,接近 0.1%③,据 2016 年 4 月 16 日公布的数据,在英语版本的维基百科中,从 5 452 807 条词条

---

① A. Woolley, I. Aggarwal, T. Malone, "Collective Intelligence and Group Performance," *Current Directions in Psychological Science*, Vol.24, No.6, 2015, p.422.

②③ Wikipedia, *Wikipedia:Featured articles*, https://en.wikipedia.org/wiki/Wikipedia:Featured_articles.

中挑选出26 351条"好词条",比率为1：207,接近0.5%。①比率很低恰好说明了维基百科编辑选择词条的严谨性。也许其中的一个主要原因与维基百科允许无限期修改分不开。比如,在英语版的维基百科中,查看哲学门类的精选词条"Hilary Putnam"(美国哲学家)的编辑历史,可以发现,这一词条创建于2002年8月23日,当时的词条只有126字节,截至本文完成前,最后一次编辑是2017年7月8日,这时该词条达到68 321字节,在此期间,该词条总共被编辑了1 340次,共有544名用户参与了这一编辑过程。②这表明维基百科的词条内容足以用"没有最好只有更好"来形容。但这只是针对极少数精选词条而言的,对于绝大多数词条内容来说,其可靠性通常处于不断提高的过程之中。因此,对维基百科而言,不是拒绝看到不可靠的词条,而是学会如何使词条成为可靠的。

这里应该改变的是我们对待知识的习以为常的评价标准。事实上,人类的知识总是处于不断更新和变化之中,对于变化之中的知识而言,追求绝对的不变性和确定性,显然是现代性思维方式的最大痼疾。一方面,我们有必要区别一阶知识和二阶知识。对于一阶知识而言,依然需要遵从专家,但对于像百科全书这样的二阶知识而言,通过严格而规范的过程管理,依靠爱好者的集体智慧,依然可以保证知识的可靠性,尽管缺乏知识的完备性。另一方面,我们有必要区分个人认识论和社会认识论。个人认识论是自近代自然科学以来,现代性思维方式的产物,在当代信息与通信技术条件下,已经不再适用。维基百科在保证词条内容可能性的过程管理中,依赖于集体智慧的编辑模式,为验证社会认识论提供了一个很好的范例。

四、机器人编辑的定位

为了方便起见,上文在讨论维基百科依靠集体智慧来保证词条的可靠性时,并没有涉及使用软件机器人(即自动或半自动程序)参与编辑和维护的情

---

① Wikipedia, *Wikipedia*：*Good articles*, https：//en.wikipedia.org/wiki/Wikipedia：Good_articles.
② WikiHistory, *Statistics for Hilary Putnam*, https：//tools.wmflabs.org/xtools/wikihistory/wh.php?page_title=Hilary_Putnam.

况。事实上,维基百科创建一年之后,即 2002 年,就借助自动软件程序从美国的"联邦标准 1037C(美国总务管理局发布的对于电信专业术语的汇编)"中创建了几百个词条。①而且,据 2017 年 7 月 28 日维基网站提供的数据显示,在英语版的维基百科中已经使用了 2 105 个机器人来执行维护 42 633 267 个网页。这些机器人能够进行快速编辑和阻断不正确的操作,进一步优化维基百科内容的维护方式。②比如,在加州理工学院学习的弗吉尔·格里菲思(Virgil Griffith)开发了 Wikiscanner 软件。管理者可以借助 Wikiscanner 的技术洞察力来查看编辑的 IP 地址,然后,根据具有 IP 地址定位功能的数据库(IP 地理定位技术)来核实这个地址,揭露出匿名编辑,曝光出于私心而修改词条的那些编辑,从而达到维护维基百科词条质量的目标。③

我们把这种参与词条管理和采编的软件机器人称之为"机器人编辑",截至 2017 年 12 月 25 日,机器人编辑在维基百科中获准执行的任务已经达到2 142项。④当一个词条的内容是由机器人编辑和人类编辑共同编写完成时,这个词条的知识内容就被称为"分布式知识"(distributed knowledge)。维基百科中使用的机器人编辑有两种类型:作为执行任务的自动软件机器人和作为半自动辅助工具的机器人。自动的软件机器人能够独立执行一项完整的操作,而半自动的辅助工具则会将最后的决定性操作留给人类编辑来完成。机器人编辑的主要工作包括,自动地从数据库中引入词条,发现维基百科词条撰写过程中存在的恶意破坏行为,处理、检查词条编辑过程中出现的拼写错误,从维基百科中抽取数据,以及通过比对,来报告可能的侵权行为,等等。⑤

就特定的编辑操作而言,机器人编辑的工作效率与速度是人类编辑无法比拟的,但另一方面,如果机器人编辑出现错误,所造成的破坏也会要比人类编辑的破坏大得多,所以,机器人编辑不仅如同一般技术一样也是一把双刃

① Wikipedia, *History of Wikipedia bots*, https://en.wikipedia.org/wiki/Wikipedia:History_of_Wikipedia_bots.

②④ Wikipedia, *Wikipedia*:*Bots*, https://en.wikipedia.org/wiki/Wikipedia:Bots.

③ R.Rogers, *Digital Methods*, The MIT Press, 2013, p.37.

⑤ Wikipedia, *Wikipedia*:*Types of bots*, https://en.wikipedia.org/wiki/Wikipedia:Types_of_bots.

剑,而且还会向人类编辑提供信息并影响人类的判断。维基百科共同体(Wikipedia community)为了尽可能地规避应用机器人编辑可能会造成的危害,同样也出台了维基百科的机器人政策(bot policy)来严格地限制机器人编辑从最初的功能设想到最终运行于维基百科的各个环节,这些政策主要体现为下列三大原则:首先是共识原则,即只有当维基百科共同体对具有特定功能的机器人编辑的需求达成共识时,相应的机器人编辑才有可能被应用于维基百科;其次是审核原则,即机器人编辑在投入使用之前,需要接受严格的审核流程,这包括机器人授权小组(Bot approvals group)提出申请、获得授权并且通过测试三个步骤;第三是独立账户原则,即,机器人编辑,特别是自动的软件机器人,必须与维基百科的人类编辑一样,注册独立的维基百科账户,而且,机器人编辑只有在其账户处于登录状态时,才能够执行相应的任务。[1]

然而,值得注意的是,这三条机器人政策或限制性原则却反过来使机器人编辑具有了超越某些人类编辑的优势。首先,共识原则允许部分自动的软件机器人获得管理员的权力,成为管理机器人(adminbots)。在维基百科中,管理员具有执行特定操作的技术权力,包括封禁和解禁用户 IP、编辑一般用户无法编辑的受保护页面以及删除页面等。[2]另一方面,维基百科还在总体上期望管理员成为共同体的榜样,把他们看成是公正的,并具有良好判断力的管理者[3],这样,能够取得管理员资格的机器人,似乎具有了比一些人类编辑更加高尚的道德优势。其次,审查原则允许通过审核程序的机器人编辑在执行操作时受到的限制,比大多数人类编辑在执行操作时受到的限制更少。第三,独立账户原则使机器人编辑在维基百科的用户权力等级排序中位于中间位置,其权力往往明显地超过那些受到封禁的用户、匿名用户和新注册的用户。[4]

① Wikipedia, *Wikipedia*:*Bot policy*, https://en.wikipedia.org/wiki/Wikipedia:Bot_policy.

② Wikipedia, *Wikipedia*:*Administrators*, https://en.wikipedia.org/wiki/Wikipedia:Administrators.

③ Wikipedia, *Wikipedia*:*List of policies#Content*, https://en.wikipedia.org/wiki/Wikipedia:List_of_policies#Content.

④ S.Niederer, J.V. Dijck, "Wisdom of the crowd or technicity of content? Wikipedia as a socio-technical system", *New Media & Society*, Vol.12, No.8, 2010, p.1372.

　　机器人编辑在维基百科中之所以具有如此优越的地位,是与维基百科的撰写方式密切相关的。维基百科最大的创新是,试图借助当代信息技术的优势,颠覆传统纸质百科全书直接依赖于专家的封闭式的词条编写模式,开发出一种开放式的不断互动的编辑模式,在开放编辑、互动修改的过程中,确保词条内容的真实性和可靠性。这种编辑模式的创新来源于编辑理念的创新。维基百科的编辑理念并不像传统纸质版的百科全书那样,首先由专业人员撰写,然后,由相关专家审定把关,而是更加推崇词条内容编辑的动态性、资料来源的合法性或权威性和最终达成的编辑共识。因此,维基百科的词条内容并不要求一次性完成,而是永远处于动态更新和被维护状态。维基百科的理念认为,编辑在创建词条时,内容的不准确和不可靠,会在依赖于集体智慧的、开放的、众多编辑的不断争论和互动过程中得到修正。

　　维基百科的这种编辑理念包含着两个相互依赖的核心要素:一是把词条内容的可靠性看成一个过程的函数,或者说,置于不断提高的过程中,成为一个追求目标和一种价值理想;二是使读者能够依据词条在其编辑历史和编辑过程中呈现出的表征线索和身份线索来对词条内容的可靠性做出间接判断。[①]即使针对表征和身份作出的判断要比直接针对内容作出的判断弱得多,但是,他们坚信,通过广泛而持久的编辑讨论,同样能够确保判断的有效性。比如,在 2004 年的时候,任教于纽约州立大学布法罗分校的哈拉维斯(Alex Halavais)化名为"哈拉韦博士"故意在维基百科的不同词条中置入了 13 处错误信息,而这些错误在不到三个小时之内就被发现并得到了改正。[②]错误之所以能够得到如此迅速的改正,原因正在于表征和身份的关联效应,即,如果发现,某位编辑人员的编辑有错误,那么,他或她的其他编辑内容,将会成为被怀疑的对象。虽然错误得到改正的时间并不总如此迅速,但维基百科所取得的成功已经证明,那些经过充分讨论的词条内容中的存在错误,最终会得到纠

---

　　① D.Fallis, "Toward an epistemology of Wikipedia", *Journal of the American Society for Information Science & Technology*, Vol.59, No.10, 2010, p.1667.

　　② B.Read, Can wikipedia ever make the grade? *The Chronicle of Higher Education*, https://search.proquest.com/docview/214664892?accountid=10659.

正,并达到不亚于传统百科全书词条内容的准确性。

正是在维基百科的特殊管理与编辑模式下,我们看到,知识准入门槛的降低,不仅为非专家的编辑人员提供了传播知识的机会,而且为能够更为高效地将这一编辑理念付诸实践的机器人编辑提供了发挥其优势的空间和可能。因此,在维基百科中,机器人编辑所起的作用,以及它们与读者的互动,更加类似于人类编辑,而非一般的工具。①

五、人机共生的分布式编辑系统

如果说,传统的纸质百科全书像是精于内容管理但受制于场地约束的"图书馆",那么,维基百科则更像是精于形式管理但却是漫无边际的"知识海洋"。遨游在知识海洋里的读者和编辑人员,不仅鱼龙混杂,而且动机各异。因此,预防恶意破坏行为,构筑维基百科的免疫系统或防火墙,成了维基百科能否良性运行的关键所在。在维基百科的管理模式中,这项工作是由人类编辑和机器人编辑共同完成的。人类编辑所起的作用越来越依赖于半自动的辅助工具。比如,在 2009 年,人类编辑利用半自动的辅助工具所完成的打击恶意破坏行为的总量,曾是不依赖于辅助工具总量的 4 倍多。②

Huggle 是维基百科免疫系统中最常用的工具之一。Huggle 的功能主要是尽可能地收集信息,发现可能的恶意破坏行为,并对这些行为进行自动排序,然后将排序结果呈现在相应界面中。对于使用 Huggle 的人类编辑来说,他们不再需要为了发现可能的恶意破坏行为,逐字逐句地审查每个词条的编辑历史,而是只需要审查 Huggle 界面所提供的信息,然后,根据自己的判断,通过鼠标来点击相应的操作按钮,即人类编辑根据经验来决定,是将交流页面恢复到从前的状态,还是对相关的违规用户提出警告。由于交流页面是每个维基百科账户都拥有的公开页面,因此,这种警告的印记同时将为后面的

① Wikipedia, *Wikipedia*: *Creating a bot*, https://en.wikipedia.org/wiki/Wikipedia:Creating_a_bot.

② R.Geiger, D.Ribes, The Work of Sustaining Order in Wikipedia: The Banning of a Vandal, *ACM Conference on Computer Supported Cooperative Work*, 2010, p.119.

人类编辑的进一步筛选提供参考。

在维基百科中,当人类编辑习惯于依赖 Huggle 等半自动的辅助工具提供的信息排序时,Huggle 就成为决定人类编辑视域的一个信息"窗口",或者说,框定或划定了人类编辑的认知视域,引导着人类编辑的认知决定。反之亦然,人类编辑的操作也会影响半自动辅助工具的处理对象和进一步采取的行动。因此,人类编辑与半自动的辅助工具之间的关系,完全不同于在一条生产线上按照生产次序机械地执行操作任务的工人之间的作业流程,而是相互依赖、相互耦合、相互纠缠,并且互为前提的合作者。在维基百科的免疫系统中,类似的合作不只是发生在人类编辑与 Huggle 等半自动辅助工具之间。发现恶意破坏行为并采取相应行动,实际上是人类编辑与半自动辅助工具以及自动的软件机器人之间三方使用的结果。

这种情况并不是维基百科特有的,在其他行业中也依然存在。比如,哈钦斯(Edwin Hutchins)在对大型舰船的导航过程进行了深入的民族志研究之后曾指出,在现代西方的导航方案中,为了确定船体的具体方位,不仅导航员之间需要精诚合作,而且还需要利用到海图、望远镜等仪器,哪怕一个简单的仪器所提供的信息,也可能比任何一个人知道得多,导航员和各种航海仪器因而共同构成了分布式系统。①飞机飞行也是如此。沿着同样的思路,维基百科中的机器人编辑获得的信息,也可能多于任何人类编辑获得的信息,而且,机器人编辑能够不知疲倦地一直坚守岗位或守护阵地,在第一时间发现不良操作。可见,机器人编辑与人类编辑在打击恶意破坏行为的过程中,共同构成了一个去中心化的行动者网络和一种人机共生的分布式维护与编辑系统。

维基百科中的机器人编辑的编辑数量占编辑总量的比例随时间而增加。2006 年的时候,这一比例还不到 4%,到 2009 年的时候,这一比例已经上升到16%左右。②而在 2017 年 7 月,在英语版本的维基百科中,仅最活跃的 22 个机

---

① [美]埃德温·哈钦斯:《荒野中的认知》,于小涵、严密译,浙江大学出版社 2010 年版。

② R.Geiger, D.Ribes, The work of sustaining order in wikipedia: the banning of a vandal, *ACM Conference on Computer Supported Cooperative Work*, 2010, p.119.

器人编辑所做出的编辑数量就占到了编辑总量的 20% 左右。①这一方面表明,在人类编辑和机器人编辑共同构成的分布式编辑系统中,机器人编辑所起的作用越来越大,另一方面似乎也让人担心,机器人编辑似乎有可能最终完全替代人类编辑,使维基百科变成一个全自动的采编系统。那么,当前维基百科中由人类编辑和机器人编辑共同构成的分布式编辑系统,是否会在不远的将来发展成为完全由机器人编辑所构成的系统呢?

要回答这一问题,首先需要分析人类编辑和机器人编辑操作的内在机制。维基百科虽然将自己标示为一种"任何人都可以参与其中的自由的百科全书",但是,深度参与到维基百科的词条编辑活动中却并非一件易事。为了成为一名合格的"维基百科人",人类编辑不仅需要了解维基百科的特殊习语、规范和行动指南,而且,由于机器人编辑的广泛应用,他们还不得不学会如何熟练地跟机器人编辑打交道。因此,相对于刚刚学会使用维基百科的新手来说,成为一名合格的"维基百科人"的操作行为还是相当复杂的。这也就是说,维基百科中实际上存在着两个领域,即词条内容所涉及的领域和使用维基百科的领域。人类编辑在通过持续参与编辑过程并从中不断学习的过程中,只有少部分人才能成长为精英级的编辑。当然,精英级的编辑不等同于是成为某个词条内容的专家,比如,编辑量子力学的词条的编辑不一定是权威的量子物理学家,而是精英级的人类编辑由于积累了丰富的编辑经验和技巧,才能够有能力熟练地应对或解决词条编辑过程中出现的各种问题。

精英级的人类编辑判断词条内容可靠性的内在机制是建立在实践理解之基础上的,具有直觉感,而机器人编辑发挥作用依赖的是算法,是人类编辑对于错误编辑和恶意破坏行为的可表征的形式上的理论理解。非精英级的人类编辑同样也依赖形式上的理论理解,只不过,这种理解不是算法,而是在维基百科中编辑词条所需要遵循的一系列具体规则和指南。实践理解"体现的是应对者对局势的回应,是主客融合的行动,这时,应对者与环境之间的

---

① R.S. Geiger, "Beyond Opening Up the Black Box: Investigating the Role of Algorithmic Systems in Wikipedian Organizational Culture", *Big Data & Society*, Vol.4, No.2, 2017, p.3.

关系是动态的。这意味着,基于实践理解的认知已经超越了表征,是敏于事的过程"①。相比之下,理论理解"体现的是应对者对局势的权衡,是主客体分离的行动,这时,应对者与环境之间的关系是静态的。这意味着,基于慎思行动的认知是可表征的,是慎于言的过程"②。因此,机器人编辑与人类编辑虽然都是根据词条的表征线索和身份线索发现并纠正错误编辑和恶意破坏行为,但是,与非精英级的人类编辑和机器人编辑相比,精英级的人类编辑在维基百科中发挥作用的内在机制更为高明。

对精英级的人类编辑来说,当他们参与到维基百科的词条编辑过程中时,并没有一套完备的规则或者固定的算法告诉他们到底什么样的表征、身份才是适当的,他们对于词条中的错误编辑和恶意破坏行为的认知是建立在对于整个语境中的关键要素的敏锐洞察之基础上的。就此而言,机器人编辑的工作实际上只是作为精英级的人类编辑所处语境的组成部分或构成要素,或者说,机器人编辑的工作只是直接为非精英级的人类编辑提供解决问题的具体方案与步骤。基于算法而发挥作用的机器人编辑有可能在某种程度上替代非专家级的人类编辑,但是,由于内在机制的差异,它们始终无法达到依据直觉而熟练应对各种问题的精英级的人类编辑的等级。数据进一步印证了这一观点。截至2017年12月,在英语版本的维基百科中,最活跃(以编辑总量作为标准)的25个维基百科的编辑中,有19个是机器人编辑,而最活跃的10个人类编辑在维基百科中的注册天数平均超过4 000天。③

除此之外,维基百科共同体的结构也并非是一种完全平面化的结构,而是一种以共识为基础的等级制。在维基百科中,其创始人吉米·威尔斯(Jimmy Wales)是名义上的最大权威,在他之下,还存在着仲裁委员、职员、管理员等具有不同权力的编辑者,他们负责处理违规编辑、协调人类编辑之间的纠纷等重要工作,以此确保维基百科的原则、政策和准则得到落实。这些具有特殊权力的编辑者通常是富有经验的"维基百科人",而且,他们当中也很难发现机器人

---

①② 成素梅、赵峰芳:《"熟练应对"的哲学意义》,《自然辩证法研究》2017年第6期。

③ 维基媒体基金会:《维基百科数据(英语)》,https://stats.wikimedia.org/ZH/TablesWikipedia-EN.htm。

编辑的身影:仲裁委员和职员中并不存在机器人编辑,即使是具有管理员权力的管理机器人,也只被明确地限制为是管理员。这进一步表明,机器人编辑无法完全取代人类编辑,而是两者构成人机共生或互补的分布式编辑系统。

六、从集体智慧拓展到分布式智能

如前所述,在由机器人编辑与人类编辑共同构成的分布式编辑系统中,机器人编辑在与人类编辑互动时,通常会表现出拟主体性。所以,当我们将机器人编辑的作用也纳入分析框架之后,我们对分布式知识的可靠性的评价,就需要从只关注人类编辑之间的集体智慧,推展到关注人机共生的分布式智能,即人类编辑之间、人类编辑与机器人编辑之间、机器人编辑之间共同表现出的整体智慧。这样,在维基百科中,词条内容的编写不再只是一项知识性的工作,而是成了一项技术活儿,变成了取决于编辑政策与过程管理的一件事情,也就是说,词条内容成为"网络化的内容",而内容的可靠性是通过技术性的环节来保证的,而不是通过人类专家的专业权威来保证的。正是在这种意义上,有研究表明,在维基百科的运行方式中,随着机器人编辑的增加,人类编辑在核心成员中所占的比例会越来越少,反而变成了少数派。[①]

另一方面,维基百科的机器人编辑已经呈现出智能化趋势。以打击恶意破坏行为的机器人编辑为例,在新一代的 ClueBot NG 算法中已经包含了机器学习、人工神经网络等高级算法。[②]此类高级算法的是受数据驱动的。也就是说,与上一代的 ClueBot 相比,ClueBot NG 不再依赖于预先定义好的固定规则来发挥效用,而是可以通过在数据库中的自主学习,不断地自动提高判定恶意破坏行为的能力。数据库中的数据来自人类的编辑活动,反过来说,人类的编辑活动为机器人编辑发挥作用创造了提升空间。智能的机器人编辑能够更为高效地执行任务,特别是在监测在词条中故意插入的错误行为时,表现尤为突

---

① S.Niederer, J.V Dijck, "Wisdom of the Crowd or Technicity of Content? Wikipedia as a Sociotechnical System", *New Media & Society*, Vol.12, No.8, 2010, p.1371.

② Wikipedia, *ClueBotNG*, https://en.wikipedia.org/wiki/User: ClueBot_NG.

出。比如，曾有人为了监测维基百科机器人的警觉性，有意在特定的词条中插入错误，每次只插入三种错误，每组的插入，都来自一个不同的 IP 地址。这位研究人员为避免造成的破坏效果，在 48 小时之后主动移除插入的这些谎言，以此检验作为一个技术系统的维基百科应对异常行为的能力，结果发现，机器人编辑在 48 小时内，差不多纠正了一半的错误。①这说明，机器人编辑的警觉性能够确实奇迹般地提高维基百科的维护能力。

另外，智能的机器人编辑在执行任务时，也会像人类编辑那样，利用"恢复"按钮。"恢复"是维护维基百科的一种直接且有效的手段，也是编辑者之间主要的互动方式之一，它可以将遭受恶意破坏或者遭受不恰当编辑的页面直接恢复到之前的状态。但在实际的操作中，由于理解的差异性，情况往往是这样的：当 A 编辑修改了某一词条时，B 编辑会否定 A 的操作并将页面恢复到 A 修改之前的状态，而 A 则可能会在之后对 B 的操作实施进一步的恢复。针对"恢复"这一操作的研究表明，类似的相互恢复过程也发生在机器人编辑之间，而且这类操作的数量处于持续的上升趋势。②这意味着，不同的机器人编辑之间同样会发生频繁的相互激发。可见，智能机器人编辑的深度参与，明显地进一步提高了维基百科词条内容的可靠性。这说明，这种不同功能的机器人编辑之间的相互协作，以及智能机器人编辑与人类编辑之间的共生关系，所构成的分布式编辑系统，在保证词条内容的可靠性时，不仅依赖于人类编辑之间的集体智慧，而且还依赖于机器人编辑和人类编辑之间的分布式智能，或者说，维基百科词条内容的可靠性来自人类编辑的协作、组织构架的设计以及智能机器人编辑的维护。

七、关注文化渗透与算法权力

到目前为止，我们讨论问题的视域只限于同一种语言版本的维基百科全

---

① R.Rogers, *Digital Methods*, Cambridge: The MIT Press, 2013, p.170.
② M.Tsvetkova, R.Garcíagavilanes, L.Floridi, et al., "Even Good Bots Fight: The Case of Wikipedia", *PLOS ONE*, Vol.12, No.2, 2017, p.4.

书。但事实上,维基百科大约有 270 种语言版本,虽然每个版本都声称共享了维基百科的三个核心原则,观点中立、可验证性和非原创性研究。观点中立意味着,所编撰的词条是公正的或尽可能没有偏见,所有重要的观点都是发表过的,都有可靠的资料来源;可验证性原则要求,所有的词条都立足于维基百科以外的可靠的资料来源,经常会用导出链接转接到那些资料来源,而且,读者应该不依赖于编辑所写的内容,来核实材料,如果发现错误,自己就能变成编辑并纠正错误;第三个原则是非原创性研究,维基百科词条内容来自现有的"公认知识"。可是,有研究表明,当利用页面排序技术考查不同语言版本的维基百科中同一个词条的内容时,却发现有时也会出现不一致乃至矛盾之处。研究者认为,这种不一致或矛盾不是出于理解的偏差,而是隐藏了一种文化现象,甚至是民族情怀。比如,他们通过诸如页面排名之类的技术,查看查询词条的排名之后发现,置顶的词条要么是关于西方的主题,要么是与美国相关的事件。特别是,通过对比在波兰语的维基百科和英语的维基百科中波兰名人和美国名人的词条发现,英语词条包含的关于波兰名人的个人生活信息,比包含的关于美国名人的波兰语词条的个人生活信息更多。①

此外,随着互联网的普及和智能手机的不断升级,我们已经生活在自媒体时代。在这个时代,维基百科以理想主义的抱负,寄希望于全世界人民共同免费贡献知识和智能机器人编辑来自动采编知识,然而,现在这已经变成了我们文明的一大危险。首先,这种免费的百科全书极大地挤压了传统印刷百科全书的空间。如果继续这样发展下去,当维基百科成为唯一的百科全书时,就维基百科提供的内容而言,人们将会失去比照的对象,大多数情况下就只能接受;其次,如今维基百科已经变成世界各地的势力集团试图控制的东西,2010年之前,大家讨论和担心的问题是,维基百科是否能够比传统印刷版的最佳百科全书更准确和更可靠,如今发现真正需要担心的问题是,维基百科比传统百科全书更容易被人操纵和控制。②

———————————

① R.Rogers, *Digital Methods*, Cambridge: The MIT Press, 2013, pp.170—271.
② [美]皮埃罗·斯加鲁菲:《人类 2.0:在硅谷探索科技未来》,牛金霞、闫景立译,中信出版社2017 年版,第 199 页。

第十二章 维基百科的知识评价基础

291

特别是,维基百科上约有 2 000 万个词条,不仅词条规模是任何一部印刷版的百科全书无法比拟的,而且维基百科的词条总是出现在谷歌搜索引擎结果的顶部,这使得《大不列颠百科全书》的负责人将谷歌和维基百科的关系称为"共生性的"。①这就造成更大危险的局面,一方面,跨语种维基百科词条内容的文化负载和易操控性反而表明,维基百科用匿名编辑和机器人编辑取代了专家的工作时,为我们提供的只不过是一个巨大的信息库,并不是更好的知识;②另一方面,维基百科已经成为人们获取信息的主要来源之一。如果照这样下去,那么,在信息碎片化和浅阅读的当代,高质量的"公共知识"的可靠传播反而成一件令人担忧的事情。因此,我们在查阅与价值判断相关的社会、政治、文化类的维基百科词条时,通常需要意识文化渗透的问题。

广而言之,当社会公众越来越多地依赖互联网工具的时候,编写程序、设计算法的人相应获得了一种设定认知的算法权力。这同样意味着,算法远非中立的,它不可避免地负载着算法编写者的价值取向。该如何理解算法权力这种价值负载呢? 而且,更为重要的是,随着互联网更加多元化地嵌入到社会公众日常生活的方方面面,特别是考虑到"魏则西事件"等负面新闻,算法权力甚至能够在最根本的意义上决定着互联网用户的生存状态。这进一步表明,对算法权力进行反思并制定与完善相应的互联网法律法规概念,成为当前迫切需要解决的重要问题。

(成素梅,上海社会科学院哲学所研究员;

孙越,上海社会科学院中国马克思主义研究所助理研究员)

---

① R.Rogers, *Digital Methods*, Cambridge: The MIT Press, 2013, p.165.
② [美]皮埃罗·斯加鲁菲:《人类 2.0:在硅谷探索科技未来》,牛金霞、闫景立译,中信出版社2017 年版,第 199 页。

附　录
上海智能化哲学发展报告

李克强总理在2017年重点工作任务中提到"加快'人工智能'的技术研发和转化,是需要培育壮大的新兴产业之一"。无独有偶,上海作为中国"改革开放的排头兵、创新发展的先行者",在2016年9月出台了《上海市推进智慧城市建设"十三五"规划》,提出了"智慧城市"的理念,这意味着未来上海的发展布局将以智能化为基础。

之所以要将智能化提升到如此高度是因为智能化作为信息化发展的高级阶段,正在全面渗透到社会经济发展的各个方面:在技术理论方面,基于人机交互技术,提出了像"集体智能"和"全球脑"等一系列新的概念;在具体应用方面,人机一体化智能系统把制造自动化扩展到柔性化、智能化和高度集成化;在日常生活中,我们正在生活在一个被智能化所包围的世界里。因此,智能化被英国哲学家弗洛里迪(Luciano Floridi)称作认知的"第四次革命";经济学家里夫金(Jeremy Rifkin)强调智能化将掀起"第三次工业革命"。

然而,在智能化的革命大潮即将袭来之际,对这场革命的认识和判断以及信息化与智能化的差异等问题急需理论界做出回应。上海作为全国学术重镇,是否已经跟上了智能化哲学研究的步伐、澄清了哪些问题、又为推动我国智能化哲学的发展作出了怎样的贡献?

一、上海智能化哲学发展总体状况

(一) 上海智能化哲学发展发文状况

对比国内的智能化哲学研究的开展情况,上海对智能化哲学的研究可追溯到 1998 年。1998 年,华东师范大学的郦全民教授在《自然辩证法研究》杂志上介绍了"人工智能中的达尔文主义"①。此后,上海各年度发表的与智能化哲学相关的论文数量情况如下图所示:

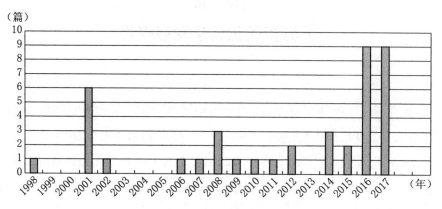

图 1　上海智能化哲学发表论文数量

通过上图对上海智能化哲学发展相关的发文数量分析可见,近年来上海智能化哲学的发展前后经历了两次浪潮——第一次发生在 2001 年,当年共发表了 6 篇相关论文;第二次爆发于 2016—2017 年度,这两年平均每年发表 9 篇论文。

（二）　上海智能化哲学发展研究机构分布状况

从上海智能化哲学研究的分布状况来看,研究主要集中在以下机构,包括:上海大学、复旦大学、上海交通大学、华东师范大学、上海社会科学院、上海师范大学和东华大学。其中,上海大学发表论文数占总数量的 20%;复旦大学发表论文数占总数量的 15%;上海交通大学发表论文数占总数量的 17.5%;上海社会科学院发表论文数占总数量的 10%;华东师范大

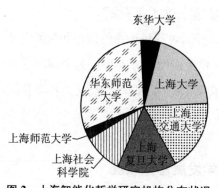

图 2　上海智能化哲学研究机构分布状况

①　郦全民:《人工智能中的达尔文主义》,《自然辩证法研究》1998 年第 7 期。

学发表论文数占总数量的 30%；东华大学发表论文数占总数量的 5%；上海师范大学发表论文数占总数量的 2.5%。

（三） 上海智能化哲学发展论题分布状况

如果从本体论、认识论、方法论和伦理四大的层面来区分的话，上海智能化哲学研究对智能化哲学的方法论的关注度最高，占总比例的 45%；对智能化哲学的伦理问题的关注度次之，占总比例的 22.5%；占据第三位置的对智能化哲学的本体论的研究，占总比例的 22.5%；最后，是对智能化哲学的认识论研究，占总比例的 10%。

1. 上海智能化哲学的本体论论题

主要是对人工智能哲学研究所涉及的一些基本问题的澄清。上海学界对此方面问题的研究主要涉及了对人工智能哲学和信息哲学的概念澄清以及对智能时代的人和机器的重新解读。

2. 上海智能化哲学的方法论论题

这部分涉及的论题范围比较广，其中上海的智能化哲学研究涉及的问题宏观上有人工智能的研究途径问题；具体问题的讨论还包括记忆问题、大数据问题、虚拟现实问题、数据挖掘问题、互联网的进化问题、计算主义问题、新媒介的特征问题、网络游戏的问题等。

3. 上海智能化哲学的认识论论题

智能化革命要依赖人机交互认识论的发展，当代认知科学主张智能不仅仅只出现在人的大脑、机器和互联网中，而是出现于人机交互智能系统中。上海在这方面的研究主要针对的是关于机器智能能否超越人的智能的问题、意向性问题和延展认知问题。

4. 上海智能化哲学伦理论题

上海的智能化哲学研究主要涉及规范伦理学研究和以机器人伦理为代表的应用伦理学研究两方面。

各分论题的分布情况如下图：

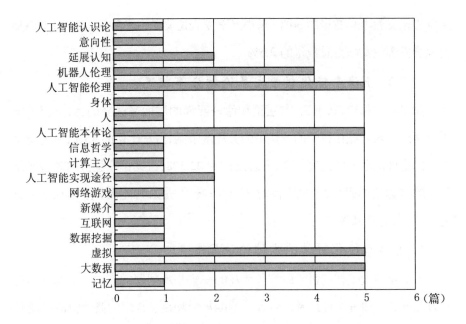

图3 上海智能化哲学研究论题分布状况

二、上海智能化哲学研究的四大着力点

综上所述,上海的智能化哲学研究已经覆盖了智能化哲学的本体论、认识论、方法论和伦理这四大门类研究的主要方面。其中,就目前的发展状况而言,有四个领域的研究是比较突出的:(1)人工智能的本体论研究;(2)人工智能的伦理研究;(3)大数据的方法论研究;(4)虚拟的方法论研究。上述四方面内容构成上海智能化哲学研究的主要着力点。

(一)人工智能的形而上学研究

复旦大学的徐英瑾教授在 2011 年发表于《复旦学报(社会科学版)》的论文《人工智能科学在 17、18 世纪欧洲哲学中的观念起源》①中强调尽管人工智能科学是在二战后才在西方科技界涌现的,但其思想根苗至少可以上溯到 17、18 世纪的欧洲哲学。具体而言,人工智能的哲学"基础问题"可被一分为二:第

---

① 徐英瑾:《人工智能科学在 17、18 世纪欧洲哲学中的观念起源》,《复旦学报(社会科学版)》2011 年第 1 期。

一,建立一个能够展现真正人类智能的纯机械模型,在观念上是否可能? 第二,若前述问题的答案是肯定的,怎样的人类心智模型才能够为这种模型的建立提供最佳的参照? 根据徐英瑾教授的论证,笛卡儿和莱布尼茨对第一个问题都给出了否定的回答,而霍布斯则给出了肯定的回答。至于第二个问题,徐英瑾教授认为休谟关于心智构架的重构工作,就可以被视为当代 AI 科学中的联结主义进路的先驱,而康德在调和直观和思维时所付出的努力,则为当代 AI 专家整合"自下而上"进路和"从上至下"进路的种种方案所应和。一言以蔽之,徐英瑾教授认为 17、18 世纪的欧洲哲学是 AI 科学的一个潜在的"智库",尽管 AI 界的主流对此并无清楚之意识。

上海大学顾骏教授 2017 年在《探索与争鸣》上发表论文《天问:二元智能时代的一元未来》[①]。文中谈到人工智能的诞生意味着地球进入"二元智能时代"。以中国传统哲学范畴观之,人工智能近于"体"而非"用",近于"道"而非"器",近于"天"而非"人"。人类未必能预见人工智能的终极效应,人工智能并非简单模拟人类智能,它通过"单项能力"的拓展和整合,是可能最终超越人类智能的。人工智能缺乏非理性思维能力未必是弱势,没有自我意识反有可能带来合作优势。人工智能的本质是"无机智能",数学尤其是算法的独特作用凸显出宇宙智能背后的天道。人工智能发展存在巨大的不确定性,但纠结于利益纷争的人类,迟迟无法采取共同行动。无机智能或将按照其固有逻辑发展,最终取代有机智能。

在同一期杂志中,上海社会科学院成素梅研究员发表了论文"智能化社会的十大哲学挑战"[②]。文中强调人工智能正在改变世界,关键是我们如何塑造和引领人工智能。我们迫切需要前瞻性地探讨智能化社会可能带来的严峻挑战。从哲学视域来看,成素梅研究员列举了挑战至少包括的 10 个方面:(1)对传统概念框架的挑战;(2)对传统思维方式的挑战;(3)对传统隐私观的挑战;(4)对传统生命观的挑战;(5)对传统身体观的挑战;(6)对自我概念的挑战;(7)对传统就业观的挑战;(8)对技术观的挑战;(9)对认识论的挑战以及

---

① 顾骏:《天问:二元智能时代的一元未来》,《探索与争鸣》2017 年第 10 期。
② 成素梅:《智能化社会的十大哲学挑战》,《探索与争鸣》2017 年第 10 期。

(10)对认识的责任观的挑战。

2017年,成素梅研究员在《哲学动态》上发表论文《人工智能研究的范式转换及其发展前景》一文①。文中提出:目前,人工智能研究者提出了三种有代表性的研究范式:符号主义是通过形式化的知识表征来再现大脑,联结主义是通过模拟神经网络来构造大脑,行为主义是通过模拟生命的自适应机制来进化出大脑。三种范式分别抓住了人类智能的不同方面,只有将三者有机整合起来,才能构成一个立体而完整的"大脑"。就现状而言,人工智能超越人类智能还是非常遥远的事情。

2001年,华东师范大学郦全民教授在《自然辩证法通讯》上发表论文《科学哲学与人工智能》②,分析科学哲学与人工智能相关联的成因以及相互作用的几个方面,并据此探讨两者之间加强互动对科学哲学的新发展所具有的现实意义。2002年,郦全民教授又在《哲学研究》上发表论文《软智能体的认识论蕴涵》③,提出借助计算机和网络技术,人类已经开始创建一个崭新的世界——虚拟世界。如今,它不仅变得越来越丰富多彩,更具意义的是其中出现了一类新的人工智能系统——软智能体。尽管目前这类系统的认知能力还很有限,但正在随着科学和技术的进步而不断提高。这将使人类认识进化的轨迹发生深刻的变化,同时对认识论研究提出新的问题。

(二) 人工智能的伦理研究

结合上海的研究状况,当前对此类问题的研究主要分两种类型:一种是人工智能的规范伦理学研究,指的是对人工智能引发的伦理问题的一般性讨论;另外一种研究专门针对机器人伦理。

1. 人工智能的规范伦理学研究

2016年,复旦大学徐英瑾教授在《学术前沿》上发表题为《技术与正义:未来战争中的人工智能》④的论文。文中指出关于人工智能技术的军事化运用所

① 成素梅:《人工智能研究的范式转换及其发展前景》,《哲学动态》2017年第12期。
② 郦全民:《科学哲学与人工智能》,《自然辩证法通讯》2001年第132期。
③ 郦全民:《软智能体的认识论蕴涵》,《哲学研究》2002年第8期。
④ 徐英瑾:《技术与正义:未来战争中的人工智能》,《学术前沿》2016年第7期。

可能造成的伦理学后效,既有的批评意见有:此类运用会钻现有国际军备管控条约的空隙并促发此类武器的全球扩散;会降低杀戮门槛,并导致更多平民死亡,等等。然而,这些批评意见往往对传统军事战术平台与人工智能化的战术平台设置双重了标准,并刻意夸大了后者对于改变全球安全局势的全局性意义。而要真正使得军用人工智能技术的伦理学后效能够满足人类现有的价值观体系,其主要举措并不在于去粗暴地禁止此类装备的研发,而在于如何使得此类设备具备人类意义上的"伦理推理能力"。在该研发过程中,如何解决"各向同性问题"亦将成为研究重点。

2017年,徐英瑾教授发表在《探索与争鸣》上的论文《人工智能将使未来战争更具伦理关怀——对马斯克先生的回应》[①]中强调人工智能与既有武器平台的结合很可能反而会增加未来战争的伦理指数。由于人工智能的运用本身就具有"减少附带伤害"这样的潜在伦理目的,相关技术的提高显然能够使得军事打击变得更为精准,对民众生命与物质财产的伤害也能够被降到最小。同时,机器人战士的大量部署能有效减少军事开支中的人力成本支出,并能弥补因为人类士兵的生理极限而导致的防御空白——这一点在反恐治安战中显然具有非常重要的战术价值。人工智能的发展还能够全面提升未来战争的"无人化"水准,使得可能爆发的武装冲突所导致的人类士兵的死亡率大大降低,而这一点也就为各国政府更容易开展针对武装冲突的和平斡旋活动。

同年,上海大学孙伟平教授在《哲学研究》上发表论文《关于人工智能的价值反思》[②]。孙伟平认为,人工智能在当代的迅速发展必然影响到人类生活的各个方面。它将促进人的闲暇,协助人类更加条理化、无危险地去工作,提高社会生产效率,促进社会自我治理变得更加智能。不过人工智能的发展必然会挑战既有的人类价值,促使人类去重新思考人类的基本属性与伦常关系。同时,智能化的技术发展不可避免地会造成社会发展的不均衡,引起人们对于机器是否可控的担忧。因此,关于人工智能,应该及早评定其发展利弊,确

---

① 徐英瑾:《人工智能将使未来战争更具伦理关怀——对马斯克先生的回应》,《探索与争鸣》2017年第10期。

② 孙伟平:《关于人工智能的价值反思》,《哲学研究》2017年第10期。

定其社会发展的价值原则,对新技术的发展行使人类应有的表决权。

上海师范大学何云峰教授在 2017 年的《探索与争鸣》上发表论文《挑战与机遇:人工智能对劳动的影响》①,认为人工智能的出现一开始的时候,主要是人类为了弥补自身劳动能力的不足。因此也可以说,人类创造人工智能的目的就是要替代人类去完成某些人类自己无法完成的事情,或者是为了减轻人的劳动负担,抑或是为了提高劳动的效率。这样的替代挑战了人们的劳动权利,但带来的却是人的劳动解放和自由而全面发展的机会,并推动人类劳动向真正的自由劳动复归。

2. 智能机器人的伦理研究

对此问题的讨论主要见于上海交通大学杜严勇副教授的论断,特别是,杜严勇的研究主要针对机器人的出现带来的伦理挑战进行剖析。2014 年杜严勇在《自然辩证法研究》上发表论文《情侣机器人对婚姻与性伦理的挑战初探》②,提到机器人伦理是科技伦理研究的一个新领域。与人类关系比较密切的情侣机器人将引发与传统的婚姻伦理、性伦理相冲突的一系列问题,包括如何看待人与情侣机器人之间的爱情,情侣机器人的地位与权利问题,与情侣机器人之间的性关系是否道德,是否可以虐待情侣机器人,等等。对这些问题的回答及其解决,需要哲学家、科学家、制造商与使用者共同面对,从而使机器人更好地为人类服务。

继对情侣机器人的讨论之后,同年,杜严勇又在《伦理学研究》上发表论文《现代军用机器人的伦理困境》③,讨论了现代军用机器人的伦理问题。文中,杜严勇强调在现代计算机与人工智能技术飞速发展的历史背景下,军用机器人的研发得到世界各国的高度重视。虽然军用机器人拥有很多明显的优势,但由此也产生了一些伦理困境。军用机器人的使用与人的向善本性是冲突的,关于军用机器人的伦理设计与责任问题也颇有争议。科学家、哲学家与伦理学家等不同领域的学者应该联合起来,共同努力解决军用机器人的伦理问题。

---

① 何云峰:《挑战与机遇:人工智能对劳动的影响》,《探索与争鸣》2017 年第 10 期。
② 杜严勇:《情侣机器人对婚姻与性伦理的挑战初探》,《自然辩证法研究》2014 年第 9 期。
③ 杜严勇:《现代军用机器人的伦理困境》,《伦理学研究》2014 年第 5 期。

2015 年杜严勇在《科学与社会》上发表论文《关于机器人应用的伦理问题》①。在机器人应用越来越广泛的时代背景下,机器人可能引发的种种伦理问题也日益紧迫地摆在我们面前。杜严勇分析了军用机器人、儿童看护机器人和助老机器人导致的比较有代表性的伦理问题,并认为应该对机器人进行伦理规制,而不能任其自由发展。机器人是一种重要的工具,但并不能完全取代人。

2016 年杜严勇分别在《科学技术哲学研究》和《哲学动态》发表论文《机器伦理刍议》②和《人工智能安全问题及其解决进路》③两篇论文。《机器伦理刍议》一文认为,随着现代科学技术的迅猛发展,机器的力量日益强大,自主程度也不断提高,使得机器伦理问题逐渐凸显出来。选择何种伦理理论作为机器伦理的指导原则,如何解决哲学语言的模糊性与计算机程序的精确性之间的矛盾等问题是实现机器伦理可能遇到的主要障碍。来自不同领域的学者从人工智能、社会学、心理学以及哲学等不同进路对实现机器伦理的具体原则与方法进行了初步探讨。机器伦理研究尚处于"前科学"时期,需要各个领域的学者大力协作,共同努力将机器伦理研究推向深入。在"人工智能安全问题及其解决进路"一文中,杜严勇强调人工智能技术的快速发展引发了人们对其安全问题的普遍担忧。无论人工智能是否会超越人类智能,研究人工智能的安全问题都是非常必要的。从解决人工智能安全问题的内部进路看,我们至少有伦理设计、限定其应用范围、自主程度和智能水平等方式;从外部进路看,应该强调科学家的社会责任与国际合作、引导公众接纳人工智能,以及对人工智能进行安全评估与管理等途径。只有采取切实有效的措施保证人工智能的安全性,才能使其为人类带来福祉而不是危害。

(三) 大数据的方法论研究

讨论过此类话题的作者主要有上海大学的王天恩教授、复旦大学的徐英瑾教授和来自上海社会科学院的戴潘博士。比较而言,王天恩主要关注了大

---

① 杜严勇:《关于机器人应用的伦理问题》,《科学与社会》2015 年第 2 期。
② 杜严勇:《机器伦理刍议》,《科学技术哲学研究》2016 年第 1 期。
③ 杜严勇:《人工智能安全问题及其解决进路》,《哲学动态》2016 年第 9 期。

数据带来的因果关系的改变;徐英瑾则对大数据进行了反思;戴潘关注到大数据带来的科学研究范式的改变。

2016年,王天恩在《中国社会科学》上发表论文《大数据中的因果关系及其哲学内涵》①。王天恩认为,在大数据中,数据化使因果关系量化为变量之间的关系,在获得关系强度和正负性质的同时,丧失了原有的必然性和方向性。大数据的相关关系,进一步展开了因果概念的重新刻画:因果关系是对因素相互作用过程与其效应之间关联的描述;而相关关系所描述的则是因果派生关系。作为因果派生关系,相关关系根植于因果性,作为未进入相互作用过程凝固为因果关系的因素关系,相关关系提供了由因素创构结果的广阔空间,这正是数据物化的因果性根据;而作为因素分析,相关定量分析的因果派生依据则构成大数据分析的因果基础。大数据中因果关系的厘清,晓示了其深层哲学内涵。因素关系的未来空间凸显创构认识论,因果派生关系的全数据定量分析呈现量的整体把握,而因果关系从描述到创构则彰显哲学以满足人的需要为最终目的。

2017年,王天恩陆续在《求实》和《社会科学》上发表论文《大数据相关关系的因果派生类型》②和《大数据相关关系及其深层因果关系意蕴》③。《大数据相关关系的因果派生类型》一文在重新刻画的因果概念的基础上,由原因和结果是对因素相互作用过程与其效应之间关系的描述,通过表明相关关系是因果派生关系,探索了相关关系的因果派生的三种基本类型:(1)因素和结果间相关关系,包括直接因素和直接结果间、直接因素和间接结果间、间接因素与直接结果间、间接因素与间接结果间相关关系;(2)结果间相关关系,包括直接结果内部要素间、间接结果间相关关系;(3)因素间相关关系,包括现实因素间和潜在因素间相关关系。《大数据相关关系及其深层因果关系意蕴》一文认为,大数据的信息性质及其对相关关系的凸显,促使人们对相关关系及其与因果关系的关联进行深入反思。因果概念的重新刻画及其量化展开,展示了物数据化中的因果关系际遇:在获得量的关系强度和正负性质的同时,丧失了原

---

① 王天恩:《大数据中的因果关系及其哲学内涵》,《中国社会科学》2016年第5期。
② 王天恩:《大数据相关关系的因果派生类型》,《求实》2017年第7期。
③ 王天恩:《大数据相关关系及其深层因果关系意蕴》,《社会科学》2017年第10期。

有的必然性和方向性。相关关系是因果派生关系,其因果派生机制决定了相关关系的或然性质,说明了相关关系的因果派生强度和因果派生层次。大数据相关关系具有深层因果关系意蕴,它意味着因果时态的展示,追溯既往的因果关系量化把握和探向未来的新因果关系创构。

2016 年,徐英瑾在《学术研究》上发表论文《大数据就意味着大智慧吗? ——兼论作为信息技术发展新方向的"绿色人工智能"》①。认为就目前情况而言,对于大数据技术运用的商业前景,溢美之词虽不绝于媒体,却罕有从信息技术哲学之高度作出对于该技术观念前提的批判性反思。实际上,大数据技术的运用必须以大数据的可获取性为现实条件,此可获取性只是当下历史机缘之恩赐而已,绝非人类社会运行之常态。而在这一前提缺失的情况下,大数据技术原有的利好面亦将迅速失效。基于此考量,我们倡导以所谓"绿色人工智能技术"作为大数据技术的替代者,以便通过对于信息处理平台自身"拟人性"的提高来降低其对于大数据的依赖,以期能最大限度地避免对公众隐私权的侵犯。而在此类新数据算法的设计过程中,德国心理学家吉仁泽(Gigerenzer)提出的"节俭性理性"原则亦可成为相应的哲学指导。

2016 年,戴潘在《哲学动态》上发表论文《基于大数据的科学研究范式的哲学研究》②。他认为得益于信息技术的高速发展,现代自然科学和社会科学的研究出现了基于"大数据"的新的科学研究范式或知识发现方式。基于大数据的科学研究具有数据密集型和数据驱动型的典型特征,与传统科学研究在科学建模、科学说明以及思维方式等方面具有极大的差异,可以看作信息时代的一种新的关于复杂性的科学研究范式,将会促成社会科学研究的重大革命。大数据科学与信息时代知识观的基本特征是相吻合的,深刻反映了信息时代知识观的革命。

(四) 虚拟的方法论研究

2016 年,复旦大学徐英瑾教授在《学术前沿》上发表论文《虚拟现实:比人

---

① 徐英瑾:《大数据就意味着大智慧吗? ——兼论作为信息技术发展新方向的"绿色人工智能"》,《学术研究》2016 年第 10 期。

② 戴潘:《基于大数据的科学研究范式的哲学研究》,《哲学动态》2016 年第 9 期。

工智能更深层次的纠结》①。认为虚拟现实技术和人工智能虽都涉及计算机技术,但两者在哲学内涵方面的差异却不容忽视。若仿照人工智能论题的三分法,虚拟现实的工作目标可以被分为"强虚拟现实论题""弱虚拟现实论题"和"更弱人工智能论题"。通过对"更弱论题""弱论题"与"强论题"中的任何两个从属论题的比较,我们发现,在任何一个对子中,虚拟现实都会比人工智能遭遇到更多的技术乃至概念层面上的麻烦问题。同时,虚拟现实在技术伦理方面所遭遇的挑战也要比人工智能所面临的同类困难更为棘手。因此,对于目前虚拟现实技术的种种炒作,我们应持更为冷静的态度。

2001 年,华东师范大学郦全民教授在《哲学动态》杂志上发表论文《虚拟技术正在改变哲学》②。提出世纪之交,基于计算机和网络,虚拟技术(virtual technology)正掀起一次巨大的虚拟化浪潮,从而不可逆转地改变着人类社会的进化历程。这次虚拟化浪潮,不仅深刻地影响着人类认识世界、改造世界的能力和方式,而且悄然地改变着人们学习、工作和生活的环境,以至于越来越多的人开始习惯于在由虚拟公司、虚拟社区等构成的虚拟世界中生存和发展。

2007 年,郦全民在《东华大学学报》上发表论文《知识载体的虚拟化及其认识论意义》③。他认为计算机和网络技术正在导致人类知识表达、交流和存贮方式的虚拟化。从语言的本体论转移、书写过程的虚拟化和超文本链接的认识功能三个方面对这一变化作了阐述,并在此基础上探讨这种虚拟化对人们解释世界方式的影响。

2001 年,东华大学张怡教授在《哲学研究》上发表论文《虚拟实在论》④。伴随着计算机科学的发展和因特网的建立,现代社会生活中出现了许多与虚拟有关的新名词,比如,虚拟共同体、虚拟企业、虚拟银行、虚拟大学等等,这些新的名词所反映的对象毫无例外地都与"虚拟实在"(virtual reality)有关。张怡对究竟什么是虚拟实在以及它的本质进行了讨论。

① 徐英瑾:《虚拟现实:比人工智能更深层次的纠结》,《学术前沿》2016 年第 12 期。
② 郦全民:《虚拟技术正在改变哲学》,《哲学动态》2001 年第 12 期。
③ 郦全民:《知识载体的虚拟化及其认识论意义》,《东华大学学报》2007 年第 1 期。
④ 张怡:《虚拟实在论》,《哲学研究》2001 年第 6 期。

同年,张怡在《东华大学学报》上发表论文《虚拟技术中的主客体关系》①。强调虚拟技术的产生和发展引起人类哲学思想和观念的巨大变革,主客体的关系问题便是其中之一。这里就虚拟技术带来的主客体关系问题作初步的探讨,认为虚拟客体的本质是实际上的实在,而不是可能性的或真实的实在,并在赛伯空间中展开它的广延性。虚拟客体在一个特殊环境中通过显现或远程显现让主体产生感觉性的存在,主体在完全的沉浸感中理解虚拟客体。因此,虚拟客体具有海德格尔意义上的被抛实在论,主体的理解和表达则是吉布逊的投射性质。在虚拟技术中主客体关系处于一种不可分的状态下。

三、对上海当前智能化哲学研究现状的总结

综合前面所述,本课题将当前上海智能化哲学研究所呈现的特征概括如下:

(一) 上海当前的智能化哲学研究对方法论的关注度最高

从时间跨度上来看,可以将上海智能化哲学的方法论讨论概括成三个阶段:早期,主要是对智能化哲学的方法论的宏观廓清。2001 年,华东师范大学郦全民教授在《科技导报》上发表论文《人工智能研究途径的多样化趋势》②。他认为在当代科学技术中,为了解决某一学科中的问题或催生新的学科而借用另一相关学科中业已成熟的理论和方法已经颇为常见。不过,能像人工智能学科这样,能够利用从自然科学到社会科学,再到技术科学中的如此众多的理论和方法,来解决其问题的,也许尚绝无仅有。作为一门年轻而又前沿的学科,人工智能一开始便是多种相关学科和技术综合的产物。而如今乍看,许多似与其并无多少关联的学科如物理学、经济学中的理论和方法,现业已或正在用于解决 AI 的问题,以致几乎形成一幅"条条道路通 AI"的壮观风景。不仅如此,由人工智能本身所产生的思想、方法以及实用产品反过来又能成为

① 张怡:《虚拟技术中的主客体关系》,《东华大学学报》2001 年第 1 期。
② 郦全民:《人工智能研究途径的多样化趋势》,《科技导报》2001 年第 1 期。

促进其他学科进一步发展的有力手段，从而铺垫出一条条丰富多彩的"双行道"。显然，我们若从方法论的角度就这一风景作番述评，对于人工智能及其他学科的发展或许都是有益的。

在早期对智能化哲学的方法论的理论廓清之后，上海的智能化哲学研究的方法论研究逐步开始关注到人工智能哲学所涉及的具体技术问题的讨论，使得这一时间段的研究呈现出较为分散的状态：

首先，上海的智能化哲学研究较早地关注到虚拟问题（如复旦大学徐英瑾教授发表的论文《虚拟现实：比人工智能更深层次的纠结》；华东师范大学郦全民教授发表的论文《虚拟技术正在改变哲学》《知识载体的虚拟化及其认识论意义》；东华大学张怡教授发表的论文《虚拟实在论》《虚拟技术中的主客体关系》）。

其次，在对"虚拟"问题的关注之后，上海智能化哲学研究开始走向关注与人工智能相关的对不同新技术、新现象问题的讨论阶段。如华东师范大学郦全民早期关注了新媒介和网络游戏问题。2008年在《东华大学学报》上分别发表论文《新媒介的基本特征和实质探析》①和《网络游戏中的主体生存方式的变革》②。其中，《新媒介的基本特征和实质探析》一文认为，由计算机和网络技术所催生的新媒介不仅导致人与人之间交往方式的改变，而且深刻地影响着人类文化的形态。对新媒介作了界定，并在此基础上探讨新媒介的基本特征，论证它的实质就是导致人类文化形态的去中心化。《网络游戏中的主体生存方式的变革》一文通过对游戏主体的交往方式、组织方式和虚拟生产方式的考察和分析，论证网络游戏改变人们生存方式的机理及其产生的影响。

近年来，上海大学杨庆峰教授关注到了记忆问题。2016年，杨庆峰在《马克思主义与现实》上发表论文《城市空间及其对主体记忆的影响》③。认为随着网络技术、虚拟现实技术、智能技术等现代技术的发展，城市空间生产的虚拟化特征越加明显，这一特征逐渐从两个方面表现出来，一是虚拟经济的飞速发

---

① 洪卓、郦全民：《新媒介的基本特征和实质探析》，《东华大学学报》2008年第1期。
② 梁晓斌、郦全民：《网络游戏中的主体生存方式的变革》，《东华大学学报》2008年第3期。
③ 杨庆峰：《城市空间及其对主体记忆的影响》，《马克思主义与现实》2016年第1期。

展使得虚拟空间与现实空间如影相伴;二是虚拟消费空间极度扩张,与现实消费空间一并侵吞着城市意义空间。虚拟化导致的直接后果是：主体记忆以数据的、虚拟的方式漂浮在网络某处。从城市角度看,城市意象的快速变化、虚拟空间的繁衍使得主体失去了稳定的感知基础,第一记忆无法滞留地保存在意识中;这直接导致了第二记忆失去了再生产的根基;而上述技术的发展使得记忆以数据的方式存在的第三记忆成为主体记忆在数据时代的主要形式,但是却以无根的方式飘荡,无法进入主体的生命体验过程。

上海交通大学闫宏秀副教授关注数据挖掘技术。2017 年,闫宏秀在《科技与创新》上发表论文《数据挖掘技术在财会领域的应用》[①],强调随着信息技术的发展,特别是数据挖掘技术的发展,数据挖掘技术与财会的关系也日渐呈现出加强的趋势,并介绍了数据挖掘技术的聚类汇总、统计分析方法、决策树技术、神经网络等在财会领域的应用,得出了数据挖掘技术正确运用于财会领域有利于企业健康、持续地发展的结论。

第三,上海智能化哲学研究在方法论层面继对于不同新技术新现象的讨论之后,走向对大数据问题的集中讨论。其中,主要以上海大学的王天恩教授的成果为代表。复旦大学的徐英瑾教授以及上海社会科学院的戴潘博士也关注到了此话题。

（二） 上海当前的智能化哲学对所引发的伦理问题的关注度次之

人工智能发展的最终目标就在于使机器拥有一种真正意义上的人的智能。该问题直接引发的另外一个问题就是人和机器的界限在哪里,以及机器是否能发展到脱离人的掌控而对人类的命运造成危害? 此问题深深触动人文社会科学研究学者的神经,也是智能化哲学研究所面临的最直观和最猛烈的冲击。因此,从大的方面来看,在对智能化哲学的讨论中,对伦理问题的讨论是智能化哲学讨论的一大热点,仅上海的研究就可见一斑。其中,上海的研究特色体现在对智能化哲学研究的规范伦理学维度的研究给予较高关注的同

---

① 李邮、闫宏秀:《数据挖掘技术在财会领域的应用》,《科技与创新》2017 年第 4 期。

时,重点讨论了机器人伦理问题(如复旦大学徐英瑾教授的论文《技术与正义:未来战争中的人工智能》《人工智能将使未来战争更具伦理关怀——对马斯克先生的回应》;上海交通大学杜严勇教授的论文《关于机器人应用的伦理问题》《机器伦理》《情侣机器人对婚姻与性伦理的挑战初探》《人工智能安全问题及其解决进路》《现代运用机器人的伦理困境》;上海大学孙伟平教授的论文《关于人工智能的价值反思》《论信息时代人的新异化》;上海师范大学何云峰教授的论文《挑战与机遇:人工智能对劳动的影响》)。

(三) 上海当前智能化哲学研究对认识论的研究有待加强

当前,上海智能化哲学的认识论研究主要关注了两方面的问题:

首先,是对人工智能的宏观认识论研究。2015 年,上海交通大学王晓阳博士在《自然辩证法研究》上发表论文《人工智能能否超越人类智能》。[1]强调半个多世纪以来,人工智能研究似乎取得迅猛发展,但批评之声也一直不绝于耳。针对一个关系到人工智能研究基础的问题,即"人工智能能否超越人类智能",尝试构造一个基于集体人格同一性(collective personal identity)的新论证,从而表明:首先,该问题原则上无法仅在经验科学的框架中获得有效解决;其次,该问题其实是一个没有认知意义的问题;最后,如果该问题没有认知意义,那么人工智能研究的一个重要目标,即"生产出一种新的能以人类智能相似的方式做出反应的智能机器",恐怕也无法实现。

其次,是对延展认知问题的研究。2009 年,华东师范大学郁锋博士在《哲学研究》上发表论文《环境、载体和认知——作为一种积极外在主义的延展心灵论》。[2]指出 1998 年,克拉克(Andy Clark)和查尔默斯(David Chalmers)提出延展心灵论题(extended mind thesis),将心灵和认知哲学领域里的外在主义(externalism)向前推进了一大步。[3]在最近的十几年里,克拉克又逐步把延展认知(extended cognition)、延展心灵的假说发展为一个关于心灵和认知的统一

---

[1] 王晓阳:《人工智能能否超越人类智能》,《自然辩证法研究》2015 年第 7 期。

[2] 郁锋:《环境、载体和认知——作为一种积极外在主义的延展心灵论》,《哲学研究》2009 年第 12 期。

[3] 转引自 Clark & Chalmers, "The extended mind", *analysis*, Vol.58, No.1, 1998, pp.7—19.

理论框架。延展心灵论认为，人类是与其所处的环境以及环境中的外在物紧密联系在一起的，这些环境和外在物在我们面向世界的认知活动中起到了与人类一样的积极作用。人类与外在环境、外在物构成了一个动态的耦合系统（coupled system）：认知不是仅仅在人的大脑中完成的，而是在人类、外在环境、外在物结合成的系统中进行的。进一步说，认知活动所指向的信念、欲望和意向等，也是部分地由那些外在环境、外在物的特征来构成的。因而，心灵不是束缚于人的颅骨（skull）和体肤（skin），心灵的界限也不是身体，心灵是延展至外在环境中的，是延展至世界中的。

2017 年，上海社会科学院哲学所戴潘博士在《哲学分析》上发表论文《"网络延展心灵"假说的哲学探析》①。强调当代认知科学哲学出现了以延展心灵理论为代表的新的范式革命，引发了学界的广泛争论。保罗·斯马特（Paul Smart）等人近年来积极提倡信息和网络科学在延展心灵的论证中扮演了重要的角色，并提出了"网络延展心灵"假说。尽管当前的互联网发展尚不足以满足严格的延展认知的条件，但是未来的技术发展，例如数据网络和真实世界网络等将能够实现心灵的延展。斯坦利（David Stanley）提出，互联网和大脑正在形成一种新的认知耦合系统，代表了在扩展心灵能力的历史—进化的长期过程中的下一个阶段。这一新的阶段可称为人机共生智能阶段。

四、未来的智能化哲学应关注哪些问题？

今天，人工智能的发展已经引起了全社会的广泛关注，而未来的人工智能哲学的发展则与人工智能的发展密不可分。

（一）中国人工智能发展的"路在何方"？

2017 年 7 月 8 日，国务院下达《关于印发新一代人工智能发展规划的通知》②作为中国人工智能未来发展的"蓝本"，《通知》中对未来中国人工智能的

---

① 戴潘：《"网络延展心灵"假说的哲学探析》，《哲学分析》2017 年第 2 期。
② 《关于印发新一代人工智能发展规划的通知》，载中国政府网，http://www.gov.cn/zhengce/content/2017-07/20/content_5211996.htm。

发展做了一系列规划。

1. 中国人工智能"三步走"的战略目标

第一步,到 2020 年人工智能总体技术和应用与世界先进水平同步,人工智能产业成为新的重要经济增长点,人工智能技术应用成为改善民生的新途径,有力支撑进入创新型国家行列和实现全面建成小康社会的奋斗目标。

——新一代人工智能理论和技术取得重要进展。大数据智能、跨媒体智能、群体智能、混合增强智能、自主智能系统等基础理论和核心技术实现重要进展,人工智能模型方法、核心器件、高端设备和基础软件等方面取得标志性成果。

——人工智能产业竞争力进入国际第一方阵。初步建成人工智能技术标准、服务体系和产业生态链,培育若干全球领先的人工智能骨干企业,人工智能核心产业规模超过 1 500 亿元,带动相关产业规模超过 1 万亿元。

——人工智能发展环境进一步优化,在重点领域全面展开创新应用,聚集起一批高水平的人才队伍和创新团队,部分领域的人工智能伦理规范和政策法规初步建立。

第二步,到 2025 年人工智能基础理论实现重大突破,部分技术与应用达到世界领先水平,人工智能成为带动我国产业升级和经济转型的主要动力,智能社会建设取得积极进展。

——新一代人工智能理论与技术体系初步建立,具有自主学习能力的人工智能取得突破,在多领域取得引领性研究成果。

——人工智能产业进入全球价值链高端。新一代人工智能在智能制造、智能医疗、智慧城市、智能农业、国防建设等领域得到广泛应用,人工智能核心产业规模超过 4 000 亿元,带动相关产业规模超过 5 万亿元。

——初步建立人工智能法律法规、伦理规范和政策体系,形成人工智能安全评估和管控能力。

第三步,到 2030 年人工智能理论、技术与应用总体达到世界领先水平,成为世界主要人工智能创新中心,智能经济、智能社会取得明显成效,为跻身创新型国家前列和经济强国奠定重要基础。

——形成较为成熟的新一代人工智能理论与技术体系。在类脑智能、自主智能、混合智能和群体智能等领域取得重大突破,在国际人工智能研究领域具有重要影响,占据人工智能科技制高点。

——人工智能产业竞争力达到国际领先水平。人工智能在生产生活、社会治理、国防建设各方面应用的广度深度极大拓展,形成涵盖核心技术、关键系统、支撑平台和智能应用的完备产业链和高端产业群,人工智能核心产业规模超过1万亿元,带动相关产业规模超过10万亿元。

——形成一批全球领先的人工智能科技创新和人才培养基地,建成更加完善的人工智能法律法规、伦理规范和政策体系。

2. 重点任务

立足国家发展全局,准确把握全球人工智能发展态势,找准突破口和主攻方向,全面增强科技创新基础能力,全面拓展重点领域应用深度广度,全面提升经济社会发展和国防应用智能化水平。

首先,构建开放协同的人工智能科技创新体系。主要包括两大理论体系的构建:

其一,构建新一代人工智能基础理论体系,可进一步细化为:

(1)大数据智能理论。研究数据驱动与知识引导相结合的人工智能新方法、以自然语言理解和图像图形为核心的认知计算理论和方法、综合深度推理与创意人工智能理论与方法、非完全信息下智能决策基础理论与框架、数据驱动的通用人工智能数学模型与理论等。

(2)跨媒体感知计算理论。研究超越人类视觉能力的感知获取、面向真实世界的主动视觉感知及计算、自然声学场景的听知觉感知及计算、自然交互环境的言语感知及计算、面向异步序列的类人感知及计算、面向媒体智能感知的自主学习、城市全维度智能感知推理引擎。

(3)混合增强智能理论。研究"人在回路"的混合增强智能、人机智能共生的行为增强与脑机协同、机器直觉推理与因果模型、联想记忆模型与知识演化方法、复杂数据和任务的混合增强智能学习方法、云机器人协同计算方法、真实世界环境下的情境理解及人机群组协同。

(4) 群体智能理论。研究群体智能结构理论与组织方法、群体智能激励机制与涌现机理、群体智能学习理论与方法、群体智能通用计算范式与模型。

(5) 自主协同控制与优化决策理论。研究面向自主无人系统的协同感知与交互，面向自主无人系统的协同控制与优化决策，知识驱动的人机物三元协同与互操作等理论。

(6) 高级机器学习理论。研究统计学习基础理论、不确定性推理与决策、分布式学习与交互、隐私保护学习、小样本学习、深度强化学习、无监督学习、半监督学习、主动学习等学习理论和高效模型。

(7) 类脑智能计算理论。研究类脑感知、类脑学习、类脑记忆机制与计算融合、类脑复杂系统、类脑控制等理论与方法。

(8) 量子智能计算理论。探索脑认知的量子模式与内在机制，研究高效的量子智能模型和算法、高性能高比特的量子人工智能处理器、可与外界环境交互信息的实时量子人工智能系统等。

其次，建立新一代人工智能关键共性技术体系，包括：

(1) 知识计算引擎与知识服务技术。研究知识计算和可视交互引擎，研究创新设计、数字创意和以可视媒体为核心的商业智能等知识服务技术，开展大规模生物数据的知识发现。

(2) 跨媒体分析推理技术。研究跨媒体统一表征、关联理解与知识挖掘、知识图谱构建与学习、知识演化与推理、智能描述与生成等技术，开发跨媒体分析推理引擎与验证系统。

(3) 群体智能关键技术。开展群体智能的主动感知与发现、知识获取与生成、协同与共享、评估与演化、人机整合与增强、自我维持与安全交互等关键技术研究，构建群智空间的服务体系结构，研究移动群体智能的协同决策与控制技术。

(4) 混合增强智能新架构和新技术。研究混合增强智能核心技术、认知计算框架，新型混合计算架构，人机共驾、在线智能学习技术，平行管理与控制的混合增强智能框架。

自主无人系统的智能技术。研究无人机自主控制和汽车、船舶、轨道交通自动驾驶等智能技术,服务机器人、空间机器人、海洋机器人、极地机器人技术,无人车间/智能工厂智能技术,高端智能控制技术和自主无人操作系统。研究复杂环境下基于计算机视觉的定位、导航、识别等机器人及机械手臂自主控制技术。

(6) 虚拟现实智能建模技术。研究虚拟对象智能行为的数学表达与建模方法,虚拟对象与虚拟环境和用户之间进行自然、持续、深入交互等问题,智能对象建模的技术与方法体系。

(7) 智能计算芯片与系统。研发神经网络处理器以及高能效、可重构类脑计算芯片等,新型感知芯片与系统、智能计算体系结构与系统,人工智能操作系统。研究适合人工智能的混合计算架构等。

(8) 自然语言处理技术。研究短文本的计算与分析技术,跨语言文本挖掘技术和面向机器认知智能的语义理解技术,多媒体信息理解的人机对话系统。

第三,统筹布局人工智能创新平台,包括:

(1) 人工智能开源软硬件基础平台。建立大数据人工智能开源软件基础平台、终端与云端协同的人工智能云服务平台、新型多元智能传感器件与集成平台、基于人工智能硬件的新产品设计平台、未来网络中的大数据智能化服务平台等。

(2) 群体智能服务平台。建立群智众创计算支撑平台、科技众创服务系统、群智软件开发与验证自动化系统、群智软件学习与创新系统、开放环境的群智决策系统、群智共享经济服务系统。

(3) 混合增强智能支撑平台。建立人工智能超级计算中心、大规模超级智能计算支撑环境、在线智能教育平台、"人在回路"驾驶脑、产业发展复杂性分析与风险评估的智能平台、支撑核电安全运营的智能保障平台、人机共驾技术研发与测试平台等。

(4) 自主无人系统支撑平台。建立自主无人系统共性核心技术支撑平台,无人机自主控制以及汽车、船舶和轨道交通自动驾驶支撑平台,服务机器人、空间机器人、海洋机器人、极地机器人支撑平台,智能工厂与智能控制装备技术支撑平台等。

(5) 人工智能基础数据与安全检测平台。建设面向人工智能的公共数据资源库、标准测试数据集、云服务平台,建立人工智能算法与平台安全性测试模型及评估模型,研发人工智能算法与平台安全性测评工具集。

第四,加快培养聚集人工智能高端人才。

把高端人才队伍建设作为人工智能发展的重中之重,坚持培养和引进相结合,完善人工智能教育体系,加强人才储备和梯队建设,特别是加快引进全球顶尖人才和青年人才,形成我国人工智能人才高地。

(二) 中国未来智能化哲学发展之路

通过《关于印发新一代人工智能发展规划的通知》可见,中国未来的人工智能的发展将渗透到中国社会发展的方方面面。而哲学,从诞生之日起便担负着对社会的反思之职,面对中国人工智能的快速发展,哲学绝不是这场变革的旁观者。因此,哲学界的同仁也对未来的中国智能化发展之路给出了不同预测和提示。

中国社会科学院的段伟文研究员表示,目前,在理论层面,最值得关注的前沿问题是对人工智能的认知过程和智能决策的价值伦理进行考量,即考量人工智能在认知和价值上的可解释性或透明性问题。在实践层面,最重要的是强调人工智能及机器人领域的负责任创新。这既是新兴技术提出的道德伦理挑战,也涉及未来的创新方向、产业格局、就业政策等科技发展与社会治理问题。①

北京师范大学的李建会教授认为,未来,对人工智能的哲学探讨将主要围绕计算主义的理论难题进行,只要计算主义的理论难题得到解决,并且在实践中得到应用,那么人工智能将进入一个崭新的发展阶段。②

复旦大学哲学学院的徐英瑾教授表示,值得关注和推进的是如何从现有的认知语言学、认知心理学的角度做自然语言处理。目前,自然语言处理存在一种趋势,迷信用深度学习和大数据的方法做机器翻译,而对人类是如何进行

---

①② 潘玥斐:《对人工智能开展前瞻性哲学思考》,载中国社会科学网,http://www.cssn.cn/
    01706/t20170607_3541843.shtml.

自然语言处理的真实的心理语义加工过程关注不够。哲学在其中起到的作用,就是能从现有的关于心理语义处理的理论中找到机器可以实现的层面,并讨论如何将其过渡到机器中。另外,对大数据技术的盲目崇拜说明人们对"智能"这一概念还缺乏哲学反思。在这些问题上哲学不能跟风,要做冷静的思考,体现哲学的批判力。①

不论不同学者对于中国未来的人工智能哲学的发展有怎样不同的解读,未来的智能化哲学研究的几个大的方向是不会变的。

首先,对人工智能的形而上学的研究。智能化哲学自产生之日起一直围着绕何为智能以及机器是否有智能的话题展开讨论。围绕着何为"智能"的讨论使智能化哲学的发展与当代西方哲学中的认知转向紧密联系在一起。使得今天的智能化哲学的问题并不局限于对人工智能的本质问题的讨论,还牵扯到人的意识问题、概念框架问题、语境问题以及日常化认识论问题等。

其次,对智能化哲学本身的产生与发展脉络的梳理。智能化哲学的产生与人工智能的发展息息相关。一方面,智能化哲学作为一个新兴的哲学领域,其发展脉络仍有待廓清;另一方面,人工智能科学领域的新技术、新突破的产生也不间断的为智能化哲学的发展提供养分,如何从哲学上给予解读和反思也是未来智能化哲学发展责无旁贷的工作。

第三,人工智能在发展过程中形成几个学派,最主要的两个学派是符号主义和联结主义。"符号主义"也叫"逻辑主义"代表人物是纽厄尔(A.Newell)和西蒙(H.A. Simon)。主要思想是"物理符号假设":对于一般智能行为来说,物理符号系统具有必要的和充分的手段。联结主义主要研究人工神经网络。基于人工智能的这两种传统,未来的人工智能哲学的发展将与逻辑学和心灵哲学的发展紧密联系在一起。因此将会形成两种不同风格的智能化哲学研究路径——智能化哲学的逻辑学路径和智能化哲学的心灵哲学路径。

第四,智能化哲学的伦理反思。随着技术不断革新,人工智能体的内涵不断丰富,它的自由性和独立性日趋进步。人工智能体的安全性凸显,使得人们

---

① 潘玥斐:《对人工智能开展前瞻性哲学思考》,载中国社会科学网,http://www.cssn.cn/zx/bwyc/201706/t20170607_3541843.shtml.

对人工智能体有无道德以及道德去向提出反思。

第五,比较特殊的是,当代现象学家、美国加州大学伯克利分校的休伯特·德雷福斯教授自20世纪60年代开始,从现象学的观点出发对传统的人工智能进行了批判,之后将研究视域扩展到对一般人性问题的思考。凭借其对人工智能发展的贡献,2005年,休伯特获美国哲学学会哲学与计算机委员会颁发的巴威斯奖,证明哲学家也能在科学技术领域发挥作用。也因为其对人工智能发展的特殊贡献,使得现象学传统在智能化哲学研究中发扬光大,形成了一种"人工智能的现象学"研究路径,值得未来的智能化哲学对此持续关注。

(张帆,上海社会科学院哲学所副研究员)

图书在版编目(CIP)数据

人工智能的哲学问题/成素梅等著.—上海:上
海人民出版社,2019
(信息文明的哲学研究丛书/王战,成素梅主编)
ISBN 978-7-208-16237-2

Ⅰ.①人… Ⅱ.①成… Ⅲ.①人工智能-技术哲学-
研究 Ⅳ.①TP18-05

中国版本图书馆 CIP 数据核字(2020)第 000414 号

责任编辑 鲍 静 郭敬文
封面设计 零创意文化

信息文明的哲学研究丛书
王 战 成素梅 主编
人工智能的哲学问题
成素梅 张 帆 等 著

出 版 上海人&出版社
 (201101 上海市闵行区号景路 159 弄 C 座)
发 行 上海人民出版社发行中心
印 刷 常熟市新骅印刷有限公司
开 本 720×1000 1/16
印 张 21.5
插 页 5
字 数 310,000
版 次 2020 年 6 月第 1 版
印 次 2022 年 11 月第 3 次印刷
ISBN 978-7-208-16237-2/G·1998
定 价 98.00 元